KB260659

스마트도시 통합운영센터 운영가이드

- U-City센터, CCTV센터, 교통센터 등을 위시하여
정부, 공공기관 및 민간에서 운영하는
각종 센터 상황실의 실질적 운영방안 제시

| 지은이 |

황귀현
(주)와이드큐브

이성길
한국유비쿼터스도시협회

박상희
(주)와이드큐브

유미선
수원시청

김영혁
오산시청

찍은날 2015년 11월 10일
펴낸날 2015년 11월 20일

지은이 황귀현·이성길·박상희·유미선·김영혁
펴낸이 조윤숙
펴낸곳 문자향
신고번호 제2008-000037호
주소 서울 양천구 목동서로 186(목동) 성우네트빌 201호
전화 02-303-3491
팩스 02-303-3492
이메일 munjahyang@korea.com

값 28,000원

ISBN 978-89-90535-50-4 13560

※잘못된 책은 본사나 구입하신 서점에서 교환해 드립니다.

스마트도시 통합운영센터 운영가이드

- U-City센터, CCTV센터, 교통센터 등을 위시하여
정부, 공공기관 및 민간에서 운영하는
각종 센터 상황실의 실질적 운영방안 제시

황귀현·이성길·박상희
유미선·김영혁

문지향

서문

지자체에서는 운영목적에 따라 U-City통합운영센터, CCTV통합관제센터, 재난안전센터, ITS센터 등 다양한 이름으로 여러 가지 센터를 운영하고 있으며, 실제 운영내용을 살펴볼 때 상호 연계 및 통합하여 운영할 경우 운영비용 및 효과 측면에서 많은 긍정적 요소가 도출될 수 있을 것으로 보인다. 그러나 아직은 모범사례로 추천할 만한 센터를 찾아보기 힘들며, 지자체에서는 경쟁적으로 센터를 새롭게 구축하여 운영하고 있으나, 비용대비 효과, 거주민에 대한 체감서비스 제공 사례가 미흡하고, 그나마 경찰의 방범업무 지원 성격으로 운영되는 CCTV통합관제센터가 어린이 대상 범죄, 묻지마 살인, 청소년 폭력, 성폭력 증대 등 각종 범죄가 증가되는 사회현상을 반영하여 호응을 받고 있다.

본 책에서 '도시통합운영센터'는 앞에 언급한 지자체의 다양한 센터를 개별적으로 또는 연계·통합하여 운영하는 지금의 각종 센터가 지향해야 할 바람직한 센터의 모습을 통칭하여 언급하고 있다. 지자체가 주체가 되어 도시안전, 거주민에 대한 지자체 측면 행정서비스 제공 창구로서 센터의 역할 및 기능을 언급하고 있으며, 이러한 센터가 지향해야 할 기반시설로서는 U-City통합운영센터를 기본으로 하고 있으나, 이에 한정하지는 않는다.

필자는 2008년 화성동탄 U-City 사업을 직접 겪으며 느낀 바를 정리하여 『유비쿼터스도시』라는 책을 처음 발간한 적이 있다. 당시에는 도시에 유비쿼터스 개념이 적용된 U-City가 국내외에 처음 구축되고 있는 상황에서 U-City 구축 또는 건설과 관련된 내용을 위주로 하여 출간하였으나, 지금은 화성동탄 이외에도 국내에 성남판교, 용인흥덕, 수원광교, 서울은평 등 신도시를 중심으로 U-City 사업이 완료되고, 적어도 4년 이상 U-City를 지자체에서 운영하고 있으나, 이에 대한 효과보다는 여러 가지 운영 측면 문제점이 대두되고 있는 실정이다.

U-City 관련 현안공유 및 정보교류를 목적으로 2009년 7월 경기도에서 U-City 사업을 추진 중인 오산시, 수원시, 화성시, 성남시의 U-City 담당자가 자발적인 모임(산수화성, 다음카페 http://cafe.daum.net/space2030, 지자체 공무원 중심 회원수 약500명)을 시작한 이래, 격월로 담당자 모임을 계속 진행하고 있으며, 최근에는 제50회 모임을 화성시에서 주관하였다. 필자는 산수화성의 회원으로서 2014년 1월 수원시에서 개최한 제42회 모임에서 'U-City 활성화'라는 토픽으로 발표할 기회를 갖게 되었고, 이 당시에는 U-City센터 활성화 방안의 일환으로 119소방센터와 U-City통합운영센터가 연계 운영될 경우 센터가 활성화될 수 있지 않을까 하는 막연한 생각에서 출발하였지만, 이후 '산수화성' 모임을 이끌고 계시는 오산시 김영혁 팀장님, 수원시 유미선 주무관님 등 여러분의 도움으로 모임에서 발표한 내용을 발전시켜서 본 책을 발간하게 되었다.

본 책은 U-City센터, CCTV통합관제센터, 지자체 재난안전상황실, 교통센터 등을 담당하시는 지자체 공무원에게 도움이 될 수 있도록 내용을 구성하였으며, 이와 관련된 업무를 수행하는 기관 및 사업체에 종사하는 인원이 참조할 경우 상황실에 대한 이해의 폭을 넓히고, 상황실이 본연의 기능을 수행할 수 있도록 하는 데 기여할 수 있도록 하였다.

제1장은 도시통합운영센터의 운영방안 수립 필요성과 운영개념에 대한 필

자의 생각을 정리하였고, 제2장 도시통합운영센터 운영현황에서는 지자체의 여러 가지 센터를 비교하고, 센터의 운영모델로서 기존에 운영 중인 도시통합운영센터의 기능 및 역할, 운영 조직 및 인원과 위상에 대하여 언급하였다.

제3장은 제2장에서 언급한 도시통합운영센터의 운영현황을 기반으로 도시통합운영센터의 기능 및 역할을 '도시상황 정보공유 허브(Hub)', '지자체 U-서비스와 관련 시설의 통합 운영 및 관리'로 정의하였으며, 통합관리시스템(U-City통합플랫폼 등)을 활용한 상황실 운영개선에 대한 실무자 측면 개선내용과 함께 조직 및 인원 측면 도시통합운영센터의 위상강화 방안을 제시하였다.

제4장에서는 도시통합운영센터 상황실의 적정 운영에 필요한 조건을 상황실 운영체계 확립, 상황실 운영시스템 도입 및 활용, 관계 행정기관 정보시스템 연계 운영, CCTV의 다목적 활용, 상황정보 공유수단으로 상황판 활용 등을 제시하였으며, 상황실의 도시상황 상시 모니터링 내용, 도시상황 이벤트 유형 및 내용, 상황관제 기본 프로세스와 안전, 방범, 교통, 재난으로 구분하여 21개 도시상황 이벤트 내용 및 이벤트별 처리절차를 사례로서 제시하였고, 지자체 담당자가 이를 참조할 수 있도록 하였다.

제5장 '도시통합운영센터 발전방안'에서는 U-City 구축사업과 관계된 도시통합운영센터의 통합시스템 설계방안, 상황실에서 운영하는 통합관리시스템(U-City통합플랫폼 등)의 요건 및 기능, 상황실의 상황관제 및 모니터링 방안, 그리고 도시통합운영센터의 정보보호 요건 및 개인정보보호법 관련 관계자가 습득해야 할 관계규정 등을 제시하여 실무에 활용되도록 하였다. 아직은 U-City에 대한 정의가 모호하고, 많은 지자체에서 U-City 사업을 수행하였지만, 어느 도시가 U-City인가에 대하여는 보는 관점에 따라 달리 볼 수 있

는 점을 고려하여 통합관리시스템 및 U-서비스 등 정보시스템의 상호간 연계 및 통합수준을 반영한 U-City 수준진단 방안을 제시하였다.

현재 국내 U-City는 침체기에서 벗어나지 못한 상태로 국토교통부에서는 여러 가지 정책적 대안을 제시하며 U-City 산업의 활성화를 모색하고 있으나, 아직은 도약을 준비하는 단계로서 U-City의 가시적인 성과는 'U-City 구축'보다 'U-City 운영'을 통하여 도출될 수 있다는 점을 강조하며, 이 책이 어려운 여건에서 국내 U-City 산업의 활성화를 위해 노력하는 여러분에게 도움이 될 수 있으면 좋겠다.

끝으로, 본서를 출판하는 데 도움을 주신 여러 지자체 담당자와 (주)와이드큐브 최원근 사장님에게 지면을 빌려 감사드린다.

2015. 11.
저자대표 이성길

서문

2009년 U-City 근거법이나 지침도 없이 수원광교신도시 및 호매실지구 U-City프로젝트를 추진하면서 기존 공공부문 정보화사업과는 비교할 수 없을 만큼 모든 행정부문과 광범위한 기술 분야를 아울러야만 하는 복합적인 문제해결을 위해, 궁여지책으로 당시 U-City를 추진하던 4개 지자체 실무자간에 소그룹(산수화성)을 결성하여 오픈마인드로 정보를 교류하며 현재까지 산·학·연·관이 연계하여 U-City계의 한 맥을 이어왔다.

U-City프로젝트는 일반적인 정보화사업과 달리 도시기반시설 조성과 연계되어 추진되므로 설계에서 준공까지 최소 3~5년 이상 소요되는 중장기 프로젝트로, IT&ICT 생명주기에 따른 패러다임 변화를 능동적으로 수용하여 진화시키는 지속적인 노력이 필요하다.

현재 다수의 지자체가 U-City 설계·구축단계에서의 많은 장애를 극복하고 운영단계에 이르렀으나, U-서비스, U-City인프라, 통합운영센터, 각종 센서로부터 수집된 도시정보 등 U-City 성과물들을 제대로 활용하지 못하여 U-City 활성화에 발목을 잡고 있는 실정이다.

따라서 U-City 계획단계에서부터 운영 및 유지관리 효율성을 고려하여 구축함으로써 서비스 및 데이터 품질을 높이고, 각종 U-센서를 통해 수집한 도시정보(빅데이터)를 활용한 데이터 기반의 도시문제 해결로 안전하고 편리한 도시환경 조성을 위한 체계적인 U-City 운영체제 마련이 필요하다.

이 책은 본인과 함께 오랜 기간 U-City 현업에 종사한 각 분야별 전문가들이 풍부한 프로젝트 실무경험을 바탕으로 U-City의 효율적인 운영방안과 향후 발전방안을 제시하고 U-City 고도화에 필요한 유익한 정보를 제공한다. 이를 참조하여 U-City 계획 및 구축단계에서는 한층 진화된 U-City를 조성하고, 운영단계에서는 U-City 성과물들을 효율적으로 활용한 체계화된 운영체제 기틀 마련과 고도화에 상당히 많은 도움이 될 것이다.

수원시청
유미선

서문

유비쿼터스?

2006년 새로운 단어를 처음 읽어보고 눈으로 보았을 때의 생각이 납니다.

그리고 바로 서점에서 『유비쿼터스 이해』란 책을 구입하여 읽으면서, 이것이다 싶었습니다. 센터 상황실에서 도시전체의 발생될 수 있는 상황을 한곳에서 모니터링할 수 있고, 시민들에게 즉시 정보를 제공할 수 있는 도시를 만들 수 있다는 것에 놀랐습니다.

그러던 중 화성동탄에서 U-City 사업을 추진하는 것을 보면서, '우리 시도 한번 해봐야지' 하는 단순한 호기심에서 시작한 U-City 사업이 이렇게도 어렵고 힘든 사업인 줄 몰랐습니다.

2009년 지자체 공무원 모임인 'U-City실무자 간담회'를 개최하면서 지자체 공무원간 업무공유를 통하여 차츰 배워갈 즈음에 화성동탄 U-City 사업 이성길 단장님과의 만남은 행운이었습니다.

지자체 공무원으로서 법률도 제정되기 전에 U-City 사업을 추진하기에는 장애물이 너무 많았지만, 그때 그때 장애물을 토의하고 고민하고 해결방안을 찾고자 노력한 결과의 산물로서, 실무경험을 기반으로 저술된 이 책의 출간을 각 분야별 저자 및 도움을 주신 관계자분들과 함께 축하하고 싶습니다.

본 책이 지자체공무원과 기업체 관계자가 U-City 사업을 이해하는 데 도움이 될 것을 기대합니다.

오산시청
김영혁

추천의 글

유비쿼터스 기술과 건설기술이 결합되어 형성되고 있는 유비쿼터스 도시에 대한 다양한 개발시도가 이루어지고 있다. 우리나라에서도 2004년 이후 여러 가지 제도와 기술에 대한 연구가 진행되어 왔으며, 이제는 그 결실을 맺고 있다고 볼 수 있다.

그러나 그동안 대학교에서 학생들에게 첨단도시와 관련된 내용을 강의하면서 아쉬웠던 부분이 상당부분 존재하는 것도 사실이다. 그러한 아쉬움 중 하나인 도시통합운영센터에 대해, 이 책에서는 국내실정에 맞는 도시통합정보관리의 현실적이고 실질적인 내용을 사례 중심으로 다루고 있다. 현장에서 저자가 직접 발로 뛰면서 느껴왔던 내용을 촘촘히 구성하고 그 안에서 현재의 문제점과 앞으로의 나아갈 방향에 대해 많은 고민을 했던 것을 볼 수 있다.

이 책은 그동안 도시통합운영센터가 구축되면서 활용성이 떨어지는 부분에 대해 다양한 확장 방안을 제시했다. 또한 기술적 표준화 방안을 제시하여, 각 지방자치단체와 광역자치단체, 나아가서는 국가 중앙정부 차원의 안전관리를 하나로 묶어서 확장시켜 나갈 수 있는 방안을 제시했다.

4장의 도시상황에 대한 처리절차와 5장에서의 도시통합운영센터 발전방안을 살펴보면 도시통합 설계와 운영시스템, U-City의 연계수준이 어떤 방향으로 이루어져야 하는지 자세히 설명하고 있다. 향후 스마트 시대에 구축될 유비쿼터스 도시에 대한 저자의 생각이 이 책의 구석구석에서 디테일한 구성과 내용으로 독자에게 제공되고 있다.

유비쿼터스 도시에 대해 처음 접하는 초보자들도 도시통합운영이라는 핵심 이슈에 대하여 앞으로 나아가야 할 방향을 쉽게 접할 수 있게 될 것이다. 또한 유비쿼터스 도시라고 하는 분야의 전문가들에게도 현장에서 발생된 깊이 있는 경험에 대해서 다시 한번 되돌아보는 계기가 될 것이라고 생각된다.

이제는 다양한 학문분야가 융합되고 복합되는 시대에 접어들게 되었다. 따라서 도시에서 살아가는 다양한 도시민들이 어떤 생활양식으로 첨단 정보화된 세상에서 살아가야 할 것인지를 파악할 수 있는 계기가 될 것이며, 도시와 관련된 그리고 정보화와 관련된 많은 분야의 전공자들이 한번쯤 생각해볼 필요가 있는 지식이 이 책을 통해 제공되고 있다.

미래의 정보화된 첨단정보도시는 피할 수 없는 하나의 흐름이다. 이번에 발간되는 이 책이 이론적으로 제시되고 있던 도시통합운영센터를 현실적으로 운영하고 제시하는 토대가 되기를 기대한다.

안양대학교
도시정보공학과
신동빈 교수

추천의 글

2008년 화성동탄의 U-City통합운영센터가 준공되어 운영이 개시된 이래 용인흥덕, 성남판교, 서울은평, 파주운정 등에서 U-City센터가 운영되어 왔다. 업무적으로나 개인적으로 항상 U-City 체감서비스 운영, 공공 행정효율 증대방안 및 U-City의 비용대비 효용성 제고방안을 찾아왔는데, 본 책은 이러한 고민을 해결하는 데 일조할 수 있도록 적절한 시점에 출간되었다.

우리나라는 전 세계에서 가장 먼저 U-City를 구축하여 왔지만 아직 외국에 내세울 만한 우수 사례가 부족하여, 중국, 인도, 아프리카, 남미 등 신흥 U-City 또는 스마트시티 시장에서 경쟁력을 갖지 못하고 있으며, 도시통합운영센터를 구축하는 지자체 입장에서 볼 때도 참조하여 활용할 만한 U-City 운영사례가 아직까지는 미흡한 실정이다.

이러한 시점에 이 책은 친절하다고 할 만큼 많은 내용을 세세하게 설명하고 있으며, 그중에서 특히 국토교통부를 위시하여 각 부처별로 구축한 각종 센터를 통합관리할 수 있는 관리·운영 방안을 제시하고, 향후 지자체에서 실무적으로 활용하는 데 많은 도움이 될 수 있는 내용을 담았다.

상명대학교
에너지그리드학과
김정욱 교수

목차

부록

제1장

개요

1. 도시통합운영센터 운영가이드 필요성
2. 도시통합운영센터 운영개념 검토

1 도시통합운영센터 운영가이드 필요성

도시통합운영센터는 "유비쿼터스도시의 건설 등에 관한 법률"(이하 "U-City 법"이라 한다) 제2조(정의)에 따르면 지능화된 시설, 정보통신망과 함께 유비쿼터스도시기반시설을 구성하는 3대 요소 중 하나이다.

도시통합운영센터는 목적과 운영주체에 따라서 독립적으로 운영되는 기

유비쿼터스도시기반시설의 정의(U-City법 제2조)

제2조(정의) 이 법에서 사용하는 용어의 뜻은 다음과 같다.

(생략)

3. "유비쿼터스도시기반시설"이란 다음 각 목의 어느 하나에 해당하는 시설을 말한다.
   가. 「국토의 계획 및 이용에 관한 법률」 제2조 제6호에 따른 기반시설 또는 같은 조 제13호에 따른 공공시설에 건설·정보통신 융합기술을 적용하여 지능화된 시설
   나. 「국가정보화 기본법」 제3조 제13호의 초고속정보통신망, 같은 조 제14호의 광대역통합정보통신망, 그 밖에 대통령령으로 정하는 정보통신망
   다. 유비쿼터스도시서비스의 제공 등을 위한 유비쿼터스도시 통합운영센터 등 유비쿼터스도시의 관리·운영에 관한 시설로서 대통령령으로 정하는 시설

(생략)

존의 전산센터, 교통센터 등 유사센터와 달리 이러한 분야별 서비스(U-City 서비스)를 통합하여 운영함으로써 각종 센터의 구축과 운영을 위해 필요한 인력과 예산, 자원 등을 효율적으로 활용할 수 있도록 한다.

그러나, 이러한 장점에도 불구하고 기존에 구축된 도시통합운영센터는 어떻게 운영해야 하는지, 운영조직은, 운영인원은 몇 명이 필요한 건지, 상황관제 프로세스는, 지자체 본청과의 관계는 어떻게 해야 하는지 등 지자체 관점에서는 상당한 구축비용과 그에 비례한 운영비용이 소요됨에도 불구하고 이러한 시설을 어떻게 잘 활용해야 할지에 대한 연구 및 사례가 그동안 부족하였다. 따라서 여기에서는 도시통합운영센터 운영가이드의 필요성을 3가지로 구분하여 살펴본다.

가. U-City 활성화 측면

U-City는 도시건설에 ICT 기술을 적용하여 과거에는 없었던 새로운 시장을 형성하며 2007년경부터 신도시를 중심으로 구축사업이 수행되었고, 당시에는 부동산 경기에 편승하여 외형적인 건설개념이 강조되었고, 구축되는 시스템 및 시설의 운영 측면에 대한 고려가 부족하였다.

이에 따라 U-City 시설은 준공 이후 관할 지자체에 이관되었지만, 제대로 운영되지 못하는 사례가 증가되었고, 이를 개선하지도 못한 상태에서 국내 U-City 산업은 부동산 경기 하락과 함께 고비용 저효율 사업으로 인식되어 침체상태에 접어들었다.

지금은 LH 등 도시개발사업자가 혁신도시 등 신도시 개발사업에 일부 U-City 사업을 반영하여 최소한으로 산업이 유지되고 있는 상태이나, 이마저도

[그림 1-1] U-City 활성화 방안

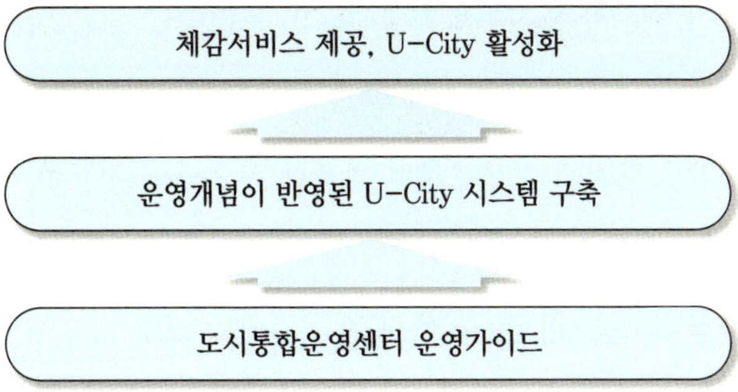

명맥을 이어가는 데 어려움이 있으며, 무엇보다도 U-City를 구축하고 운영할 경우 무엇이 좋아지는지 체감될 수 있는 가시적인 성과가 제시되어야 할 필요가 있다.

고비용 저효율이라는 U-City에 대한 부정적 시각을 해소하기 위하여 그간 국토교통부를 중심으로 산·학·연 등 다양한 기관에서 U-City 체감서비스 발굴, U-City 수익모델 발굴 등의 시도를 해왔으나, 아직 뚜렷한 성과는 제시되지 못하고 있다.

여기에서 주목해야 할 사항은 체감서비스 또는 수익모델 등 U-City 활성화를 위한 여러 가지 노력은 기존에 없었던 서비스 또는 사업모델을 새롭게 발굴하는 것보다, 기존에 우리 주변에서 많이 볼 수 있는 서비스라도 공급자 관점보다는 고객, 즉 수요자인 도시민 입장에서 서비스가 제공될 경우 다소 양상이 달라질 수 있다는 의견이 대두되고 있다는 점이다.

도시민 입장에서 필요한 서비스가 제공되고 운영되기 위해서는 우선 U-City 사업 구축 단계부터 U-City 서비스 및 시설물의 운영주체인 지자체의 요구사항을 수용하여 지자체의 도시통합운영센터 운영개념이 반영된 시스템이 구축되어야 하고, 이와 함께 지자체는 이러한 서비스가 도시민에게 체감될 수 있도록 하기 위한 도시통합운영센터의 운영방안 수립 및 이에 따른 체계적인 센터운영이 이루어질 경우에 체감서비스가 가시화될 수 있을 것으로 보인다.

나. 지자체의 다양한 유사 센터 통합운영 측면

최근에는 도시안전이 강조되고 있으며, 이와 관련된 중앙정부 및 지방정부의 정책들이 다양하게 전개되고 있다.

2008년 화성동탄 도시통합운영센터의 준공 및 운영 이후 파주운정, 성남판교, 수원광교 등 신도시 지역에는 도시개발사업과 함께 도시통합운영센터가 구축되어 운영되는 사례가 증가하고 있다.

신도시 중심으로 도시통합운영센터가 운영되는 것과 별개로 행정자치부에서는 도시안전이 강조되는 사회 분위기에서 체감성이 높고, 도시민의 선호도를 반영하여 전국 지자체를 대상으로 CCTV통합관제센터를 구축하고 있고, 2015년 현재 전국에 약 160여 개의 CCTV통합관제센터가 운영되고 있다.

그러나, 지자체 입장에서는 U-City통합운영센터, CCTV통합관제센터 이외에도 기존에 교통정보센터, 재난안전상황실, 환경관리센터, 지역정보센터 등 목적별 센터가 다양하게 존재하므로 상호간의 관계를 정립할 필요가 있다.

U-City법에 의하면 CCTV통합관제센터는 U-City서비스 11개 분야 중 CCTV를 활용한 방범·방재 서비스를 주로 제공하는 도시통합운영센터의 부분 영역을 담당하는 것으로 볼 수 있으나, 현실적으로는 유사 기능의 센터가

[표 1-1] 도시통합운영센터 운영 사례('14. 11월 기준)

구분	운영 시점	주요 서비스	사업시행자	비고
화성동탄	2008	공공지역방범, 교통정보제공, 실시간 교통신호제어, 상수도 누수관리 등	한국토지공사	
성남판교	2011	교통정보, 대기환경정보, 수질정보, 기상정보	한국토지주택공사	
용인흥덕	2010	교통정보, 웰빙정보, 시설물정보	한국토지주택공사	
수원광교	2012	U-교통, U-방범방재, U-환경, U-시설물관리 정보제공	경기도시공사	
파주운정	2012	교통정보, 환경정보, 방범정보	한국주택공사	
서울은평	2012	U-웹포탈, U-Home, 재난관측, 방범 U-위치확인 등 정보제공	한국주택공사	
인천청라	2014	U-교통, U-방범방재, U-환경, U-시설물관리 정보제공	한국토지주택공사	
세종 1단계	2014	U-교통, U-방범방재, U-환경, U-시설물관리 정보제공	한국토지주택공사	2단계 추진 중

동일 지자체 내에 별도로 존재할 수 있으며, 센터별로 소요되는 운영인원 및 비용을 감안할 때 향후에는 기능별, 기관별, 목적별 센터를 통합하거나, 상황에 따라서는 상호 연계 운영되는 체계를 확립할 필요가 있다.

이러한 체계 확립을 위해 전산센터 등 유사 기능 센터의 역할, 기능 및 업무 프로세스를 지자체 차원에서 검토하고 이를 기반으로 도시통합운영센터의 통합운영방안을 수립할 필요가 있다.

다. U-City 기반시설 관리·운영 지침 보완 측면

국내 U-City는 2008년 화성동탄 도시통합운영센터가 준공되어 운영이 개시된 이래 용인흥덕, 성남판교, 서울은평, 파주운정 U-City 등이 운영되

[표 1-2] CCTV통합관제센터 구축사업 시·군·구 현황(안전행정통계연보)

연도	~ 2011	2012	2013	2014	합계
계	60	27	33	29	149
서울	14	6	3	1	24
부산	4	3	4	2	13
대구	1	–	3	3	7
인천	1	1	–	2	4
광주	5	–	–	–	5
대전	2	3	–	–	5
울산	2	1	1	1	5
세종	–	–	–	1	1
경기	13	2	6	2	23
강원	–	2	–	1	3
충북	3	1	1	2	7
충남	2	1	2	2	7
전북	4	1	–	1	6
전남	2	2	1	5	10
경북	4	1	4	3	12
경남	2	2	8	3	15
제주	1	1	–	–	2

고 있으나, 새롭게 U-City를 추진하는 지자체 입장에서 볼 때, 참조하여 활용할 만한 도시통합운영센터 운영사례가 아직까지는 미흡한 상태이다.

도시통합운영센터 및 시설물의 운영주체인 지자체에서 U-City 관리·운영에 활용할 수 있도록 '유비쿼터스도시의 건설 등에 관한 법률'과 동법 시행령에 따라 '유비쿼터스도시기반시설 관리·운영 지침'이 2009년 6월 국토해양부 고시로 발표되었으나, 이는 물리적인 U-City 시설물 또는 기존 전산실 차원

[표 1-3] 지자체에서 운영 중인 센터 사례

센터명	기능	주관부처	운영주체
U-City통합운영센터	• 유비쿼터스도시서비스를 제공하기 위한 분야별 정보시스템을 연계·통합하여 운영	국토교통부	지자체
교통정보센터	• 전국 단위의 육·해·공 교통정보를 효율적으로 수집·분석·제공	국토교통부	정부, 지자체, 도로공사
CCTV통합관제센터	• 분야별 CCTV를 통합하여 방범, 재난, 교통 등의 정보를 통합관제(공간적 통합)	행정자치부	지자체
119구급상황관리센터	• 응급환자에 대한 이송 병원 안내 및 119 구급 이송 관련 정보망의 설치 및 관리·운영	국민안전처	국가, 지자체
112종합상황실	• 방범·치안 등 112 신고 처리를 위해 지방경찰청에 설치·운영	경찰청	경찰청
재난안전상황실	• 재난정보의 수집·전파 및 재난상황 발생 시 초동조치 및 지휘 등의 업무 수행	국민안전처	국가, 지자체
수질오염방제센터	• 공공수역의 수질오염사고에 신속하고 효과적으로 대응하기 위한 시설	환경부	국가, 지자체
환경관리센터	• 소각, 재활용, 매립시설 등 일원화된 생활폐기물 종합처리시설	환경부	지자체
도로기반시설관리	• 도로, 교량, 도로부속물, 가로등, 하수도, 유수지, 교통시설물, 공동구 유지관리	국토교통부	지자체, 시설관리공단
민원신고센터	• 정부, 지자체, 공공기관의 업무에 대한 민원상담	행정자치부	국가 지자체

관리·운영에 필요한 내용이 주로 언급되고 있으며, U-City 서비스 제공 측면에서 필요한 내용은 상대적으로 부족하다.

이러한 상태에서 현재 운영되고 있는 도시통합운영센터의 대부분은 대민서비스 또는 공공 행정효율 제고 측면에서 볼 때 투입비용 대비 성과기여도가 낮아서, 도시통합운영센터의 효용성이 의심되고 있는 상황이다.

도시통합운영센터의 효용성 제고를 위해 고려될 수 있는 요소는 첫째, 센터에서 운영되는 U-교통, U-방범·방재, U-환경 등 U-서비스 시스템과 이

[그림 1-2] 도시통합운영센터 효율성 제고 측면 고려대상

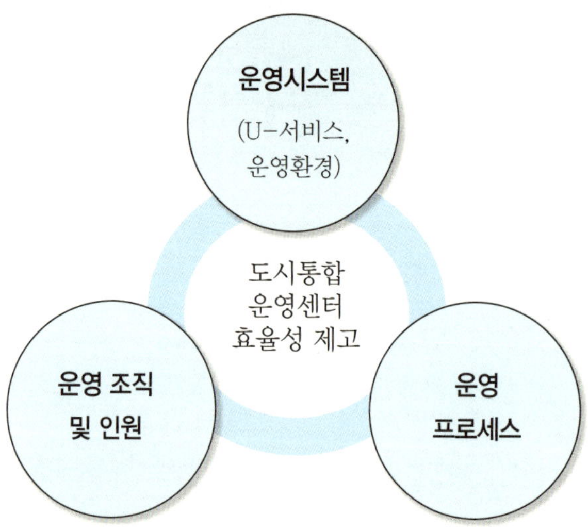

러한 U-서비스와 연계 운영되는 통합관리시스템(통합플랫폼 등)을 총칭하는 운영시스템(현장 및 센터의 제반 ICT 설비 포함)과 둘째, 센터 운영 조직 및 인원 그리고 세 번째로 도시통합운영센터의 업무운영 프로세스 등 크게 세 가지로 구분될 수 있다.

도시통합운영센터 운영가이드는 이러한 구성요소 중 특히 두 번째 및 세 번째 내용을 중심으로 현행 유비쿼터스도시기반시설 관리·운영 지침이 향후 지자체에서 실무적으로 활용될 수 있는 내용이 담길 수 있도록 개선하는 데 이용될 수 있다.

2 도시통합운영센터 운영개념 검토

가. 도시통합운영센터에 대한 이해

국내 U-City 사업은 2007년 화성동탄에서 처음 구축사업이 시작되었고, 그 당시에 U-City 또는 도시통합운영센터의 운영개념은 공상영화에 나오는 미래도시 생활을 장밋빛으로 포장한 모습이었다.

도시통합운영센터를 중심으로 도시의 모든 상황정보가 수집되고, 통합관리시스템을 통하여 가공되어 경찰서, 소방서, 병원 등 필요기관에 실시간으로 전파되고, 사건·사고를 예측하여 대응하고…, 그야말로 첨단 ICT 기기가

[그림 1-3] 공상과학영화 사례(마이너리티리포트, 2006)

도시시설물과 어울려서 상상할 수 있는 모든 서비스를 제공하는 도시로 묘사된 적이 있고, 지금도 이렇게 언급하는 사람이 간혹 있다.

그러나, 이는 공상영화에 나오는 미래의 모습이 될 수 있을지라도 현재 우리가 살고 있는 도시는 아무리 좋은 첨단 ICT 기술이라도 도시의 실생활에 적용되기 위해서는 법, 제도, 조직, 사람, 절차 등 기술요소 이외에 여러 가지 다양한 사회적 요인이 작용하며, 서비스가 제공될 수 있는 실제 환경으로 다가가기 위해서는 상당히 많은 시간이 소요될 것으로 보인다.

일례로 지금은 다소 완화되었지만 도시통합운영센터에서 인지한 화재 등 도시상황 이벤트에 대하여 2007년 당시에는 도시개발사업 지구내 자가전기통신설비를 통하여 경찰서, 소방서의 행정망과 연계하는 것이 전기통신사업법[Tip] 에 따라서 금지되었었고, 이로 인하여 기술적으로는 네트워크 연결을 통하여

TiP 그간 수차례에 걸친 법률개정 후 현재는 전기통신사업법에 관련 규정이 명기되어 있음

[전기통신사업법]

제65조(목적 외 사용의 제한) ① 자가전기통신설비를 설치한 자는 그 설비를 이용하여 타인의 통신을 매개하거나 설치한 목적에 어긋나게 운용하여서는 아니된다. 다만, 다른 법률에 특별한 규정이 있거나 그 설치목적에 어긋나지 아니하는 범위에서 다음 각 호의 어느 하나에 해당하는 용도에 사용하는 경우에는 그러하지 아니하다.

1. 경찰 또는 재해구조 업무에 종사하는 자로 하여금 치안유지 또는 긴급한 재해구조를 위하여 사용하게 하는 경우
2. 자가전기통신설비의 설치자와 업무상 특수한 관계에 있는 자 간에 사용하는 경우로서 미래창조과학부장관이 고시하는 경우

② 자가전기통신설비를 설치한 자는 대통령령으로 정하는 바에 따라 관로·선조 등의 전기통신설비를 기간통신사업자에게 제공할 수 있다.

③ 제2항에 따른 설비의 제공에 관하여는 제35조·제44조(같은 조 제5항은 제외한다)·제45조부터 제47조까지의 규정을 준용한다.

관계기관간 도시상황 전파가 아무 문제가 없었음에도 불구하고 많은 비용을 들여서 구축한 도시통합운영센터에서는 네트워크 연결을 할 수 없었던 적이 불과 몇 년 전 일이었으며, 지금도 정보보안 측면에서는 많은 제약이 존재하고 있다.

최근에는 공상영화에 나오는 이상적인 모습에는 미치지 못할지라도 방범, 교통, 환경 등 일부 분야에서 자가전기통신설비의 연계가 이루어질 수 있도록 관계규정이 개선[Tip]되었으나, 아직도 도시통합운영센터에서는 도시 상황 관리, 전파, 대응 등의 업무가 소방, 경찰 등 타 기관 시스템과 연계되지 않은 고립된 상태에서 운영되고 있는 것이 일반적인 모습이다.

또한, 행정자치부에서는 CCTV 통합관제센터의 전국 지자체 설치 운영을 지원하고 있으나, 지자체 입장에서는 U-City 통합운영센터와 CCTV 통합관제센터간 상호 구축 목적이 상이할 수 있으나, 체감되는 기능이 유사한 점을 고려하여, 상호간의 관계성 정립이 필요하다는 의견이 개진되고 있다.

Tip 방송통신위원회 고시 제2012-79호(2012. 10. 15)에 따라 일부 연계 허용

[자가전기통신설비 목적 외 사용의 특례범위]

제1조(특례범위) 자가전기통신설비 목적 외 사용의 특례범위는 다음 각 호와 같다.

(생략)

5. 「유비쿼터스도시의 건설 등에 관한 법률」 제2조 제2호 및 같은 법 시행령 제2조에 따른 유비쿼터스도시서비스 중 교통·환경·방범 및 방재 업무를 수행하는 국가 및 지방자치단체의 행정기관이나 공공기관이 비영리·공익 목적의 정보 이용 및 제공을 위하여 「유비쿼터스도시의 건설 등에 관한 법률 시행령」 제4조에 따른 유비쿼터스도시내 통합운영센터에 설치되어 있는 자가전기통신설비를 사업용 전기통신설비를 통하여(자가전기통신설비가 동일구내에 설치되어 있거나, 교통·환경·방범 및 방재 업무를 수행하는 자의 자가전기통신설비를 이용하는 경우는 제외) 사용하는 경우

[표 1-4] CCTV통합관제센터와 U-City통합운영센터 비교

구분	CCTV통합관제센터	U-City통합운영센터
목적	CCTV의 효율적 운영관리를 위해 지자체의 기능부서별로 분산 운영되던 CCTV를 통합하여 운영할 수 있도록 함	유비쿼터스도시서비스를 제공하기 위한 분야별 정보시스템을 연계·통합하여 운영할 수 있도록 함
재원 조달	행정자치부에서 지자체의 CCTV통합관제센터 구축비용 일부 지원	국토교통부 유비쿼터스도시의 건설 등에 관한 법률/시행령에 따라 구축(LH 등 도시개발사업의 일환으로 센터 구축·시범도시 사업)
관련 근거	공공기관 영상정보처리기기 설치·운영 가이드 라인	유비쿼터스도시의 건설 등에 관한 법률/시행령, U-City의 CCTV 시스템 구축기술 기준(단체표준)
최종 목표	범죄·재난에서 안전한 도시 운영	안전한 유비쿼터스도시 건설, 도시의 경쟁력을 향상시키고 지속 가능한 발전을 촉진하는 유비쿼터스도시서비스를 제공하기 위한 분야별 정보시스템을 연계·통합하여 운영
핵심운영 솔루션	VMS(Video Management System) Tip	통합관리시스템(국가 U-City 통합플랫폼 등)
특징	기존 도시 CCTV 통합, 지자체별 통합관제시스템 도입	U-City 통합관제는 시스템 단일화를 통하여 상호 운용성 확보 및 중복예산 절감에 기여
주요 기능	CCTV 중심 서비스(생활안전, 사회안전, 시설관리)	유비쿼터스도시서비스(U-방범, U-교통, U-시설물, U-환경, U-상수도, U-도시정보 등 제공)

Tip VMS와 통합관리시스템의 관계

- VMS는 우리말로 직역하면 영상관리시스템이나, 이 분야에 종사하는 사람들을 중심으로 이를 보통 통합관제시스템으로 호칭하기 때문에 U-City 통합플랫폼, 통합운영센터, 통합관제센터 등 용어가 혼돈되어 일부에서는 VMS를 통합플랫폼으로 오해하는 사례가 있음.
- U-City센터 관점에서 볼 때 센터를 운영하는 여러 가지 운영 소프트웨어 중 VMS는 CCTV를 통합관리시스템(통합플랫폼)에서 용이하게 활용할 수 있도록 지원하는 소프트웨어로 볼 수 있음.

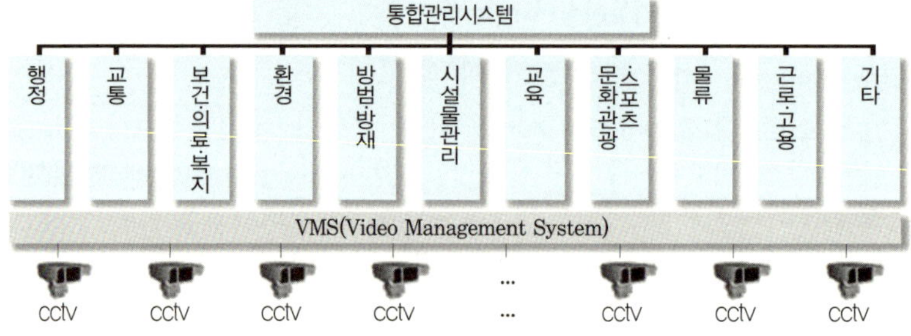

※VMS:Video Management System 또는 Software라고도 하며, 네트워크를 통한 IP카메라의 영상 수집, 관리, 저장, 실시간 영상전송기능 제공

U-City법 제2조(정의) 3호 다목

U-City법 제2조(정의) 이 법에서 사용하는 용어의 뜻은 다음과 같다.

(생략)

3. "유비쿼터스도시기반시설"이란 다음 각 목의 어느 하나에 해당하는 시설을 말한다.

가. 「국토의 계획 및 이용에 관한 법률」 제2조 제6호에 따른 기반시설 또는 같은 조 제13호에 따른 공공시설에 건설·정보통신 융합기술을 적용하여 지능화된 시설

나. 「국가정보화 기본법」 제3조 제13호의 초고속정보통신망, 같은 조 제14호의 광대역통합정보통신망, 그 밖에 대통령령으로 정하는 정보통신망

다. 유비쿼터스도시서비스의 제공 등을 위한 유비쿼터스도시 통합운영센터 등 유비쿼터스도시의 관리·운영에 관한 시설로서 대통령령으로 정하는 시설

(생략)

U-City법 시행령 제4조(U-City의 관리·운영에 관한 시설)

U-City법 제2조 제3호 다목에서 "대통령령으로 정하는 시설"이란 제2조 제1항의 U-City 서비스를 제공하기 위한 분야별 정보시스템을 연계·통합하여 운영하는 U-City 통합운영센터와 그 밖에 이와 비슷한 시설로서 국토교통부장관이 관계 중앙행정기관의 장과 협의하여 고시하는 시설을 말한다.

U-City법 제19조(유비쿼터스도시기반시설의 관리·운영 등) 2항

유비쿼터스도시기반시설의 관리청은 유비쿼터스도시기반시설의 효율적인 관리·운영을 위하여 필요하다고 인정하면 해당 시설과 관계되는 시설의 관리청과 협의하여 그 시설 들을 통합적으로 관리·운영할 수 있다

도시통합운영센터는 유비쿼터스도시기반시설 중 유비쿼터스도시의 관리·운영에 관한 시설로 볼 수 있다. 도시통합운영센터는 U-City법 제2조(정의)의 3호 다목, 시행령 제4조(U-City의 관리·운영에 관한 시설) 등에 정의되어 있다.

지자체에서 운영하는 전산센터, CCTV통합관제센터, 교통정보센터 등은 U-City법 시행령 제4조에 따라 국토교통부장관이 관계기관의 장과 협의하

여 고시될 경우 유비쿼터스도시의 관리·운영에 관한 시설로 볼 수 있으며, 이러한 센터는 기본적으로 유비쿼터스도시 서비스를 제공하기 위한 분야별 정보시스템을 연계·통합하여 운영할 수 있는 기능을 갖고 있어야 한다.

도시통합운영센터는 유비쿼터스도시 서비스를 제공하기 위한 분야별 정보시스템을 연계·통합하여 운영하기 위해 필요한 전산장비 및 소프트웨어, 네트워크 장비가 장비실에 집적되어 있고, 이러한 전산장비가 운영환경에서 무중단 운영될 수 있도록 전기, 냉난방, 소방, 공조, 기계 등 부대시설이 구비되어 있는 물리적인 시설이며, 이러한 시설은 도시에서 발생하는 각종 사건·사고 등 도시상황을 통합하여 관리하는 도시통합운영센터의 심장부라 할 수 있는 상황실을 지원하는 시설로 볼 수 있다.

[그림 1-4] 도시통합운영센터 배치도 사례

http://blog.naver.com/mano8114?Redirect=Log&logNo=220076441002 (주)마노알앤디

이러한 ICT 장비 및 부대시설은 앞에서 언급한 지자체 전산센터, CCTV통합관제센터, 교통정보센터 등 유사센터에도 운영되고 있는 시설이며, 이는 전산실 운영개념에 따라 운영 절차 및 조직, 책임과 권한, 업무 프로세스 등

[그림 1-5] 도시상황 통합관리 업무체계(구성 시스템)

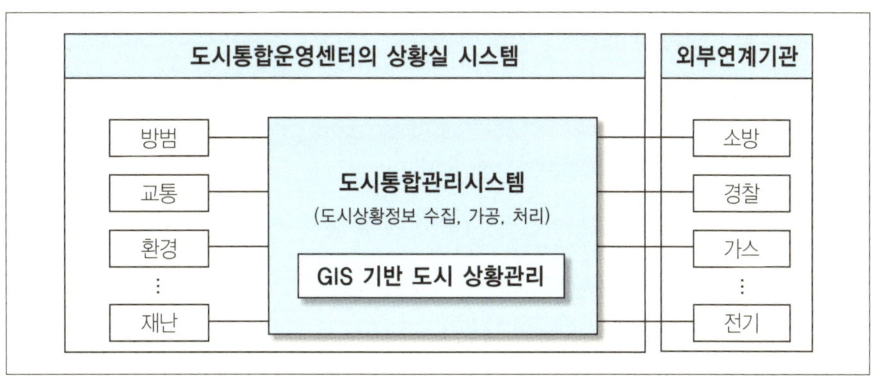

이 정립되어 나름대로는 안정적으로 운영되고 있다.

그러나, 도시통합운영센터는 물리적인 시설물에 대한 운영·관리 체계 이외에 도시의 다양한 사건·사고 및 이벤트 상황을 수집·가공 및 처리하여 필요 기관에 실시간으로 분배하고 대응할 수 있도록 하는 도시통합운영센터 상황실만의 고유한 '도시상황 통합관리 업무체계'[Tip] 운영이 필요하며, 이 점이 일반 유사센터와 도시통합운영센터의 차이점이라고 할 수 있다.

아울러, 지자체에서 운영하는 전산센터, CCTV통합관제센터, 교통정보센터, 재난안전상황실 등 유사센터도 '도시상황 통합관리 업무체계'를 운영할

Tip 도시상황 통합관리 업무 체계

도시상황통합관리 업무체계는 방범, 교통분야 U-서비스를 기본으로 적어도 2개 이상의 U-서비스, 관계 기관 시스템이 통합관리시스템을 통하여 연계·통합되고, GIS 기반의 상황관리 화면(상황판)에 도시상황을 동시 표출 및 관제할 수 있는 도시통합운영센터의 상황실 운영체계를 말함.

여기에서 도시통합관리시스템은 일반적으로 통합플랫폼이라고 말하는 도시상황관리도구로서, 국내에는 KT의 유비칸, 삼성SDS의 유비센터와 국가에서 개발한 U-City 통합플랫폼 등이 있음.

경우 도시통합운영센터로 활용될 수 있을 것으로 기대되고 있다.

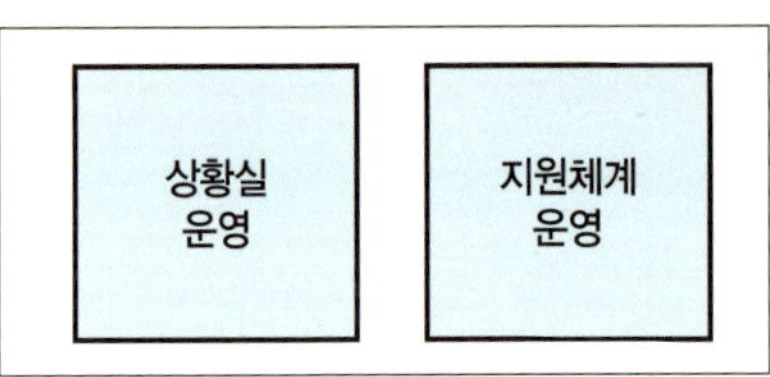

결국 특정 지자체가 U-City인지 아닌지를 결정짓는 가장 큰 요소는 외형적으로 볼 때 도시통합운영센터의 존재 유무로 볼 수 있으며, 실질적인 내용으로 볼 때는 지자체에서 운영하는 다양한 센터 중 '도시상황 통합관리 업무체계'를 운영하는 센터의 존재 유무를 판단기준으로 할 수 있을 것으로 보인다.

아울러, 도시통합운영센터는 지자체에 있는 유사 센터의 정보시스템과 U-서비스 등의 연계·통합 범위 및 정도에 따라 U-City 수준 또는 도시통합운영센터의 수준 및 등급이 다양하게 분류 및 정의될 수 있을 것으로 보이며, 이에 대하여는 제5장에서 자세하게 살펴본다.

나. 도시통합운영센터 운영개념 검토

도시통합운영센터의 운영업무 영역은 센터의 심장부인 1)상황실[Tip] 운영과, 상황실을 구성하는 제반 시설과 인원 및 자원이 상호작용하여 최적 상태로 운영될 수 있도록 지원하는 2)지원체계 운영으로 구분할 수 있다.

지원체계 운영은 국토부에서 고시(2009. 6.)한 '유비쿼터스도시기반시설 관리·운영지침'에 상세한 내용이 기술되어 있으므로, 여기에서는 '상황실 운영'

Tip 상황실

사전적 의미로 상황실(狀況室)은 '행정상 또는 작전상의 계획, 통계, 상황판 따위를 갖추어 전반적 상황을 한눈에 파악할 수 있도록 마련한 방'으로 정의됨(네이버 국어사전)

을 중심으로 도시통합운영센터의 운영개념을 논의하고자 한다.

도시통합운영센터에서 제공하는 서비스는 방범 위주의 CCTV통합관제센터와 달리 행정, 교통, 재난, 안전, 환경, 보건·복지, 시설물관리, 문화·관광 등 도시의 다양한 분야에 적용되며, 이는 지자체에서 제공하는 행정서비스의 일환으로 거주민의 삶의 질 향상에 기여할 수 있어야 한다.

이와 같은 다양한 분야의 U-서비스 제공을 위해서 도시통합운영센터는 해당 지자체의 기능부서(방범, 교통, 환경, 재난, 안전 등 분야를 담당하는 조직)와 밀접한 업무 협력 및 연계성을 유지해야 하며, 거주민에게는 서비스의 수혜자 역할 이외에 도시 운영관리의 참여자로서 역할 및 기회 제공도 고려할 필요가 있다.

도시통합운영센터는 U-서비스를 제공하기 위하여 도시에 존재하는 다양한 관계 행정기관 시스템과 연계하여 다차원적인 도시민 서비스를 제공하는 등 정보허브(Information hub)로서 역할을 수행한다.

도시통합운영센터의 운영개념은 센터의 상황실이 도시에서 발생하는 다양한 도시상황에 대한 정보 수집, 가공, 처리 및 종료 단계 전체 라이프사이클에 걸친 정보 허브로서 도시운영에 도움이 될 수 있는 체계를 마련하고 운영하는 데 있으며, 이러한 도시통합운영센터의 기본 업무내용은 다음과 같다.

- 도시에서 발생되는 다양한 상황이벤트에 대한 모니터링 및 각종 사건·사고에 대한 정보 수집
- 도시에 발생된 각종 도시상황 정보 및 사건·사고에 대한 정보 확인 및 관리는 물론 조치가 필요한 도시상황은 조치기관 또는 조치부서에 통보

[그림 1-6] 도시통합운영센터 상황실의 주요 업무

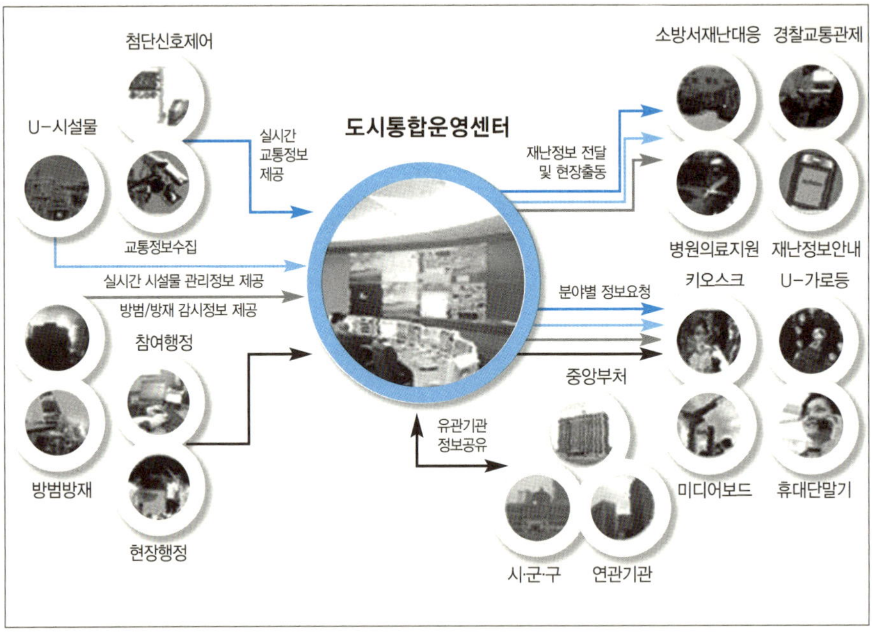

– 사건·사고 조치기관 및 조치부서의 대응업무 지원

– 각 조치기관 및 조치부서에서 처리된 사건·사고 조치결과를 수집/관리하고 이를 이용하여 사전예방 등의 역할수행

이러한 도시통합운영센터의 운영개념과 관련하여 도시에서 발생하는 사건·사고의 최종적인 대응주체 또는 Control Tower는 관련 법 및 규정에 따른 조직, 물리적으로는 119종합상황실, 재난안전상황실, 112종합상황실 등이며, 크게 볼 때 도시통합운영센터는 이러한 Control Tower의 외부 지원조직으로 볼 수 있다.

다. 도시통합운영센터 운영개념 적용범위 및 활용인원

도시통합운영센터의 운영개념은 동 센터는 물론이고 CCTV통합관제센터 및 교통센터 등 유사센터에도 활용될 수 있으며, 특히 상황실 운영체계는 상황 대응 및 관리 측면에서 다양한 기관에서도 필요시 활용될 수 있다.

그 외 도시통합운영센터의 운영개념은 지자체에서 새롭게 U-City 구축을 입안하는 경우, 또는 기존에 운영되는 U-서비스가 거주민에게 실질적인 도움을 줄 수 있도록 운영방안의 개선을 검토하는 지자체 공무원 등 다양한 분야에 종사하는 자에게 이용될 수 있다.

- U-City에 종사하는 지자체 공무원, 민간사업자 및 종사자
- CCTV통합관제센터 구축 및 운영인원
- 센터와 연계된 업무를 수행하는 교통, 방범, 상수도, 도시계획 등 관련 부서 담당자
- 공공기관, 민간기관 상황실 근무자 등

제2장

도시통합운영센터 운영현황

1. 도시통합운영센터의 기능 및 역할
2. 도시통합운영센터 운영 조직 및 인원
3. 도시통합운영센터 위상 검토

1 도시통합운영센터의 기능 및 역할

가. 도시통합운영센터 담당조직

화성동탄 U-City가 운영되기 시작한 2008년 당시 도시통합운영센터 운영업무는 기존 지자체 조직에는 없었던 새로운 업무로서, 신도시 개발사업의 일부분으로 구축되는 U-City 사업 대부분이 정보시스템과 정보통신분야가 복합된 ICT 업무로 구성되고, 기존 지자체 조직에서 해당 업무는 주로 정보통신과에서 담당하였기 때문에 화성동탄 사례부터 시작하여 도시통합운영센

[그림 2-1] 지자체 조직에서 U-City 담당조직의 위치/사례

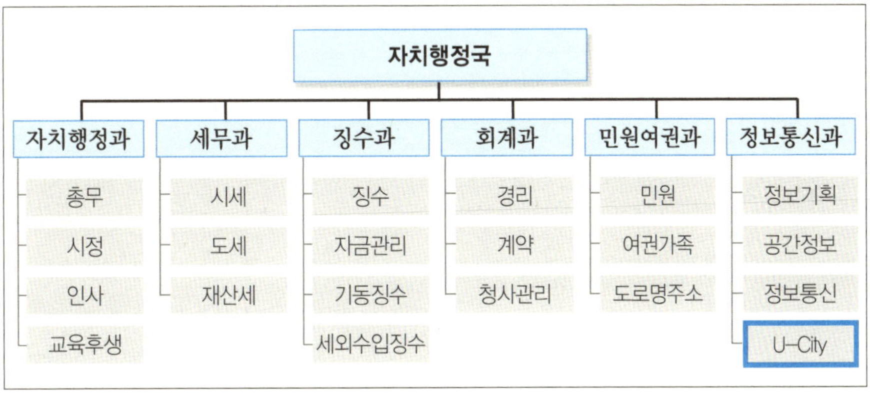

자치행정국

자치행정과	세무과	징수과	회계과	민원여권과	정보통신과
총무	시세	징수	경리	민원	정보기획
시정	도세	자금관리	계약	여권가족	공간정보
인사	재산세	기동징수	청사관리	도로명주소	정보통신
교육후생		세외수입징수			U-City

터는 보통 정보통신 담당부서에서 담당하게 되었다.

도시통합운영센터 이외에 지자체에서는 기존에 운영하는 전산센터, 교통정보센터 그리고 CCTV통합관제센터를 포함하여 대부분의 센터는 해당 기능업무 조직 또는 정보통신 담당조직에서 운영을 하고 있으며, 이러한 센터는 상황실에서 제공하는 서비스 및 기능·역할에 따라 구분될 수 있으나, 공통적인 것은 ICT 자원을 센터의 주요 운영수단으로 활용하고 있다는 점이다.

나. 지자체에서 운영하는 주요 센터 비교

교통정보센터는 국토교통부 및 한국도로공사에서 전국단위로 운영하는 교통관제센터 이외에 기초 또는 광역단위 지자체별로 교통센터를 운영하고 있으며, 기초자치단체에서는 교통업무 담당부서에서 버스정보시스템(BIS:Bus Information System)과 도시교통정보시스템(UTIS:Urban Traffic Information Sys-

[표 2-1] 지자체에서 운영하는 각종 센터 비교

구분	교통정보센터	전산센터	CCTV센터	도시통합운영센터
제공 서비스	ITS, 신호제어, 교통정보제공 등	전산장비 통합 관리 및 유지	방범·방재 등	방범, 교통 등 11개 분야 U-서비스,
주요 운영 업무	시스템 운영관리	시스템 운영관리	시스템 운영관리, CCTV 통합관리 및 유지	도시상황 정보 수집, 가공 및 배포
주요 기능 및 역할	국도, 고속도로 위주의 교통 관리, 소통정보 제공	전산자원을 활용하는 기능부서 지원	경찰업무 지원	U-서비스별 기능 부서 업무 지원, U-City 자원 통합관리
운영 단위	보통 광역 단위로 운영	지자체별로 운영	지자체별로 운영	지자체별로 운영
비고	BIS 센터는 보통 지자체 교통부서에서 운영	정보통신 담당 부서 소관업무	보통 정보통신 담당 부서에서 운영	신도시 위주, 구도시 확산 추진

tem) 또는 첨단교통관리시스템(ATMS:Advanced Traffic Management System) 등 교통업무 관련 소규모의 센터가 교통분야에 전문화되어 운영되고 있고, 교통정보센터에서는 방범, 환경 등 다른 기능 업무와 통합되어 센터가 운영되는 사례는 거의 찾아볼 수 없는 편이다.

보통 전산실 또는 기계실 등으로 불리는 지자체의 전산센터는 지자체에서 운영하는 전산자원(서버, 네트워크 장비 등)을 한곳에 모아서 관리하는 공간을 말하며, 항온항습, 비상전원 등 공급시설을 갖추고 1년 365일 무중단 운영환경을 갖추고 있다. 일부 지자체에서는 CCTV 통합관제센터, U-City통합운영센터 등을 신축하는 경우, 기존에 운영하는 전산자원을 이전해서 지자체의

[그림 2-2] CCTV 통합관제센터의 CCTV 활용범위

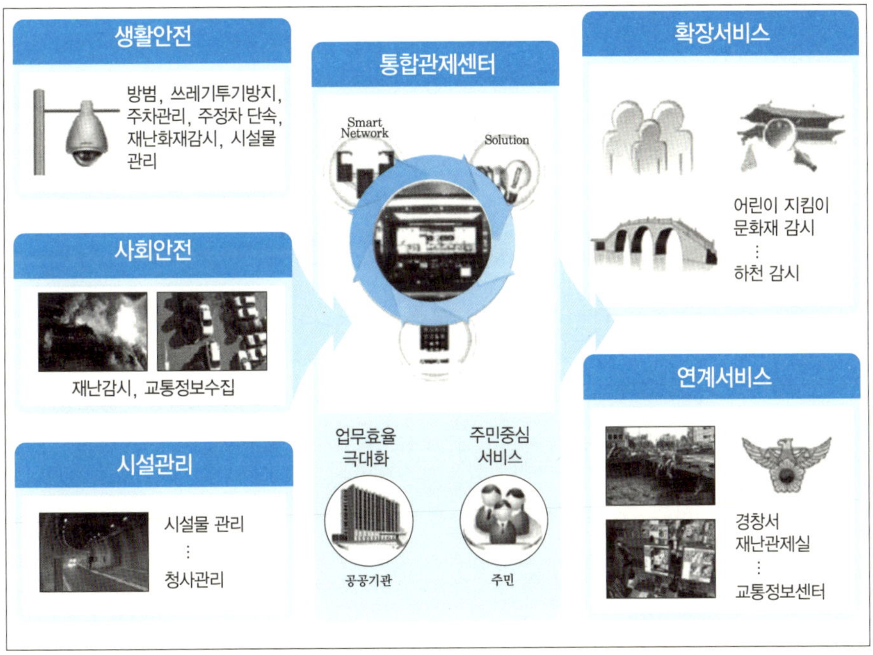

＊ 통합 관제센터 구축 가이드라인 발췌 인용(2011, NIA)

모든 전산자원을 통합하여 운영할 수 있는 환경을 마련하고 있다. 전산센터의 주요 역할은 기능부서에서 활용하는 전산자원을 통합하여 관리하는 것으로 볼 수 있다.

CCTV통합관제센터는 강력범죄 등 사건·사고가 증대되고 안전한 거주환경에 대한 시민의 욕구가 증대됨에 따라 지자체에서 목적별로 분리 운영되던 CCTV를 통합하여 운영하기 시작하였고, 2010년경부터는 당시 안전행정부 지원으로 지자체에 방범 CCTV통합관제센터가 본격적으로 구축 운영되기 시작하여, 지금은 전국에 약 160여 개 지자체에서 센터가 구축 또는 운영 중에

[그림 2-3] CCTV 통합관제센터의 개인정보보호법 관련 기사 인용

발 신 : 국회의원 장하나
담 당 : 박진우(010-7140-****)
날 짜 : 2014년 3월 24일
매 수 : 총5매

보도자료

〈CCTV통합관제센터〉 현황 최초 전수조사 발표

- 개인정보보호법 등 현행법 위반사항 다수
- 공권력에 의한 '시민감시'로 악용되고 있어

장하나 의원 "안행부장관은 위법사항에 대해 행정처분해야 하고, 경찰·지자체의 독점적 운영 막아야 할 것"

있다.

당초 CCTV통합관제센터는 방범·방재용 CCTV 위주로 운영되다가, 쓰레기투기방지, 시설물관리, 교통 등 지자체 기능부서별로 운영되는 다양한 CCTV를 통합하여 운영하는 형태로 확대되고 있으나, CCTV의 목적 외 사용, 개인정보 관리 소홀 등 일부 부작용이 이슈화되고 있다.

또한 일부 지자체에서는 CCTV통합관제센터의 실질적 운영을 센터에 파견 근무하는 경찰관에게 담당하게 함으로써, CCTV통합관제센터가 경찰의 시민사찰 목적으로 악용될 수 있다는 우려가 제기되고 있으며, 이러한 문제점을 감안하여 안전행정부에서는 CCTV통합관제센터 운영규정을 마련하여 지자체에 보급 및 준수토록 하고 있다.(부록 참조)

다. 도시통합운영센터의 기능 및 역할

도시통합운영센터는 도시민 삶의 질 향상을 위하여 각종 U-City 서비스를 제공하고, 이러한 서비스 제공 수단인 유비쿼터스도시 기반시설이 적절히 운용될 수 있도록 유지관리하는 것을 센터의 기본 기능 또는 역할로 볼 수 있다.

이러한 도시통합운영센터에서 수행되는 업무를 정리하면 [표 2-2]와 같으며, 센터에서 수행하는 여러 가지 업무 중 특히 '상황실 운영' 업무는 CCTV통합관제센터, 교통정보센터 등 유사센터와 비교하여 도시통합운영센터만이 가질 수 있는 차별화된 기능 및 역할이 기대되고 있으나, 아직은 이에 대한 사례가 미흡한 실정이다.

국내 U-City가 초기 도입되던 시기에 도시통합운영센터에서 제공하는

[표 2-2] 도시통합운영센터의 주요 업무내용

구분		주요 업무내용
총괄·기획·행정관리		• 운영센터 운영 총괄 및 전략 기획업무 수행 • 운영센터 내 기술 표준화, 기술지원 및 교육 • 운영센터 홍보업무 • 총무, 인사 등 일반적인 행정업무 수행 • 위탁운영관리, 서비스 수준관리, 계약관리 업무 수행 • 예산관리 업무 수행
센터 시설 관리 · 운영	상황실 운영	• 교통, 방범·방재, 환경정보 등의 상황 관제 • 운영센터 운영현황 관제 • 정보통신망 운영현황 관제 • 지능화된 공공시설 운영현황 관제
	변경관리·장애관리	• 신규 서비스 도입 등이 업무에 미치는 영향 평가, 안정적 변경 • 기술적 요인 등에 따른 장애 관리
	백업관리·재해복구관리	• 일정한 주기로 데이터를 보조기억장치 등에 복사 • 재해복구계획과 재해복구시스템으로 구성
	사용자지원관리	• 사용자 요구사항 수집·관리 • 사용자 교육
	센터시설물 관리·센터시설보안관리	• 운영센터 내의 전기시설, 공조시설 및 소방시설 점검관리 • 운영센터 내의 정보통신망 및 통신장비 점검관리 • 예비장비 및 예비부품 확보관리 • 센터시설에 대한 관리적, 물리적, 기술적 보안관리
	성능관리	• 운영센터 내 운영하드웨어, 운영소프트웨어 성능관리 • 통신장비 성능관리 • 지능화된 공공시설 성능관리
현장시설 관리·운영	현장시설물관리·현장시설보안관리	• 지능화된 공공시설 및 현장에 설치된 장비들에 대한 점검관리 • 현장 정보통신망 및 통신시설 점검관리 • 현장시설에 대한 물리적 보안관리

* 유비쿼터스도시기반시설 관리·운영 지침에 언급된 내용 인용

U-City 서비스는 방범·방재, 교통, 환경, 보건, 문화·관광 등 다양한 분야에 걸쳐 이루어진 적이 있었으나, 대부분의 서비스는 체감 부족, 서비스 제공을 위한 제반 시설의 운영비 문제 등 여러 요인으로 최근에는 방범 및 교통 분야를 위주로 서비스가 제공되고 있는 상황이다.

그리고 교통 및 방범·방재 분야의 U-City 서비스는 대부분의 도시에서 이

미 서비스가 이루어지고 있는 공공서비스로서, 도시통합운영센터 이외에도 지자체별 교통센터 또는 CCTV통합관제센터 등을 통하여 서비스가 이루어지는 점을 고려할 때, 향후 도시통합운영센터는 뭔가 차별화된 새로운 기능 및 역할로 도시민에게 다가가야 할 필요가 있다.

라. 도시통합운영센터의 지자체 확산 시 고려사항

도시의 체계적 관리 및 도시에서 발생하는 범죄, 재난, 사건·사고 등 제반 도시문제를 효율적으로 대처하는 수단으로 국토교통부에서는 U-City통합운영센터(도시통합운영센터)의 지자체 보급 확산을 추진하고 있다.

그러나, 이러한 국토부 정책이 지자체를 통하여 실현되기 위해서는 교통센터, CCTV통합관제센터, 재난안전상황실 등 지자체에 산재한 다양한 기능 조직별 센터와 도시통합운영센터와의 관계가 우선 명확히 정리되고, 이에 따른 조정작업이 수반되어야 할 필요가 있다.

지자체 입장에서 볼 때 기존 센터 운영과 함께 유사한 기능을 수행하는 U-City 통합운영센터를 추가 구축 운영하는 것은 일부 중복기능에 대한 행정낭비가 예상되기 때문이다.

특히, U-City는 현재 신도시 위주로 약 20여 개의 센터가 운영 및 구축 중에 있으며, 향후에는 구도심 위주로 U-City가 확산될 예정으로, 이 경우 U-City 통합운영센터는 도시관리 측면에서 의미 있는 기능 또는 역할이 부여되어야 하나, 현재와 같은 U-서비스 제공 및 U-City 시설물의 관리·운영만으로는 미흡하므로 재해 및 범죄 등으로부터 안전한 도시기반 조성 등 도시통합운영센터의 기능 및 역할에 대한 확대가 필요하다.

[그림 2-4] U-City 통합플랫폼을 활용한 국민안전망 구축방향

U-서비스센터	U-City센터	도시통합운영센터
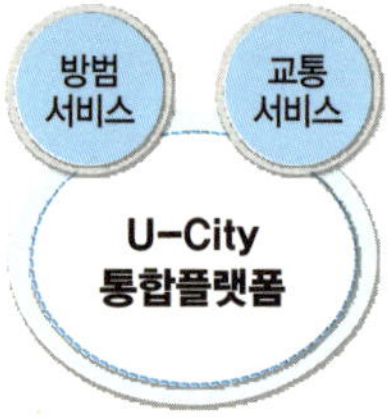 방범 서비스, 교통 서비스, U-City 통합플랫폼	 방범 서비스, 교통 서비스, 시설물관리 서비스, U-City 통합플랫폼, 공통 GIS엔진, 정보공개 서비스, •••	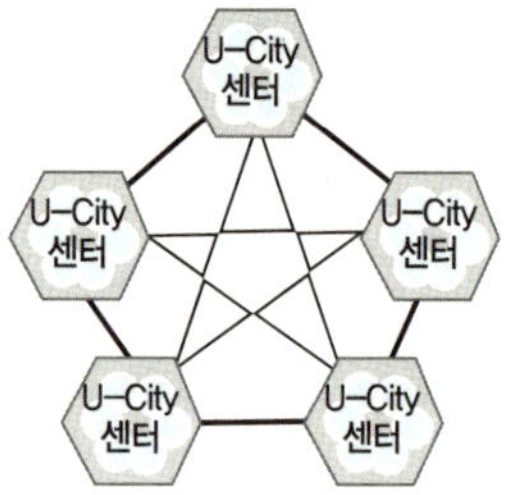 U-City 센터, U-City 센터, U-City 센터, U-City 센터, U-City 센터
지자체별 방범, 교통 등 기능별 개별센터	지자체의 기능별 센터가 통합플랫폼 적용을 통하여 분야별 기능센터 역할이 통합된 U-City센터로 발전	U-City 통합플랫폼을 적용한 지자체가 확산됨에 따라 개별 U-City센터가 상호 유기적으로 연동되어 국가재난상황을 효율적으로 대처할 수 있는 도시통합운영센터로 발전

최근 국토교통부는 정부 3.0 시대의 U-City 발전전략의 하나로 지자체에서 운영 중인 각종 센터와 정보시스템 등을 도시통합운영센터로 연계·통합하여 융합서비스 제공을 추진하고 있으며, 이러한 추세에 맞추어 지자체에서는 이의 실질적인 도구인 U-City 통합플랫폼의 적극적인 도입을 검토할 필요가 있다.

U-City 통합플랫폼은 방범·방재, 교통, 환경, 시설물관리 분야 등에서 동시 다발적으로 발생할 수 있는 도시의 다양한 상황이벤트를 종합하여 처리하는 도시상황 통합관리 도구로서, GIS 기반 도시상황 통합관제, 모니터요원 등 상황근무자 업무지원, 각종 센터·정보시스템 연계 및 U-City 데이터 표준화 역할을 담당한다. 이러한 U-City 통합플랫폼이 U-서비스센터, U-

City센터 및 도시통합운영센터 수준으로 확산될 경우, 장기적으로는 국가 재난상황을 효율적으로 대처할 수 있는 도구(국민안전망)로서의 활용도 기대할 수 있다.

2 도시통합운영센터 운영 조직 및 인원

가. 도시통합운영센터 운영조직

도시통합운영센터 운영은 공무원 자체운영,·외부 위탁운영 및 혼합형태로 구분할 수 있으며, 대부분의 지자체는 혼합형으로 센터를 운영하고 있다.

혼합형 센터의 경우 보통 센터장과 기획 및 행정관리 측면업무는 공무원이 직접 담당하고, 도시상황 모니터링, 센터 및 현장 시설물 관리업무는 외부위탁을 주는 형태가 일반적이며, 위탁기관은 다시 공공성이 있는 지자체 산하 시설관리공단 등에 맡기는 방법과 외부 민간 전문업체에 맡기는 경우로 구분할 수 있다.

도시통합운영센터의 운영조직은 지자체별 센터의 규모 및 제공되는 서비스 내용에 따라 차이가 있으나, 일반적으로 기초자치단체에서는 계(係)단위 조직으로 운영되고, 광역에서는 과(課)단위 조직이 편성되어 운영되고 있다.

국토교통부의 유비쿼터스도시기반시설 관리·운영 지침에는 도시통합운영센터 사례로 운영조직안을 예시([그림 2-5] 참조)하고 있으나, 특정 신도시만을 위한 조직으로는 다소 비현실적인 면이 있으며, 이러한 규모의 조직은 광역

[그림 2-5] 신도시 도시통합운영센터 조직구성 계획안

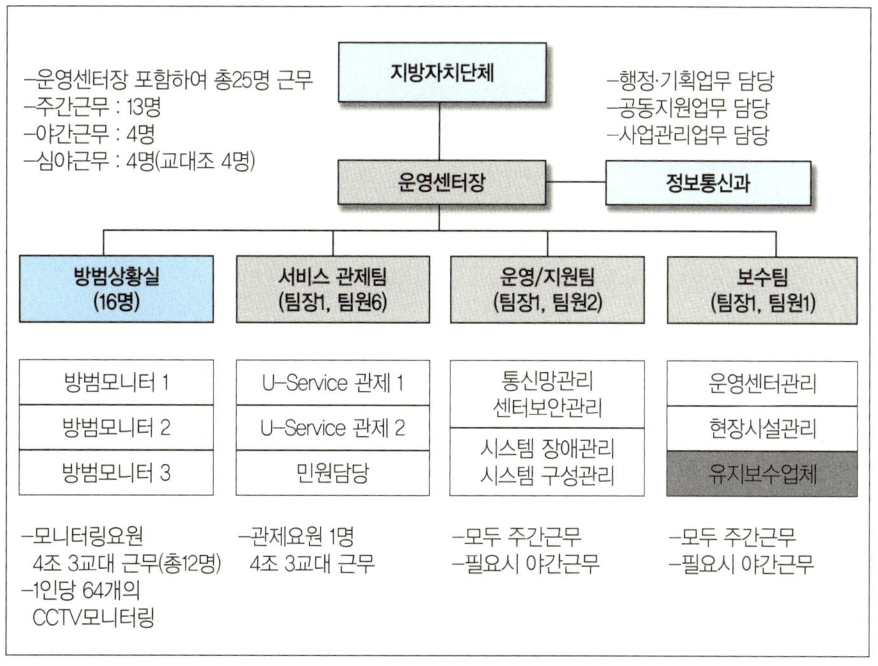

*유비쿼터스도시기반시설 관리·운영 지침의 부록 인용

자치단체 단위에서 신도시를 포함한 도시 전체를 대상으로 운영하는 센터일 경우에는 가능할 것으로 보인다.

나. 도시통합운영센터 운영인원

도시통합운영센터 운영인력 관련 [그림 2-5]에 대응한 업무별 인력계획(안)은 [표 2-3]와 같으며, 전체 운영인력 규모는 25명(외주인력 포함) 수준이다. 이러한 규모 역시 신도시만을 위한 운영인력 규모로 보기에는 비현실적이고, 광역자치단체 규모에서나 적용될 수 있는 인원규모로 볼 수 있다.

그러나 도시통합운영센터의 운영 조직에서 언급한 것과 같이 기초자치단

체는 계(係)단위로 공무원 운영인력이 3~5명 수준이며, 광역자치단체는 과(課)단위로 보통 15~25명 수준에서 센터가 운영되고 있다.([표 2-4] 참조)

이러한 도시통합운영센터의 운영인력은 현재 전국적으로 운영되고 있는 CCTV통합관제센터의 운영인력과 유사한 것으로 파악되고 있으며, 현실적으로는 상황실 전담 공무원이 없어서 상황관제 업무의 대부분을 파견경찰에 의지하거나, 위탁회사에서 대행하는 상태로 운영되고 있다.

[표 2-3] 도시통합운영센터 인력구성 계획안

조직		인원(명)	인력확보계획(명)		비고
			공무원	외주	
센터장	센터총괄	1	1	–	
U-서비스 관제팀	총괄팀장	1	1	–	
	U-서비스 관제1	4	4	–	4조 3교대
	U-서비스 관제2	1	1	–	
	민원업무담당	1	1	–	
방범CCTV팀	상황실장	(1)	(1)	–	경찰 파견근무
	방범 모니터링	12	–	12	4조 3교대
	경찰공무원	(3)	(3)	–	경찰 파견근무
운영/지원팀	총괄팀장	1	1	–	
	정보통신망관리 센터보안관리	1	1	–	
	시스템 장애관리 시스템 구성관리	1	1	–	
보수팀	총괄팀장	1	1	–	
	운영센터관리 현장시설관리	1	1	–	
	유지보수업체	–	–	–	유지보수업체 선정
소계		25	13	12	

* 유비쿼터스도시기반시설 관리·운영 지침의 부록 인용

[표 2-4] U-City별 운영조직 구성 및 내용(2015년)

구분	U-서비스수	상위조직명/운영조직명	센터 운영인원						비고
			일반행정	상황실				유지보수	
				공무원		민간	계		
				자체	파견				
화성동탄	5	안전자치행정국/정보통신과/U-City운영팀	4	–	–	3	3	6	CCTV센터 분리운영
파주운정	7	정보통신관/도시정보팀	5	–	3	19	22		CCTV, GIS 분야 제외
대전도안	3	기획관리실/정보화담당관/지리정보팀	11	–	6	45	51		CCTV센터 중심 운영
용인흥덕	6	행정문화국/정보통신과/도시정보팀	3	–	3	24	27		CCTV 업무 제외
수원광교	8	제1부시장/도시안전통합센터/안전미래정보팀	19	–	6	48	54	12	사업소 조직, 3개 센터 물리적 통합, 정보팀 5명
인천청라	6	기획조정본부/U-City과/운영팀	22	–	–	4	4	6	운영팀 4명
남양주시	4	교통도로국/교통계획과/U-통합센터팀	5	–	3	12	15	5	교통시스템 위주 운영
오산시	7	자치행정국/정보통신과/U-City팀	4	–	3	18	21	1	

3 도시통합운영센터 위상 검토

U-City 서비스를 제공하기 위한 도시통합운영센터는, 유비쿼터스도시의 관리·운영을 위한 도시 시설물로서 이의 적정역할 및 기능수행을 위해서는 지자체 기능부서와의 긴밀한 업무협조는 물론이고, 경찰서, 교육청, 소방서, 도로공사, 시설관리공단 등 관계행정기관과도 유기적인 협력체계가 이루어져야 한다.

이를 위해서는 도시통합운영센터가 최소한 과(課)체계로 운영되어야 하며, 산하에 일반행정팀, 상황관제팀 및 운영지원팀 등 최소 3개팀이 편제되어야 하나, 대부분의 지자체에서는 U-City팀 또는 계(係)단위로 3~5명이 센터를 운영하고 있는 실정으로 센터의 위상제고가 필요하다.

도시통합운영센터 위상 관련 일부 지자체에서는 사업소 체계를 도입하여 독립적인 조직으로서 운영하고, 산하에 ICT 관련 업무 및 기능을 통합하여 운영하고 있다.

제3장

도시통합운영센터 운영개선 방안

1. 도시통합운영센터의 기능 및 역할개선 방안
2. 도시통합운영센터의 상황실 운영개선 방안
3. 도시통합운영센터 위상정립

1 도시통합운영센터의 기능 및 역할개선 방안

가. 도시통합운영센터의 기능 및 역할개선 방향

도시통합운영센터에서 수행하는 업무는 크게 총괄·기획·행정 관리, 센터시설 관리·운영, 현장시설 관리·운영으로 구분([표 3-1] 참조)될 수 있다.

영역별 업무 중 총괄·기획·행정관리 분야의 일부 업무를 제외하고 센터시설 및 현장시설 관리·운영 업무는 CCTV통합관제센터, 교통정보센터 등 유사센터와 마찬가지로 센터의 심장부 역할을 하는 상황실의 정상운영에 필요한 유지관리 기능을 수행하는 것이다.

센터의 심장부 역할을 하는 상황실에서 무슨 업무를 하느냐에 따라 그 센

[표 3-1] 도시통합운영센터의 영역별 업무내용

구분	내용	비고
총괄·기획·행정 관리	센터 규모 및 독립된 건물 운영 등 여부에 따라 다양한 업무유형이 존재함	
센터시설 관리·운영	상황실 관리·운영 업무와 상황실 관리·운영에 필요한 센터 내 시설물 관리·운영 업무로 구성됨	시스템관리, 시설관리, 보안관리 등
현장시설 관리·운영	현장시설물 관리 및 현장시설 보안관리	CCTV, 교통센서, 환경센서 등

터의 기능 및 역할이 구분될 수 있으며, 보통 CCTV통합관제센터는 방범센터로서의 역할, 교통정보센터는 명칭 그대로 도시의 교통정보제공 등 교통분야의 역할을 수행한다.

지자체에서 운영하는 CCTV통합관제센터, 교통정보센터 등의 상황실은 각 센터별로 정해진 기능/역할을 수행하는 데 반하여, 도시통합운영센터의 경우에는 U-City법에 언급된 것과 같이 행정, 교통, 보건·의료·복지, 환경, 방범·방재, 시설물관리, 교육 등 11개 분야의 하나 또는 둘 이상의 정보를 연계하여 제공하는 서비스에 대한 상황관제를 수행함으로써, 관제의 범위 및 내용에서 유사센터보다 훨씬 다양하고 복잡한 양상을 가질 수 있다.

그러나, 아직까지 도시통합운영센터의 경우 상황실 운영을 어떤 절차에 따라 어떻게, 무엇을 해야 하는지 정해진 룰(Rule) 또는 기준이 명확하지 않은 상태에서 운영되고 있다.

이러한 현실에서 대부분의 도시통합운영센터 상황실의 경우 방범, 교통 등 제한된 분야의 서비스를 제공하고, 관제 측면에서도 CCTV를 활용한 방범 모니터링 위주의 업무를 CCTV통합관제센터 상황실과 유사하게 운영하고 있으므로, 도시통합운영센터 상황실만의 차별화된 기능/역할은 제공하지 못한다고 볼 수 있다.

여기에서는 기존 방범 위주 운영에서 도시 거주민의 삶의 질 향상 및 안전한 도시운영을 위한 필수도구로서 도시통합운영센터가 지향해야 할 기능 및 역할을 크게 '도시상황 정보공유 허브(Hub)'로서의 역할과 '지자체 U-서비스와 관련 시설의 통합 운영 및 관리'로 구분하여 제시한다.

[표 3-2] 도시통합운영센터 기능/역할 확대 정립방향

구분		기능/역할 정립방향	비고
1	도시 상황정보 공유 허브(Hub)	- 도시의 각종 사건·사고 등 상황발생 정보의 실시간 수집, 가공 및 전파 등 지자체 내·외부 관계기관간 도시 상황정보 공유/분배 채널화 - 재해·범죄 등으로부터 안전한 도시기반 조성	U-City 통합관리 시스템 활용
2	지자체 U-서비스와 관련 시설의 통합 운영 및 관리	- 지자체 기능부서별 U-서비스 수준 제고를 위한 조직간 협력업무 발굴 및 운영 - CCTV 등 지능화 시설의 통합관리 및 운영	대민 행정서비스 경쟁력 제고수단으로 활용

[표 3-2]에 언급된 도시통합운영센터의 기능/역할 확대 정립 방향은 CCTV통합관제센터 등 지자체에서 운영하는 각종 센터와 차별화되는 도시통합운영센터만이 가질 수 있는 특징으로 볼 수 있으며, 이는 정부에서 강조하고 있는 정부 3.0에 부합하는 지방정부의 협업모델로 볼 수 있다.

나. 도시상황 정보공유 허브(Hub)

도시통합운영센터의 기능/역할로서 '도시상황 정보공유 허브(Hub)'는 119종합상황실, 112종합상황실, 교통정보센터, 재난안전상황실, 응급센터 등 기관별로 운영하는 여러 가지 목적별 센터가 본연의 업무에 집중할 수 있도록 하는 지원 성격의 업무로서, 예를 들어 도시 내 특정지역에 화재가 발생할 경우, 소방차의 긴급출동 유도, 경찰 및 지자체 공무원의 현장 지원 및 관계 행정기관 상황전파 등을 통하여 사건·사고의 체계적인 대응을 매개 또는 지원하는 것 등을 들 수 있다.

이러한 기능/역할을 통하여 얻을 수 있는 도시통합운영센터의 운영효과는 크게 4가지로 요약할 수 있다.

- 도시 내에서 발생되는 각종 사건·사고 정보의 신속한 인지
- 인지정보의 사실확인(Screening)으로 행정낭비 방지
- 사건·사고 처리 및 대응을 담당하는 관계 행정기관에게 신속한 정보 제공 및 전파를 통한 신속대응 유도
- 사건·사고의 발생부터 종료 시점까지 지속적인 현장 모니터링으로 관계 행정기관의 적정 대응유도 및 지원

도시통합운영센터는 '도시상황 정보공유 허브(Hub)'로서 지자체의 재난안전상황실, 경찰의 112종합상황실, 소방의 119종합상황실 등 재난, 사건·사고

[그림 3-1] 도시상황 정보공유 허브(Hub)로서의 도시통합운영센터

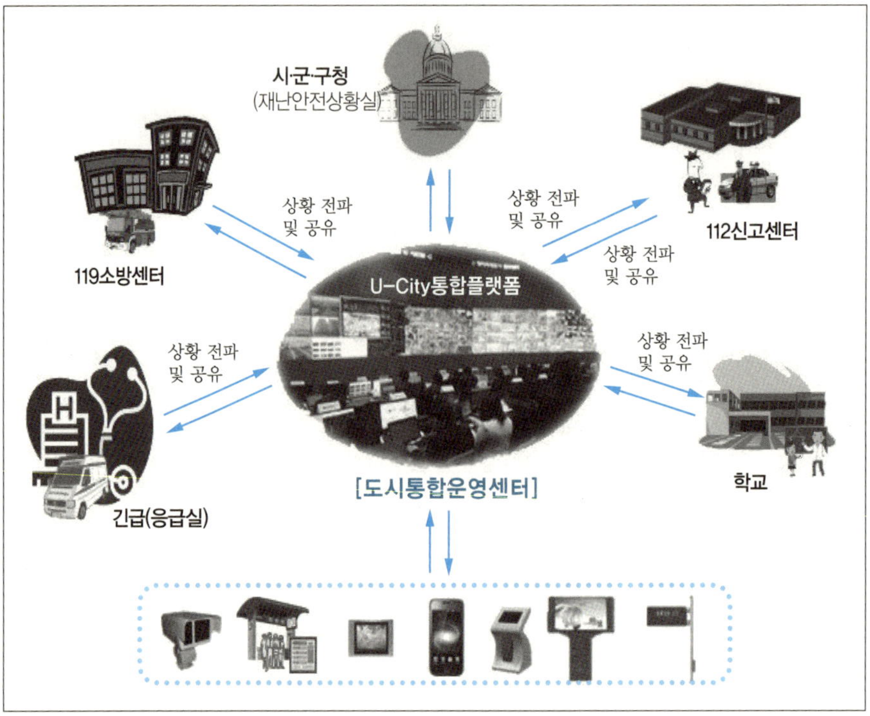

발생 시 모든 상황을 관장하는 Control Tower(재난관리책임기관)의 지원조직으로서 역할과 함께 관련 정보를 시민에게 신속히 전파하는 기능을 수행한다.

다. 지자체 U-서비스와 관련 시설의 통합 운영 및 관리

'지자체 U-서비스와 관련 시설의 통합 운영 및 관리' 측면 도시통합운영센터의 기능/역할은 과거 특정부서에서 독립적으로 처리하던 제반 지방행정 분야별 업무(e.g. 교통행정, 생활안전, 재난, 보건 등)가 ICT 기술이 발전하고 사회가 복잡해짐에 따라 단위조직보다는 관계된 여러 부서의 협력으로 처리되는 빈도가 증가되는 추세를 반영한 것이다.

지자체별 교통, 방재, 안전, 환경, 보건, 시설물관리 등 기능부서별로 운영하던 분야별 유비쿼터스 도시시설물(CCTV 등 센서)에 대한 기술적인 업무, 설치 및 운영관리, 예산집행 등의 업무를 전문성을 가진 도시통합운영센터에서 통합 수행함으로서 해당업무의 효율성 및 대민 행정서비스 수준을 제고하고, 결과적으로는 기능별 소관 부서가 본연의 정책업무에 매진할 수 있도록 할 수 있다.

예를 들어 교통행정을 담당하는 조직의 업무 중 주정차단속 업무의 경우, 과거에는 불법 주정차 적발을 위해 담당 공무원 또는 단속원이 직접 도로현장에서 업무를 수행해야 했지만, 지금은 도로에 설치된 CCTV 등 도시시설물을 활용함으로써 현장 단속업무 처리는 과거보다 용이해졌다. 그러나, CCTV 등 시설물관리 업무가 새롭게 부가되고 있으며, 이러한 정보통신 분야 시설물은 전문적인 관리가 이루어지지 못할 경우 무용지물이 될 수도 있다.

이러한 사례는 도시안전, 시설물관리, 환경, 도로, 문화, 보건 등 지방행정

업무 전반에서 발생되고 있으며, 정보통신기기(CCTV 등 유비쿼터스 도시기반시설물)와 접목된 지자체 행정수요를 기능별 조직에서 전담하기에는 전문성이 부족하여 보통은 정보통신부서에서 일괄관리하는 사례가 늘어나는 추세에 있다. 향후에는 이러한 유비쿼터스 도시시설물 관리 등의 업무는 도시통합운영센터가 담당하여 도시 전체적인 통합관리 업무를 수행하고, 지자체의 각 기능부서는 본연의 업무에 매진할 수 있는 체계도입이 필요하다.

그리고 도시통합운영센터는 지자체 산하조직의 하나로서 도시 전역에 설치된 유비쿼터스 도시기반시설을 활용하여 재난 및 범죄 등으로부터 안전한 도시조성을 위한 기반 인프라 환경을 운영 관리한다.

지자체의 U-서비스와 관련 시설의 통합 운영 및 관리는 앞에 언급한 도시

[그림 3-2] U-City 센터 역할/위상 검토

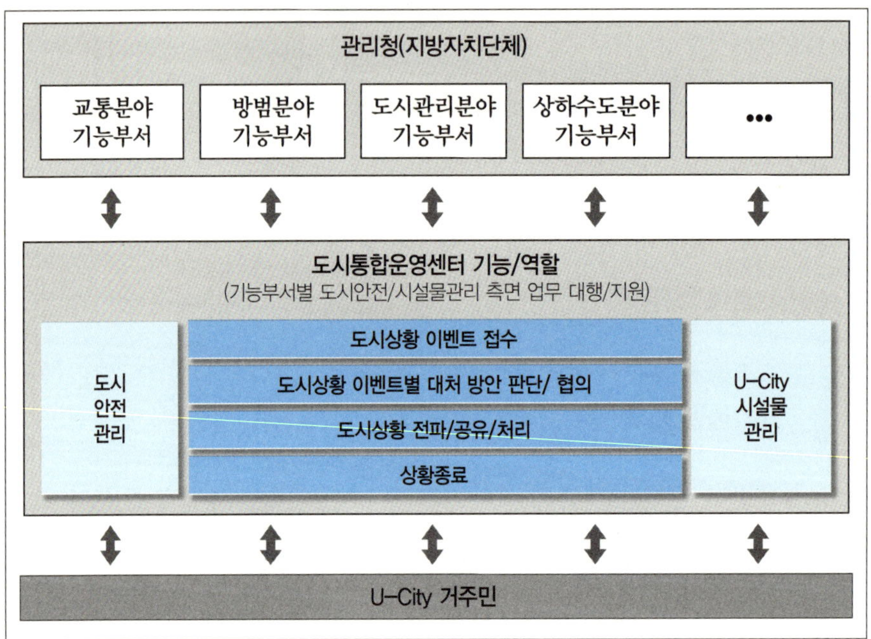

상황 정보공유 허브(Hub) 기능과 연계하여, 도시에서 발생하는 각종 사건·사고 등 도시상황 이벤트를 접수하고 이를 지자체 소관부서 또는 관계행정기관에 전파하거나 또는 정해진 규칙(Rule)에 따라 처리함으로써, 도시 전체적으로는 지자체의 각 기능조직과 도시통합운영센터가 상호 유기적으로 운영될 수 있다. 이는 결국 도시의 경쟁력 향상과 거주민의 삶의 질 향상으로 연결될 수 있다.

2 도시통합운영센터의 상황실 운영개선 방안

가. 도시통합운영센터 상황실 운영 시스템

도시통합운영센터 상황실에서 운영되는 시스템은 크게 도시상황 통합관리시스템과 서비스 분야별 U-서비스 시스템으로 구분할 수 있으며, 세부내용은 [표 3-3]과 같다.

도시통합운영센터 상황실에서 운영되는 시스템 중 통합관리시스템은 상황실의 핵심시스템으로 볼 수 있으며, U-서비스 시스템 및 외부 관계기관의 정보시스템과 연계하여 도시에서 발생하는 각종 사건·사고 등 정보의 수집·

[표 3-3] 도시통합운영센터에서 운영하는 시스템 내용/사례

구분		내용	비고
통합관리시스템		U-City 통합플랫폼	
U-서비스 시스템	방범	U-방범, 비상벨 등	
	방재	화재감시, 수위감시, 급경사지감시 등	
	교통	실시간신호제어, 불법주정차, 버스정보 등	
	환경	수질감시, 대기감시 등	
	기타	헬스케어	보건, 행정 등 분야

[그림 3-3] 도시통합운영센터 상황실 운영 시스템 내용

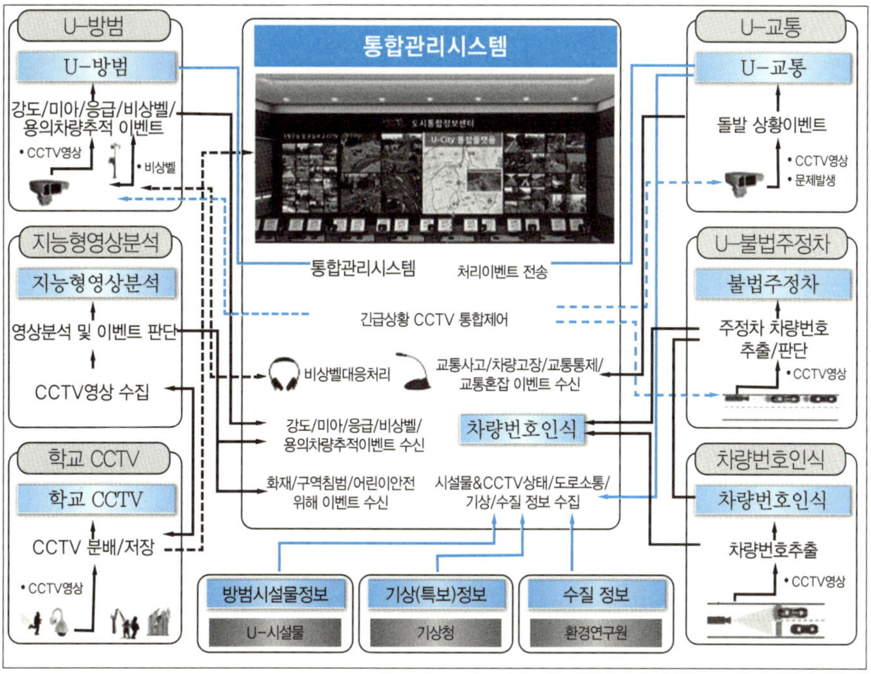

가공·전파 등 도시상황 통합관리 업무체계 운영을 위한 기본도구로 활용될 수 있다.

U-서비스 시스템은 방범, 방재, 교통, 환경 등 다양한 분야의 각종 시스템이 대상이 될 수 있으나, 이러한 서비스에서 볼 수 있는 공통점은 도시에 설치된 각종 센서 등 지능화 시설과 이를 연결하는 정보통신망(IoT)을 활용하여 서비스를 제공한다는 점이다.

가장 일반적인 U-서비스 시스템은 방범, 방재, 교통 등 분야이며, 현재는 신도시가 아니어도 대부분의 도시에서 이러한 서비스가 제공되고 있다. 향후 센터의 경쟁력은 개별적인 특정 U-서비스의 존재 유무보다는 앞에 언급된 통합관리시스템과 함께 센터에서 운영하는 모든 시스템이 내부 또는 외

[그림 3-4] 도시통합운영센터 통합관리시스템과 U-서비스 관계

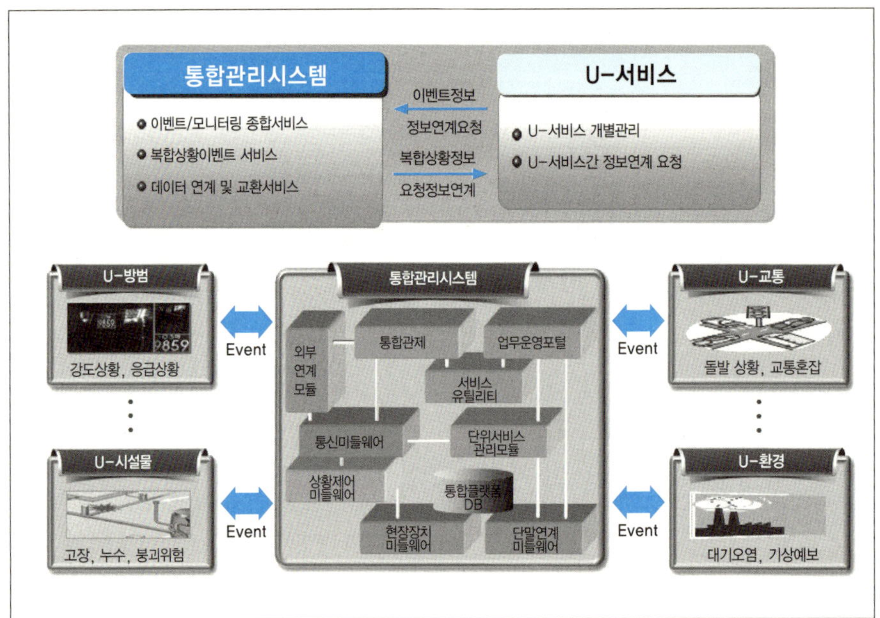

부 시스템과 얼마나 상호간에 유기적으로 연계되어 운영되느냐에 따라 센터 및 상황실의 역할이 달라지고, 해당 지자체 및 시민에 대한 기여도가 달라질 수 있을 것으로 보인다.

나. 도시통합운영센터 상황실 운영 모습

도시통합운영센터는 2008년 화성동탄에서 처음 운영이 시작된 이후 성남 판교, 수원광교, 파주운정 등 신도시를 중심으로 센터가 운영되고 있으나, 아직까지는 다른 도시통합운영센터에서 참조할 만한 센터의 상황실 운영모델은 제시되지 못하고 있다.

현재 대부분의 도시통합운영센터 상황실은 전담 공무원이 배치되지 못하

고 CCTV통합관제센터와 유사하게 CCTV모니터링 위주로 운영되며, 보통 외부 용역사를 통하여 조달된 모니터요원이 범죄상황 또는 안전위험이 예측되는 경우 파견경찰에게 보고하고, 경찰의 판단에 따라 주로 방범 차원의 조치활동이 이루어지고 있다.

도시통합운영센터에서 제공하는 방범 이외에 방재, 교통, 환경 등 분야의 서비스는 방범서비스 영역과 구분하여 별도 구획화된 상황실 공간에서 지자체 공무원이 운영하는 사례도 있으나, 이벤트[Tip] 발생빈도가 낮아서 별도 모니터링 인원이 배정되지 않는 상황실도 존재하고, 대부분의 상황실은 현장 및 센터의 관련 시스템 및 시설물의 고장상황 인지 및 고장수리 등의 업무에 할애되고 있다.

대부분의 상황실은 방범, 방재 등 적어도 3개 이상의 U-서비스가 운영되고, 지자체에 따라서는 통합관리시스템도 운영되고 있으나, 각각의 시스템이 상호 연계운영되지 못하고, 일부 중복기능이 개별적으로 운영됨으로써 통합상황실 운영효과가 나타나지 못하고 있으며, 일부 지자체에서는 U-서비스의 통합운영을 위해 구축한 통합관리시스템을 활용하지 않고 기능별로 다시 분리하여 운영하는 사례도 보이고 있다.

방범 상황실과 나머지 U-City 서비스가 통합된 공간 또는 분리된 공간에

Tip 이벤트

이벤트란 일상적인 상황의 흐름 중에서 특별하게 발생하는 일(사건)을 가리키는 말로서, 여기에서는 센터 상황실에서 CCTV 영상 등의 센서 모니터링을 통해서 의미있는 사건(e.g. 화재, 안전사고 등)을 발견하고, 경찰, 소방, 관계공무원 출동 등 대응활동이 이루어진 사건을 말함

서 운영되는 것은 별개로 하더라도, 대부분의 상황실은 특별한 이벤트 없이 조용한 공간으로 유지되고, 도시에서 발생하는 각종 사건·사고를 인지하지 못한 상태에서 마치 도서관 같은 분위기로 운영되고 있다.

CCTV통합관제센터와 마찬가지로 도시통합운영센터에서 관리하는 CCTV의 대수는 기하급수적으로 증가하고 있으나, 모니터 인원은 인건비 부담으로 보강이 이루어지지 못하는 상황이다. 지자체에 따라서는 모니터 인원 1명당 적어도 100여 대의 CCTV 영상을 동시 모니터링하고 있으며, 이러한 환경에서는 실질적인 관제가 이루어진다고 볼 수 없고, 일부 지자체 상황실에서는 지능형 CCTV를 도입하여 운영하고 있으나, 아직은 오류율이 높아서 실제 적용에는 어려움이 있는 상황이다.

현재 운영되고 있는 도시통합운영센터에서 발생하는 이벤트 현황조사 결과 일평균 이벤트 발생 건수는 많아야 2~5건 수준이며, 이벤트 내용 대부분은 방범과 관련된 범죄 의심상황, 비행청소년 적발과 관련된 것이 주류를 이루고 있다.

현재의 도시통합운영센터는 도시에서 수시로 발생하는 각종 사건·사고, 재난상황과 무관하게 운영(인지하지 못함)되고 있고, 이러한 사건·사고 및 재난상황을 대처하는 경찰, 소방 및 재난분야 담당 관계기관은 상황정보를 적기에 수집하지 못하는 어려움을 겪고 있으나, 이러한 기관간 연결고리가 마련되지 못하고 있다.

그간의 도시통합운영센터(상황실) 운영모습을 고려할 때 U-City 활성화 측면에서 시급히 개선되어야 할 사항은 다음과 같으며, 이는 뒤에 언급할 상황실 운영 개선 방안과 함께 검토할 필요가 있다.

- 경찰, 소방, 재난 등 관계기관 정보시스템과 도시상황 정보공유
- 지자체 기능부서 업무와 상황실 업무의 협력관계 마련
- 상황실 전담 공무원 배정
- 상황실 운영 프로세스 정립
- 상황실 운영시스템간 실질적인 연계·통합(중복기능 제거) 운영
- 지자체에서 운영하는 행정시스템과 상황실 운영시스템 연계

다. 도시통합운영센터 상황실 운영개선 방안

지금까지 살펴본 도시통합운영센터의 운영 모습을 개선하고 도시통합운영센터의 심장부인 상황실이 본연의 기능 및 역할을 수행하기 위하여 필요한 사항을 정리하면 [표 3-4]와 같다.

[표 3-4] 도시통합운영센터 상황실 운영개선 방안

구분	내용	비고
상황실 운영 시스템 정비	- 통합운영 관점 상황실 운영시스템 정비 - 지자체 행정시스템과 상황실 운영시스템 연계운영 - 외부 관계기관 정보시스템 연계운영 활성화	
도시상황 이벤트 처리 활성화	- 다양한 도시상황을 반영한 이벤트 발굴 - 이벤트 발생/처리 제도화	
통합관리시스템 활용	- 도시상황 통합관리 기본도구로서 상황실 통합관리 시스템 활용체계 정립 운영	U-City 통합관리시스템
상황실 운영 프로세스 정립	- 지자체 기능부서, 외부 연계기관과 상황실 간 협력 업무 발굴 및 협력업무 체계 확립 - 상황실 운영 프로세스 정립	

「상황실 운영시스템 정비」 측면 개선방안 3가지 유형을 세부적으로 살펴보면 다음과 같다.

[표 3-5] 도시통합운영센터 상황실 운영시스템 정비내용

구분	내용	비고
통합운영 관점 상황실 운영 시스템 정비	- 통합관리시스템과 U-서비스 시스템 간 관계·역할 정립 - 통합관리시스템과 U-서비스 시스템 간 중복기능 제거 - 통합관리시스템과 U-서비스 시스템 간 데이터 통합 및 표준화	
지자체 행정시스템과 상황실 운영시스템 연계운영	- 상황실의 지자체 기능부서 업무 지원범위 도출 및 지원 방법 정립 - 상황실 운영 U-서비스와 관계되는 기능부서의 관련 시스템간 연계	U-City 통합관리 시스템의 연계기능 활용
외부 관계기관 정보시스템 연계운영 활성화	- 112종합상황실, 119종합상황실, 교통정보센터, 재난안전상황실 등	

「도시상황 이벤트 처리 활성화」는 지자체 조직의 일부로서 도시통합운영센터의 필요성을 높이는 방법이며, 이벤트 처리는 도시에서 실제로 발생하는 각종 사건·사고 정보를 도시통합운영센터 상황실에서 최대한 인지하고 이를 관계기관에 신속히 전파하여 골든타임 이내에 처리될 수 있도록 하는 데 목적이 있다.

도시통합운영센터 상황실에서 처리하는 이벤트는 이벤트 발생주체에 따라 자체생성 이벤트 및 외부정보 활용 이벤트로 구분할 수 있다.

상황실에서는 가능한 많은 이벤트가 발생되도록 유도하고, 이에 대한 실시간 대응 등을 통하여 상황실이 살아 있는 도시관리 시설로서 운영되어야 하며, 이를 위해서 때로는 오류정보에 의해 발생되는 이벤트일 경우(지능형 CCTV 활용 시 오작동 사례 등)에도 상황에 대처하는 체계를 유지할 필요가 있고, 아울러 CCTV폴(Pole)에 부착되어 운영되는 '비상벨'[Tip]도 시민이 필요할 때 언제든지 활용할 수 있도록 명칭상의 거부감을 없애고 친화적인 도시시설물로

[표 3-6] 도시통합운영센터 상황실에서 처리하는 이벤트 유형 분류

이벤트 유형		사례	비고
상황실 자체발생 이벤트		- 교통 돌발 상황 - 범죄 의심상황	CCTV 영상 모니터링을 통하여 상황실에서 자체적으로 인지한 사건·사고 등
외부 정보 활용 이벤트	U-서비스 이벤트	- 비상벨(도움벨) 울림 - 센서제공 정보	•거주민의 비상·도움 호출 대응 •지능형 CCTV 및 각종 센서에서 발생된 알람신호 처리
	외부기관 제공 이벤트	- 사건·사고 정보 - 재난정보 - 환경정보 등	•외부기관(119, 112종합상황, 관계기관 공유정보)에서 제공하는 이벤트 처리 •대기/환경 오염정보 등

운영할 필요가 있다.

「통합관리시스템 활용」은 상황실 이벤트 발생과 연계하여 상황실에서 발생하는 모든 이벤트가 직접 또는 U-서비스를 경유하여 통합관리시스템의 상황판에 표출 및 조치되고 필요 시 U-서비스에 피드백하여 처리하게 하거나, 관계기관에 전파하여 처리하도록 매개하는 정보처리 Hub로서의 기능을 통합관리시스템에 부여하는 것을 말하며, 이를 통하여 도시통합운영센터의 상황실이 도시상황관리의 심장부로서 역할을 갖게 될 수 있다.

「상황실 운영 프로세스 정립」은 상황실의 통합관리시스템(U-City 통합플랫폼 등) 활용으로 지자체 기능부서 및 외부기관 연계를 통하여 상호간에 도움이

Tip 비상벨

일부 지자체에서는 '도움벨'로 명칭을 변경하고, 주민이 필요할 경우 언제든지 상황실과 통화하고, 서비스를 제공 받을 수 있는 민관 교류 창구로서 활용을 추진 중임

[표 3-7] 상황실 운영 프로세스 정립 관련 조직간 협력업무[Tip] 예시

구분	협력 조직/기관	내용
지자체 기능부서	도로관리담당부서	CCTV를 활용하여 도로공사 시 안전기준 준수 여부 확인 업무협력
	도시경관담당부서	CCTV를 활용하여 도로변 등 불법 광고물 현수막 등 부착 감시
	재난안전상황실	재난·재해 발생 시 현장 상황정보 공유
	산림담당부서	산불감시
	세무담당부서	체납차량 발견
	환경담당부서	불법쓰레기투기, 매연차량 단속
관계 행정기관	소방서, 경찰서	화재 등 사건·사고 발생위치 인근 CCTV영상정보 활용

될 수 있는 업무를 발굴하고 이를 상황실의 업무 프로세스로 체계화하는 것이며, 일부 지자체에서 발굴하여 운영하는 조직간 협력업무 사례를 예시하면 [표 3-7]과 같다.

상황실 운영 프로세스 관련 향후 외부기관 시스템 연계(119, 112종합상황실 등) 또는 U-서비스 등을 통한 이벤트 발생이 활성화될 경우, 현행과 같이 CCTV 영상 모니터링 위주의 상황실 근무형태는 축소하고, 대신 발생된 이벤트를 상황실 근무자간 순환배정 처리[Tip] 또는 근무자별 전담대응하는 체계로 운영

Tip 상황실 운영 프로세스 정립 관련 조직간 협력업무

지자체 기능부서(도시시설 등을 이용한 현장업무가 필요한 부서 등)를 대상으로 도시통합운영센터(상황실)와의 협력업무를 도출하고 이벤트 발생 시 처리절차, 대응방법 등을 정립하여 운영함으로써 대민 행정서비스의 경쟁력을 높일 수 있음

상황실 근무자간 순환 배정 처리

상황실 근무자의 이벤트 발생에 따른 순환배정 처리는 기존 단순 모니터링 인원을 상황 대응인력으로 업무역할이 강화되는 개념임

될 필요가 있고, 이를 위해서는 상황실 근무자의 역량강화를 위한 상황대응 매뉴얼 운영 및 상황근무자 교육 등이 뒷받침될 필요가 있다.

이와 별도로 상황실 운영개선 활동의 정착을 위해서 도시통합운영센터(상황실)의 업무실적은 도시통합운영센터의 기능/역할을 반영([그림 3-2] 참조. p64)하여 지자체 본청의 기능부서 또는 외부 관계 행정기관에 도움을 준 건수[Tip]로 평가하는 체계를 운영할 필요가 있다.

외부 관계 행정기관에 도움을 준 건수

기존에 센터의 성과로 주로 인용된 방범 측면 경찰지원 건수를 포함하여 산정

3 도시통합운영센터 위상정립

가. 지자체 센터통합 및 통합센터 운영조직 안

서울 등 수도권 도시는 교통센터 등 기능센터가 개별적으로 구축·운영되어 왔으며, 화성시, 성남시, 용인시 등 신도시 개발지역에는 U-City 사업을 통하여 방범, 교통, 환경 등 분야의 U-서비스를 제공하는 도시통합운영센터가 도입되고, 2010년경부터는 지자체에 CCTV통합관제센터가 단계적으로 구축되고 있다.

[표 3-8] 지자체별 운영센터 통합구축 사례

구분	센터 통합분야	비고
대전광역시 유시티통합센터	CCTV통합관제센터, U-City통합운영센터, 교통센터, 지역정보센터	U-City 사업을 통하여 별도 센터건물 신축 및 통합 활용
김포 스마토피아	CCTV통합관제센터, U-City통합운영센터, 스마트워크센터	
나주 유시티 통합운영센터	CCTV통합관제센터, U-City통합운영센터	
원주시 도시정보센터	CCTV통합관제센터, U-City통합운영센터(혁신도시, 기업도시)	

지자체에 구축되는 이러한 목적별 센터는 교통센터의 경우 경찰청 및 국토교통부, CCTV통합관제센터는 경찰청, 교육청 및 행정자치부가 관여되어 있고, 도시통합운영센터는 LH 등 도시개발사업자와 국토교통부가 관여되어 각 중앙부처 등의 예산지원으로 구축되고 있으나, 최근에는 개별적인 센터를 물리적으로 통합하여 구축하는 사례가 나타나고 있다.

목적별 센터를 물리적으로 통합하는 것은 센터 통합운영에 따른 비용절감 효과와 함께 기능적 통합을 통하여 도시관리 측면 시너지 효과를 기대할 수 있다. 그러나 아직은 기능조직별 역할 및 이해관계가 상이하여 해당 조직간의 협의만으로는 기능적 통합이 이루어질 수 없을 것으로 보이며, 이는 지자체별로 지자체장이 관심을 갖고 기능적 통합에 대하여 의지를 갖고 추진해야만 이루어질 수 있을 것으로 보인다.

지자체 통합센터는 개별 기능센터에서 센터가 물리적으로 통합되는 과도기 센터를 거쳐서 최종적으로는 기능적 통합이 이루어지는 통합운영센터로의 진화단계([그림 3-5] 참조)를 거칠 것으로 보이며, 전국적인 지자체의 센터 현황을 살펴볼 때 현재는 개별 기능센터가 과도기 센터로 전이하는 단계로 볼 수 있다.

과도기 센터와 통합운영센터의 가장 큰 차이는 기능적 통합이 이루어질 수 있도록 통합운영센터가 지자체 본청의 각 기능조직과 대등한 관계에서 독립적으로 도시통합관제 및 U-City 기반시설물을 통합관리하고, 이를 위한 책임과 권한이 부여된 조직체계를 운영하는 것이다.

통합운영센터 단계에서는 도시상황 정보공유 허브(Hub) 및 지자체 U-City 서비스와 관련 시설의 통합운영 및 관리업무의 정상수행을 위하여 지자체별

[그림 3-5] 지자체 통합센터의 진화단계

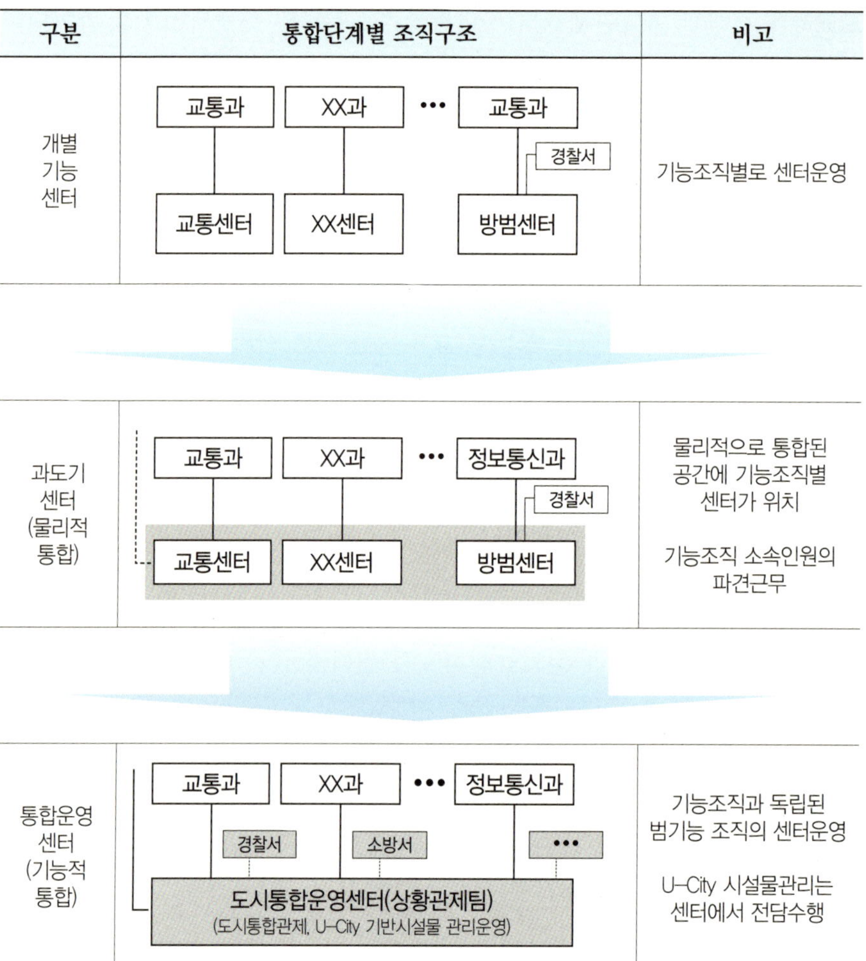

구분
통합단계별 조직구조
비고
개별 기능 센터
교통과
XX과
교통과
경찰서
교통센터
XX센터
방범센터
기능조직별로 센터운영
과도기 센터 (물리적 통합)
교통과
XX과
정보통신과
경찰서
교통센터
XX센터
방범센터
물리적으로 통합된 공간에 기능조직별 센터가 위치
기능조직 소속인원의 파견근무
통합운영 센터 (기능적 통합)
교통과
XX과
정보통신과
경찰서
소방서
도시통합운영센터(상황관제팀)
(도시통합관제, U-City 기반시설물 관리운영)
기능조직과 독립된 범기능 조직의 센터운영
U-City 시설물관리는 센터에서 전담수행

재정규모, 조직구조 및 직급별 정원 등 여러 가지 여건이 존재하겠지만, 기초자치단체의 경우에는 5급 사무관, 광역자치단체의 경우에는 4급 부이사관급 수준으로 센터장이 운영되어야 할 것으로 보이며, 기초자치단체에서 센터장을 중심으로 하는 운영조직안을 살펴보면 [그림 3-6]과 같다.

[그림 3-6] 도시통합운영센터 운영조직안(기초자치단체 기준)

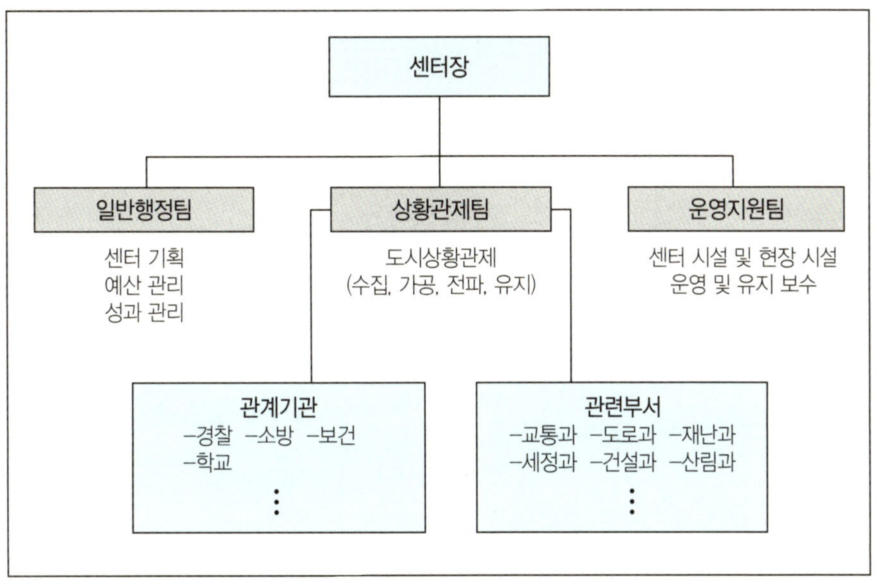

나. 상황관제팀 운영방안

도시통합운영센터의 상황실 또는 CCTV통합관제센터 상황실 공히 그간의 상황실 운영은 상황실에 파견근무하는 경찰의 지휘에 따라 방범 CCTV의 영상 모니터링 업무를 주로 수행하고, 지자체에서는 이러한 방범 위주 센터 환경 구축 및 운영을 지원하여 왔다. 그러나 앞으로는 방범 위주 활동 이외에도 도시상황 정보공유 허브(Hub)로서의 역할 및 지자체 U-City 서비스와 관련 시설의 통합 운영 및 관리를 위하여 상황실 근무인원의 업무 방식 및 형태를 개선할 필요가 있다.

우선 현행 CCTV 영상 모니터링 중심 운영방식에서 도시에서 발생하는 각종 상황 이벤트 대응방식으로 개선하고, 기존 모니터요원은 상황대응 관제원으로 활용 및 상황관제팀장(상황실장)은 경찰보다 일반공무원이 담당하여, 방

[그림 3-7] 도시통합운영센터 상황실 근무인원 역할 비교

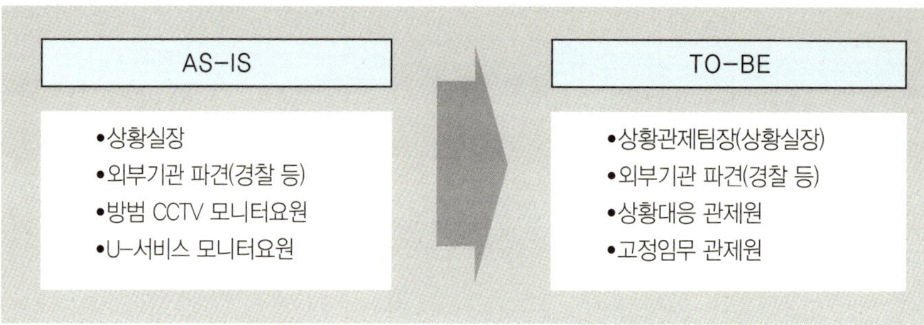

범 이외에 행정서비스 측면에서도 상황 대응 및 전파가 이루어질 수 있도록 한다.

상황대응 관제원은 이벤트가 없는 상황에서는 기존과 같이 담당 관할지역을 대상으로 CCTV 영상 모니터링을 하면서 필요에 따라서는 자체적으로 상황을 발생시키고 대응 및 전파 활동을 수행할 수 있으나, 이벤트 상황이 배정될 경우 이를 우선 처리하는 방식으로 상황근무 방식을 개선하여 운영할 필요가 있다.

이러한 방식 운영을 위해서는 상황실에서 처리하는 도시의 다양한 사건·사고에 대한 상황인지, 대응 여부 판단 및 조치기관에 대한 이해 및 전파방법 등에 대하여 상황대응 관제원에게 사전교육이 이루어져야 하며, 상황실 근무 인원수는 현재와 같이 모니터링하는 CCTV 대수에 비례하는 근무인원 산정 방식 대신 상황실에서 발생하는 평균 이벤트의 건수에 따라 근무 인원수가 책정되는 방식으로 변경할 필요가 있다.

[그림 3-7]에서 고정임무 관제원은 고정적인 근무인원 배정이 필요한 분야의 관제업무를 담당하는 인원으로, 예를 들면 불법주정차감시 등의 업무를

[표 3-9] 도시통합운영센터 상황실 근무인원 신분 구분

<table>
<tr><th colspan="2">구분</th><th>공무원</th><th>민간(용역)</th><th>비고</th></tr>
<tr><td colspan="2">상황관제팀장</td><td>●</td><td></td><td>상황실장</td></tr>
<tr><td colspan="2">상황대응 관제원</td><td>●</td><td>●</td><td>필요 시 시간선택제 공무원 활용</td></tr>
<tr><td rowspan="3">고정임무 관제원</td><td>경찰</td><td rowspan="3">●</td><td rowspan="3">●</td><td rowspan="3">타조직 인원(파견근무자)</td></tr>
<tr><td>소방</td></tr>
<tr><td>교통담당</td></tr>
</table>

들 수 있다. 상황실 근무인원의 업무성격을 고려할 때 민간용역으로 처리될 수 있는 영역을 구분하면 [표 3-9]와 같다.

제4장

도시통합운영센터 상황실 운영절차

1. 상황실 운영요건
2. 상황실의 도시상황 상시 모니터링 내용
3. 도시상황 이벤트 유형 및 내용
4. 도시상황별 이벤트 처리절차

1 상황실 운영요건

산업의 발달과 지구 온난화 같은 환경의 급변으로 화재, 폭발, 범죄, 사건·사고 등 인적 재난과 호우, 폭설, 태풍 등 자연재난, 그리고 에너지, 통신, 교통, 금융 등 국가 기반체계를 마비시키는 등과 같은 재난이 지속적으로 증가하고 있다. 이러한 재난의 효율적인 대응수단의 하나로 지자체에서는 도시통합운영센터를 운영할 필요가 있다. 특히 센터의 상황실은 도시민이 거주하며 삶을 영위하는 안전도시 운영관리를 위한 핵심시설로서 도시에서 발생하는 각종 사건·사고 및 재난 등을 예방하고, 상황발생 시에는 피해의 최소화 및 긴급복구를 위한 제반활동을 중계하는 도시의 안전망을 견인하는 핵심요소로 자리매김할 필요가 있다.

이를 위해서 도시통합운영센터 상황실은 앞에서 언급한 바와 같이 '도시상황 정보공유 허브(Hub)'로서의 역할과 '지자체 U-서비스와 관련 시설의 통합운영 및 관리' 기능의 체계적인 수행이 필요하며, 이를 위해 필요한 상황실 운영요건을 살펴보면 [표 4-1]과 같다.

[표 4-1] 도시통합운영센터 상황실 운영요건

구분	내용
상황실 운영체계 확립	• 지자체 주관 운영관리 • 상황실 업무전담 공무원 배정 • 범 기능(Cross-functional) 조직 운영
상황실 운영시스템(통합관리시스템) 도입 및 활용	• 상황실 운영 프로세스 지원 • 현장시설물/센서의 안정적 운영 • 통합관리시스템을 활용하여 일원화된 이벤트 처리·관리 (U-방범, U-교통, U-재난 등 각 U-서비스에서 발생되는 상황의 통합 관제 처리)
관계 행정기관 정보시스템 연계운영	• 도시상황 관리를 위하여 관계 행정기관과의 협력 업무체계 확립 운영 • 상황실과 관계 행정기관 시스템간 실시간 정보 연계 및 공유
민관 협력체계 확립운영	• 지자체에서 지원하는 민간기관 활용
CCTV의 다목적 활용	• 개인정보보호법을 준수하는 범위에서 다목적으로 활용
상황정보 공유수단으로 상황판 활용	• 적정규모 상황판의 구축 및 운영

가. 상황실 운영체계 확립

도시통합운영센터의 운영 및 관리 주체는 지자체이며, 도시통합운영센터 내에서 발생 및 처리되고 있는 모든 업무는 지자체의 권한 및 책임하에 있다. 일부 통합운영센터 및 유사센터인 CCTV통합관제센터의 경우 관할 경찰서와의 업무협약을 통하여 센터의 업무를 경찰에 위임(위탁)하여 운영하고 있는 곳도 있으나, 이는 개인정보보호법에 위배될 수 있고, CCTV 영상 모니터링을 통하여 발견하는 도시상황 중 방범 이외의 안전상황, 교통상황, 환경상황, 재난상황 등의 다른 도시상황은 소홀하게 취급될 수 있는 점 등을 고려할 때, 도시통합운영센터는 지자체에서 주체적으로 책임과 권한을 갖고 시민행정서비스의 일환으로 운영 및 활용될 필요가 있다.

이를 위해서는 각종 사건·사고 등 상황발생을 인지할 경우, 상황을 가장 빠른 시간 내에 정확하게 판단하고, 필요 시 관계 행정기관에서 적절히 조치할 수 있도록 상황정보의 적기 제공 및 전파 등, 상황관제 업무를 주도적으로 수행할 수 있는 공무원 신분의 상황실 상주 근무인원이 배정될 필요가 있다. 즉 상황실장은 공무원 신분으로 배치할 필요가 있으며, 상황에 따라서 CCTV 영상 모니터 인원을 활용하여 상황관제를 수행할 경우에는 일부 지자체에서 채택하고 있는 시간선택제공무원 제도를 활용할 수 있을 것으로 보인다.

[그림 4-1] 상황실 근무자 모집공고 사례

서울특별시 도봉구 공고 제2014-579호
서울특별시 도봉구 시간선택임기제공무원을 지방공무원 임용령 제21조의 31 임기제공무권의 임용절차 등에 따라 채용하고자 다음과 같이 공고합니다.

2014. 7. 10
서울특별시도봉구인사위원회위원장

1. 채용분야 및 선발예정민원

채용분야	채용직급	채용인원	담당직무
CCTV 관제	시간 선택제 임기제 '마'급	9명	관내 초등학교 연계 CCTV 등 설치 목적별 CCTV에 대한 관제 24시간 실시간 모니터링을 통한 사건·사고 미연 방지 및 관련 민원 신속 대응 기타 센터와 관련된 업무수행(관제능력 제고를 위한 교육 포함)

※근무기간은 5년의 범위에서 해당 사업을 수행하는 데 필요한 기간으로 함.
※근무기간은 해당 사업 수행기간 내에서, 근무실적 우수 시 5년 범위에서 연장 가능함.

상황실장은 도시상황 관제 분야가 방범, 교통, 방재, 환경 등 특정 분야만을 위한 것이 아니고, 범기능(Cross-functional)적으로 지자체 본청의 경우에는 도로관리, 도시경관, 재난안전, 세무, 환경, 농림 등 다양한 분야에 걸친 기능부서 업무와 관계를 갖고 이루어지도록 해야 하며, 외부기관으로는 경찰서, 소방서, 교육청, 도로공사, 시설관리공단, 한전, 통신사 등 다양한 기관과 협력하여 상황공유 및 대응이 이루어질 수 있도록 해야 한다.

이를 위한 운영조직은 앞에서 살펴본 것([그림 3-5] 참조. p78)과 같이 조직진화 단계에서 기능통합이 이루어진 조직의 경우에는 상황대응 지휘체계에 문제될 것이 없다. 그러나 기능업무가 센터에 물리적으로만 통합된 과도기 조직의 경우, 근무인원이 소속부서에서 배정한 업무를 처리하는 경우를 제외하고 도시의 상황 이벤트를 처리하는 경우에는 최소한 소속부서와 무관하게 상황실장의 지휘에 따라 일사불란하게 상황대응 업무가 이루어질 수 있도록, 이벤트 발생 시 지휘체계는 별도 확립 운영될 필요가 있다.

나. 상황실 운영시스템(통합관리시스템) 도입 및 활용

도시통합운영센터 상황실은 U-서비스 시스템 및 관계기관 정보시스템과 연계운영되고, 도시상황을 통합하여 조망하며 관제할 수 있는 GIS 기반 상황판 및 관제지원 UI(User Interface) 환경으로 구성된 통합관리시스템을 운영

[그림 4-2] 통합관리시스템(GIS 기반 상황판 및 관제지원) UI 사례

GIS 기반 상황판 	관제지원 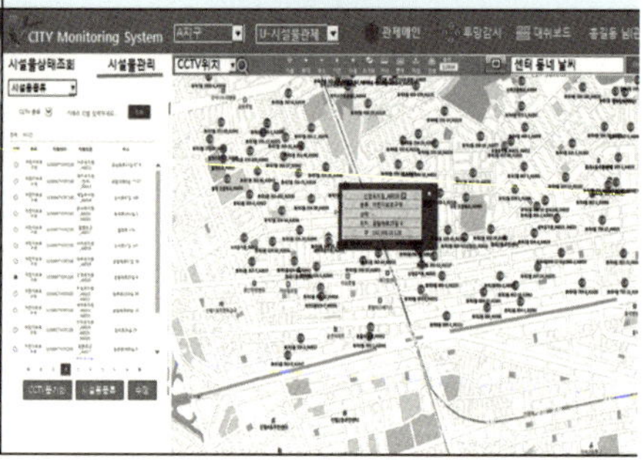

하고 있다.

통합관리시스템은 도시상황 정보공유 허브(Hub)와 지자체 U-서비스와 관련 시설의 통합 운영 및 관리 기능의 적절한 수행에 필요한 상황실 운영 프로세스를 지원해야 하며, 운영 프로세스 지원에 필요한 주요 기능을 예시하면 [표 4-2]와 같다.

상황실 운영시스템(통합관리시스템)은 도시통합운영센터의 핵심 소프트웨어이나, 일부 도시통합운영센터 또는 CCTV통합관제센터의 경우 이를 도입·적

[표 4-2] 상황실 통합관리시스템 지원 기능

구분	내용	비고
공간·위치 정보관리	지도기반의 공간 및 위치기반의 상황관리를 위한 GIS 활용기능	
영상정보 관리	도시에 설치된 CCTV 영상을 통해 관제하는 기능	개인정보보호 및 영상 접근 기록/ 추적
접근·보안 관리	• SSO(접근, 인증, 권한, 기록, 추적, 경보) • 보안관리	
업무 관리	• 센터 운영 및 상황 관리를 위한 업무지원 기능	
상황 관리	• 상황 이벤트 관리 등 도시상황을 수집 및 처리하는 상황 관리 기능 • 상황에 대한 보고 및 통계 분석	도시에 설치된 CCTV 영상을 통해 관제하는 기능
통합운영 관리	• 센터 장치 및 정보통신망의 운영현황 관제를 위한 통합운영 기능	
통합연동 관리	• 도시상황 정보 및 도시정보의 송수신을 담당하는 통합연동 기능	
통합DB 관리	• 도시정보를 정의하고 저장 관리하는 통합DB 관리 기능	
통합정보 공개관리	• 수집된 도시정보를 도시민에게 공개하는 정보공개 기능	국토부 2단계 U-City R&D 과제에서 개발
대용량 정보 분석/ 예측 관리	• 도시의 축적된 데이터베이스를 이용하여 분석 및 예측하는 기능	

용하지 않거나, 도입된 경우에도 활용이 미미한 경우가 많은데, 이는 상황실이 본연의 기능을 수행하지 못하는 현실을 반영한 것으로 볼 수 있다.

향후 도시에서 발생하는 다양한 이벤트가 상황실에서 수집 및 처리될 경우에는 관계기관과의 빈번한 정보교환 및 상황공유, 통합관제 및 상황대응처리 등 다양한 기관의 정보시스템과 효율적인 연계처리 등을 위해 통합관리시스템이 도시통합운영센터의 필수 소프트웨어로 활용될 필요가 있다.

그러나 U-City 구축사업이 완료되었으나, 상황실 운영시스템을 포함하여 도시 전역에 설치된 CCTV, 교통센서 등 교통시설물 또는 환경관측센서 등 여러 가지 현장시설물과 센터의 서버, 네트워크장비 및 전기시설 등 각종 부대시설이 아직 안정적으로 운영되지 못하고, 고장 빈도가 높은 경우에는 통합관리시스템 도입·활용 이전에 제반 운영시스템의 안정화 작업이 선행되어야 한다. 안정화되지 못한 운영시스템, 시설물 및 장비는 도시에서 긴급상황이 발생되어도, 이를 적절하게 인지, 판단, 조치 및 전파할 수 있는 기능을 제대로 발휘할 수 없어서 자칫하면 이로 인하여 센터 및 상황실에 대한 불신을 초래할 수 있기 때문이다.

아울러, 도시에서 발생하는 상황이벤트는 이벤트 원천(Source)에 따라 CCTV 영상 모니터링(육안)으로 확인된 정보를 활용하여 상황실 자체적으로 발생시키는 이벤트와 외부기관에서 제공한 정보에 의해 발생된 이벤트로 나눌 수 있으나, 대응이 필요한 모든 이벤트는 통합관리시스템을 활용하여 처리해야 한다.

이는 다양한 분야에서 발생하는 도시의 각종 상황이벤트를 상황실(통합관리시스템)에서 종합하여 처리하는 목적이 단위기능의 관점보다는 도시 전체적인 관점에서 접근한다는 도시통합운영센터의 존재 필요성에 비추어볼 때 반드시 지켜져야 할 상황실 운영 프로세스로 볼 수 있다. 예를 들어, CCTV 영상 모니터링을 통하여 범죄징후를 포착한 경우 통합관리시스템에 이벤트를 넘겨서 상황실장의 판단 하에 교통상황 등 주변상황을 종합하여 경찰에 지원을 요청하는 행위 등이 이루어지도록 해야 한다.

다. 관계 행정기관 정보시스템 연계운영

도시통합운영센터가 도시에서 발생하는 각종 사건·사고 등 도시상황 정보를 종합적으로 수집, 가공 및 처리(전파)하기 위해서는 도시에 설치된 CCTV와 각종 센서장비 등을 통하여 수집된 도시상황 정보 이외에 지자체 본청, 소방서, 경찰서, 교육청, 시설관리공단, 한전, 보건소, 도로공사 등 관계 행정

[그림 4-3] 기관간 정보시스템 연계방식 비교

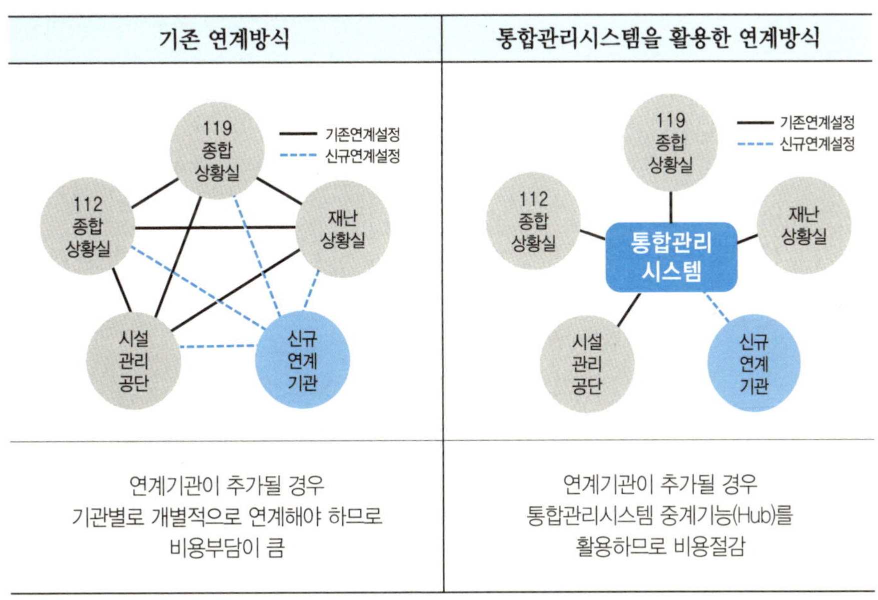

기관과 도시에서 발생하는 각종 상황정보를 공유해야 한다.

도시상황 정보의 공유는 다양한 기관별로 개별적인 정보시스템 연계관계를 설정할 경우, 이를 위한 업무협의 및 시스템 구축비용 등이 연계 건별로 발생할 수 있으나, 도시통합운영센터(상황실의 통합관리시스템)를 정보공유 허브(Hub)로서 활용할 경우 용이하게 접근할 수 있다.

도시통합운영센터가 방범, 행정, 교통, 재난, 안전, 환경, 보건·복지, 시설물관리, 문화·관광 등 다양한 분야에서 지자체가 제공하는 행정서비스의 일환으로 거주민의 삶의 질 향상에 기여할 수 있도록 하기 위해서는 지금과 같이 도시에 존재하는 독립센터가 아니라, 다양한 외부 관계기관과 실시간 정보 연계 및 공유 체계를 확립하고 운영될 필요가 있다.

라. 민관 협력체계 확립 운영

도시통합운영센터는 지자체에서 운영하는 시설로서 아무리 좋은 시설과 이를 활용한 서비스를 제공한다 해도, 시민이 참여 및 활용하지 않는 경우에는 의미가 없으며, 오랫동안 지속될 수가 없다.

이러한 관점에서 도시통합운영센터가 제대로 운영되기 위해서는 2가지 방향에서 시민의 참여가 필요하다.

첫째, 도시통합운영센터 상황실이 도시에서 발생하는 다양한 이벤트 정보를 수집하기 위해서는, 앞에서 살펴본([표 3-6] 참조. p73) 상황실에서 처리하는 이벤트 유형 분류 중 외부정보 활용 이벤트에서 시민의 자발적인 참여 및 제보를 통하여 상황실에서 인지하지 못하는 도시상황 이벤트를 받는 것이다. CCTV 폴(Pole)에 설치된 비상벨(도움벨)을 시민이 능동적으로 활용하는 것을 이러한 예로 볼 수 있으며, 이를 위해서는 도시통합운영센터가 시민에게 친숙한 도시시설로서 인식될 수 있도록 홍보활동의 강화[Tip]가 필요하다.

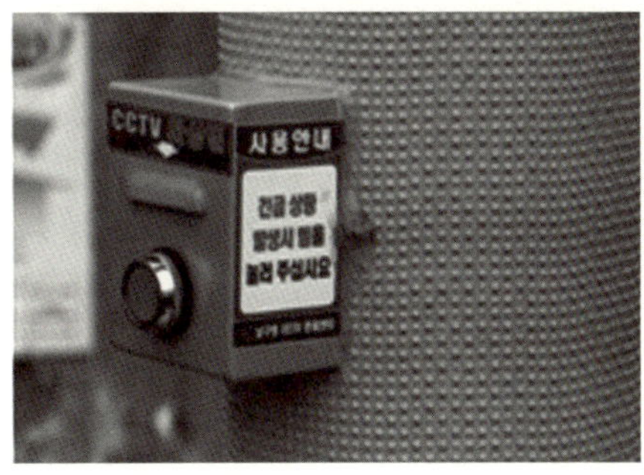

출처:http://www.usjournal.kr./News/7281

둘째, 골든타임 단축 측면에서 이벤트 발생 시 1차적인 상황파악을 도시통합운영센터에서 담당할 경우, 이의 효율적 수행을 위해 '마을지킴이' 개념의 주민참여를 고려할 수 있다. 이는 소방, 경찰 등이 사건·사고 현장에 도착하는 시간 동안 필요 시 인근에 위치한 지역단체 소속 시민의 자발적인 상황대처로 사건·사고의 초기대응이 이루어

Tip 비상벨 활용 장려 검토사항

구분	내용
필요성	위급상황 발생 시 CCTV Pole에 설치된 비상벨을 누르고, 상황실에 알려서 도움을 받을 수 있으나, 시민활용이 저조하여 제 역할을 하지 못함
홍보방향	위급상황 이외에도 주민편의 제고, 및 불편사항 등에 대하여 조치가 필요한 경우 비상벨을 통하여 상황실에 알리고 조치받을 수 있는 창구로서 활용될 수 있도록 비상벨의 활용범위를 확대하고, 이에 대한 주민홍보 실시
비상벨 활용성 제고방향	• 주말/휴일에 운영하는 인근 약국, 응급실 이용이 가능한 인근 병원 등 알림, 외국인 등 길 안내, 도시시설물 손상정보 접수 등 • '비상벨'은 명칭 자체가 비상 시 이외에는 사용을 꺼리게 되므로 명칭 자체도 친숙하게 활용할 수 있도록 '도움벨' 등으로 호칭 변경 • 비상벨을 민관의 접점 창구로 활용하여 지방행정에 대한 주민 참여 및 호응 유도

[표 4-3] 지자체 산하 민간단체 사례

분야	관련 지역단체	비고
학교안전	녹색어머니회, 지역학원협의회 등	도시통합운영센터 운영 시 지자체 산하 민간단체와 협력
방범	자율방범대, 안전지킴이 등	
소방	자율소방대, 지역소방업체 등	
교통	개인택시운전자회 등	
재난	안전관리 민관협력위원회 등	

지도록 하기 위함이다. 지자체에서는 최소 지역단위별 가칭 '마을지킴이'를 구성(은퇴자, 상점주 등 특정 지역에서 대부분의 시간을 보내는 주민 중심)하고, 상황 이벤트 발생 시 인근 '마을지킴이'에게 SMS 문자발송 및 상황대응 내용에 대하여 상황실과 정보를 교환할 수 있는 체계를 마련할 필요가 있으며, 필요한 경우에는 도시통합운영센터의 유지보수 업체 등 민간 위탁업체를 통하여 지역

[그림 4-4] 도시통합운영센터를 중심으로 민·관·경 협력체계 확립

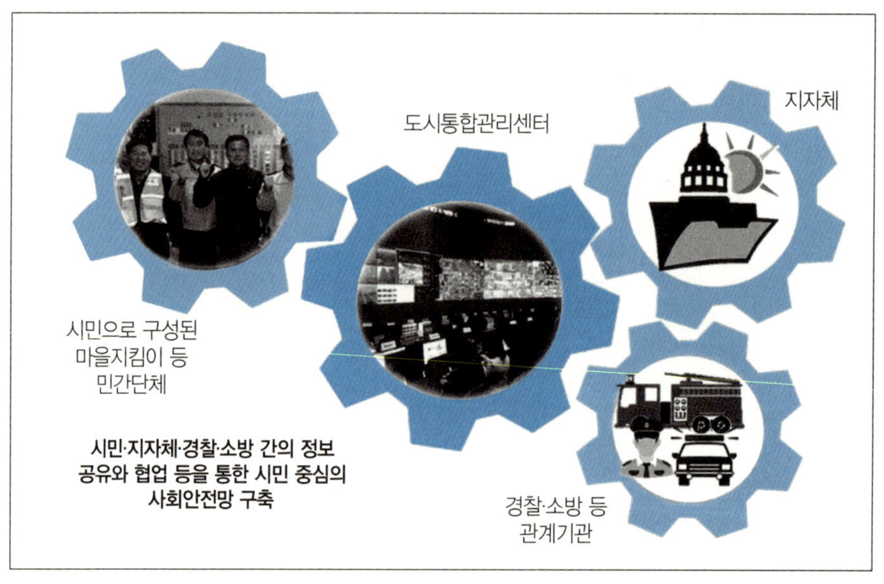

주민참여 유도(정기적인 모임 및 교육 등 제공) 및 참여주민에 대한 인센티브를 제공한다.

마. CCTV 영상의 다목적 활용

CCTV통합관제센터와 마찬가지로 도시통합운영센터에서는 방범, 교통,

[표 4-4] CCTV 용도변경 관련 적용법령

개인정보보호법 제25조	① 누구든지 다음 각 호의 경우를 제외하고는 공개된 장소에 영상정보처리기기를 설치·운영하여서는 아니 된다. 1. 법령에서 구체적으로 허용하고 있는 경우 2. 범죄의 예방 및 수사를 위하여 필요한 경우 3. 시설안전 및 화재예방을 위하여 필요한 경우 4. 교통단속을 위하여 필요한 경우 5. 교통정보의 수집·분석 및 제공을 위하여 필요한 경우 ② 생략 ③ 제1항 각 호에 따라 영상정보처리기기를 설치·운영하려는 공공기관의 장과 제2항 단서에 따라 영상정보처리기기를 설치·운영하려는 자는 공청회·설명회의 개최 등 대통령령으로 정하는 절차를 거쳐 관계 전문가 및 이해관계인의 의견을 수렴하여야 한다.
개인정보보호법 시행령 제23조	① 법 제25조 제1항 각 호에 따라 영상정보처리기기를 설치 · 운영하려는 공공기관의 장은 다음 각 호의 어느 하나에 해당하는 절차를 거쳐 관계 전문가 및 이해관계인의 의견을 수렴하여야 한다. 1. 「행정절차법」에 따른 행정예고의 실시 또는 의견청취 2. 해당 영상정보처리기기의 설치로 직접 영향을 받는 지역주민 등을 대상으로 하는 설명회 · 설문조사 또는 여론조사
행정절차법 제46조	① 행정청은 다음 각 호의 어느 하나에 해당하는 사항에 대한 정책, 제도 및 계획을 수립·시행하거나 변경하려는 경우에는 이를 예고하여야 한다. 다만, 예고로 인하여 공공의 안전 또는 복리를 현저히 해칠 우려가 있거나 그 밖에 예고하기 곤란한 특별한 사유가 있는 경우에는 예고하지 아니할 수 있다. 1. 국민생활에 매우 큰 영향을 주는 사항 2. 많은 국민의 이해가 상충되는 사항 3. 많은 국민에게 불편이나 부담을 주는 사항 4. 그 밖에 널리 국민의 의견을 수렴할 필요가 있는 사항 ② 제1항에도 불구하고 법령 등의 입법을 포함하는 행정예고는 입법예고로 갈음할 수 있다. ③ 행정예고기간은 예고내용의 성격 등을 고려하여 정하되, 특별한 사정이 없으면 20일 이상으로 한다.

재난, 환경감시, 스쿨존 감시 등 다양한 목적의 CCTV 영상정보를 통합, 연계하여 각종 범죄예방 및 치안유지, 재난예방, 생활안전 업무에 활용하고 있다.

그러나, 엄격한 개인정보보호법의 규정(목적 외 사용금지)에 의해 설치 당시의 용도 외에는 활용이 제한되기 때문에 CCTV의 통합운영 효과가 제한되고 있다. 지자체에서 CCTV를 다목적으로 활용할 경우, 상황실에서 영상정보를 여러 용도로 활용할 수 있고, 자체활용 이외에도 관계 행정기관에서도 활용할 수 있으므로, 센터에서 운영하는 CCTV는 가능한 빨리 다목적 용도로 변경할 필요가 있다.

기존에 제한된 용도의 CCTV를 다목적 용도로 활용하기 위해서는 개인정보보호법 제25조(영상정보처리기기의 설치·운영 제한), 동법 시행령 제23조(영상정보처리기기 설치 시 의견수렴) 및 행정절차법 제46조(행정예고) 등에 따라 주민공청회 또는 행정예고 등의 절차를 거쳐야 한다.

바. 상황정보 공유수단으로 상황판 활용

U-City 사업이 처음 시작할 당시 지자체에서는 도시통합운영센터를 가능한 크고 넓게 여러 가지 용도로 활용할 수 있도록 건축하고, 이와 함께 상황실 바닥 면적도 50평 이상 복층구조로 견학실을 구비한 구조로 설계 및 구축하였으나, 센터 및 상황실의 규모가 클 경우 이에 비례하여 운영 및 유지관리비가 늘어나기 때문에 최근에는 실용적인 면적 및 구조로 설계가 바뀌는 추세에 있다.

또한, 대부분의 상황실에는 도시상황을 한눈에 조감할 수 있도록 전면에

[그림 4-5] 도시통합운영센터 상황실 모습

출처:http://blog.naver.com/sangsanghwa?Redirect=Log&logNo=220181682478

대형 스크린을 설치하여 상황판으로 활용하고 있으나, 외부견학 및 방문자에 대한 전시성 용도 이외에, 도시의 상황을 관제하기 위한 실질적인 용도로는 활용이 미흡한 실정이다.

이는 상황판에 표출되는 영상화면 모두가 관제인원이 활용하는 PC 단말에서 동일하게 볼 수 있으며, 협업을 통한 상황관제 활동이 본격화되지 못하고 있는 상태에서 비싼 전기료를 감수하며 동일한 화면을 상황판에 표출할 필요가 없기 때문이다.

그러나, 도시통합운영센터 상황실에 부여된 기능 및 역할을 수행하기 위해서는 상황판에 표출되는 다양한 정보 중, 도시에 동시 다발적으로 발생하는 다양한 사건·사고 등 여러 가지 이벤트의 효율적 대응을 위해 운영되는 1)상황통합 관제 영역과, 도시의 각종 상황정보 및 센터 내 여러 가지 장비 및 설비의 적정 운영상태에 대한 상시 모니터링 정보를 한눈에 파악할 수 있도록

[그림 4-6] 상황판 활용영역 예시

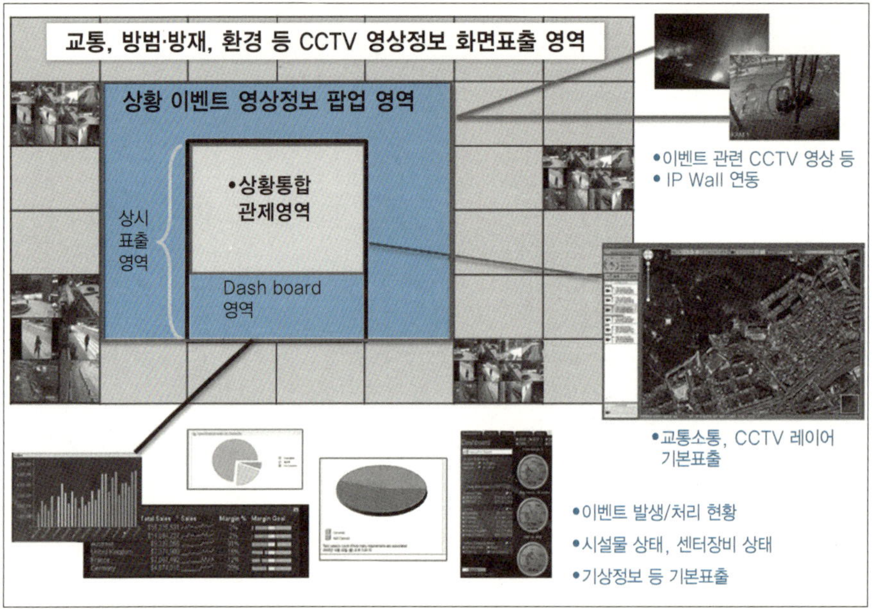

제공하는 2)대쉬보드(Dash board) 영역의 경우에는 상황판에 상시 표출할 필요가 있다.

또한, 상황실이 CCTV 영상 모니터링 위주의 현행 운영방식을 탈피하고, 도시의 다양한 이벤트를 받아들여서 실질적인 상황관제 업무를 수행할 경우에는, 분야별 상황 이벤트를 단일 상황판 화면에서 통합하여 공유하는 도구로 활용할 수 있다. 이러한 용도의 상황판 규모 또는 크기는 별도로 정해진 것은 없으나, 기존의 상황실같이 상황실 전면 대부분을 상황판으로 활용하는 것은 다소 무리가 있고, 관제인원의 조망각도를 고려하여 도시에 발생될 이벤트 상황을 동시에 공유 및 인식할 수 있는 크기면 무난할 것으로 보인다.

2 상황실의 도시상황 상시 모니터링 내용

도시통합운영센터는 도시에서 발생하는 여러 가지 상황정보를 수집하고, 사안에 따라 조치가 필요한 경우에는 담당하는 조직 또는 관계기관에 신속하게 전파하여 원래의 안전하고 평온한 상태가 유지되도록 하는 기능을 갖고 있다.

이러한 도시상황관리 기능이 적정하게 이루어지기 위해서는 도시상황 파악을 위해 도시 전역에 걸쳐 설치 운영 중인 CCTV 등 센서장비와 도시통합운영센터 내부의 여러 가지 설비 등의 정상작동 여부가 항상 모니터링되어 고장발생 시 신속한 수리가 이루어지도록 해야 하며, 또한 기상, 환경 등 자연환경 조건 등이 항상 모니터링되어 도시에서 발생하는 각종 사건·사고 등에 효과적으로 대응할 수 있는 정보를 계속 수집 및 모니터링할 필요가 있다.

이러한 상시 모니터링 정보는 크게 6가지로 분류([표 4-5] 참조)할 수 있으며, 이는 상황실의 통합관리시스템을 통하여 수집되고, 상황판에 대쉬보드 형태로 상황실 근무자가 모두 공유할 수 있도록 상시 표출될 필요가 있다.

상시 모니터링 대상정보 중 U-시설물과 센터장비 상태정보는 도시상황 관리를 지원하는 제반 시설물의 고장 유무 또는 가동상태를 파악하는 것으로

[표 4-5] 상황실의 도시상황 상시 모니터링 대상정보 사례

구분	내용
1. CCTV 영상정보	방범, 교통 등 분야별로 운영되는 CCTV 영상화면
2. 교통소통정보	도로의 구간별 소통상태, 돌발 상황 정보
3. 기상정보	기상청 연계를 통하여 수집되는 기상정보(강우, 강설, 안개, 풍향 등)
4. 환경정보	환경기관 연계를 통하여 수집되는 기상정보(대기질, 수질 등)
5. U-시설물 상태정보	U-시설물(CCTV, VMS(Variable Message Sign), BIT(Bus Information Terminal), 각종 센서 등)의 상태정보(고장 여부 등)
6. 센터장비 상태정보	통합운영센터 내 장비(서버, 항온항습기, 네트워크 장비 등)의 상태정보(고장 여부, 가동율 등)

써, 시설물에 따라서 다르겠지만 일반적으로는 고장발생 시 단시간 내 처리될 수 없는 시설물이 많기 때문에 구태여 이를 장비고장이라는 이벤트로 처리하는 것보다는 고장상태를 상시적으로 모니터링하는 것이 유리한 것으로 보인다.

3 도시상황 이벤트 유형 및 내용

가. 상황 이벤트 처리 라이프사이클

도시통합운영센터가 도시에서 발생하는 사건·사고 등 상황의 발생을 인지할 수 있는 방법은 CCTV 영상 모니터링 등을 통하여 돌발 상황, 범죄 의심

[표 4-6] 상황실의 이벤트 처리 라이프사이클

단계	설명
이벤트 발생/인지	• 도시 전역에 설치된 센서장비 모니터링(CCTV 영상 포함)을 통하여 상황발생 인지 및 통합관리시스템 등록 • 지능형 CCTV, 비상벨 등을 통하여 인지된 이벤트의 활용 • 112·119 종합상황실 등 관계기관에서 제공하는 이벤트 활용
상황 전파 및 처리	• 통합운영센터에서 이벤트 정보를 처리담당자(기관)에게 전달(송신) • 대시민 정보전달을 위해 VMS, BIT, 미디어보드 등 장치에 정보 표출(필요시) • 이벤트 종료까지 이벤트 대응 및 진행사항에 대한 지속적 모니터링 및 관계기관 전파
상황 이벤트 종료	• 이벤트 상황종료 시 최종 확인 후 종료 처리 • 현장표출장치 표출중지, 이벤트 종료정보 전달, 이벤트 종료정보의 전달/전파 및 기록관리

상황 등을 발견하는 상황실 자체적인 인지방법과, 119종합상황실, 112종합 상황실 등 외부기관의 정보를 활용하는 외부정보 활용방법이 있다([표 4-6] 참조).

도시통합운영센터 상황실은 이렇게 인지 또는 자체 발생시킨 이벤트에 대하여 전파/처리 및 종료 라이프사이클에 따라 상황관제 업무를 수행한다.

상황실장은 발생/인지된 도시상황에 대하여 각 상황 내용 및 특성에 따라 적절한 전파 및 전달 방법과 처리기관을 선정하여 신속하게 전파/처리할 수 있도록 하여야 한다. 이를 위해서는 평소 상황에 따른 처리 부서 또는 기관과 사전에 이벤트 처리 라이프사이클 단계별 각자의 업무내용을 정의하고, 필요시 정보를 주고받는 방법에 대한 협의가 필요하며, 협의결과는 매뉴얼로 정리하여 활용할 수 있도록 한다.

나. 상황관제 기본 프로세스

상황관제 프로세스는 앞에서 언급한 대로 발생/인지, 전파/처리 및 종료 단계로 구분될 수 있으며, 이러한 프로세스는 통합관리시스템이 제공하는 상황관리 기능을 활용할 수 있다.

발생/인지 단계의 경우 외부시스템(소방, 경찰 등)은 통합관리시스템과 연계될 경우 발생된 상황이 즉시 공유될 수 있으며, 자체 발생/인지 또는 U-서비스를 통하여 인지된 이벤트의 경우 통합관리시스템과 자동연계 또는 관제인력을 통하여 시스템에 등록하여 전파/처리 단계로 전이될 수 있다.

종료단계 진입관련 상황 발생현장의 상황종료 여부는 상황에 따른 대응 업무를 주로 수행하는 소방, 경찰 등 외부 관계기관에서 주로 판단하고 있으나,

[그림 4-7] 상황관제 기본 프로세스

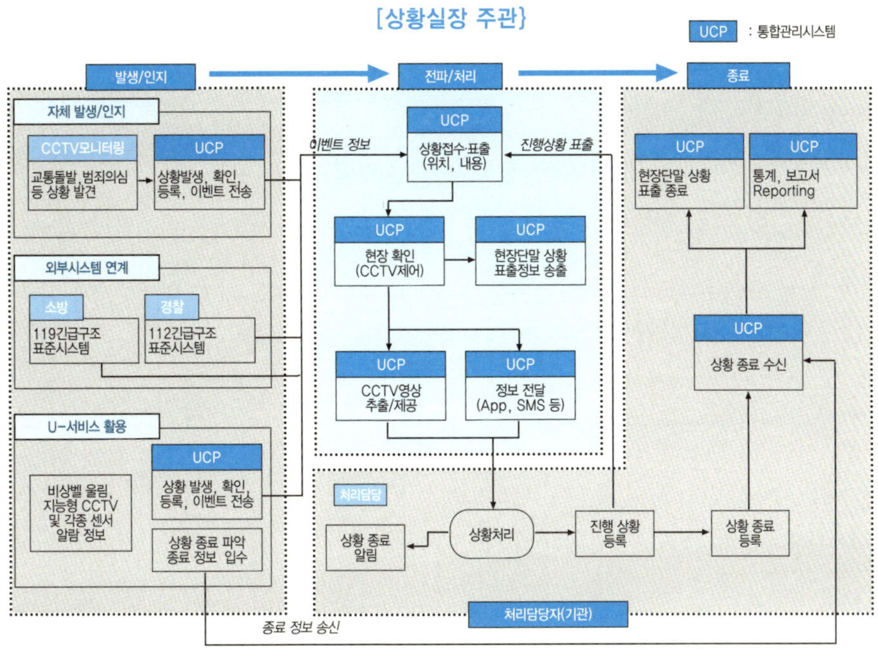

이를 상황실에 피드백하는 절차는 잘 이루어지지 않고 있으며, 결과적으로 상황실에서는 상황을 종료처리하지 못하고 계속 진행 중인 것으로 유지되는 경우가 많은데, 이러한 경우에는 진행 중인 이벤트의 지속적 모니터링을 통하여 관계 행정기관이 종료정보를 제공하지 않는 경우라도, 상황실장의 판단에 따라 상황이 마감될 수 있도록 한다.

다. 상황관제 이벤트 유형 및 내용

도시상황은 지자체별로 각기 다르게 나타날 수 있다. 도시지역과 농촌지역, 산간지역과 해안지역, 상가지역과 주택가지역 등 각 지역의 특성에 따라 발생되는 상황도 각각 다를 수 있으며, 처리방법 역시 다를 수 있다. 또한 지자체별로 운영하는 U-서비스 시스템 종류에 따라서도 상황실의 통합관리시스템과 연계하여 처리하는 이벤트가 다를 수 있다.

국토교통부 R&D의 성과물인 U-Eco City 통합플랫폼은 도시에서 발생하는 상황이벤트를 20개로 분류([표 4-7] 참조) 하고, 이를 U-Eco City R&D 테스트베드인 인천 청라지구와 세종시에 적용하였다.

[표 4-7] 기존 U-Eco City 통합관리시스템의 20개 이벤트

이벤트 구분		내용
U-방범	1. 강도상황	강도 발생상황
	2. 미아상황	미아 발생상황
	3. 응급상황	응급환자 발생상황
	4. 용의차량추적상황	수배차량, 도주차량 등 발생 시
	5. 비상벨요청상황	CCTV Pole 등에 설치된 비상벨이 작동된 상황
U-방재	6. 홍수상황	호우로 인한 홍수 발생상황
	7. 화재상황	화재 발생상황
	8. 태풍상황	태풍발생 또는 발생경보 발령상황
	9. 지하차도침수상황	지하차도 침수 상황
	10. 수위경보상황	하천, 지하수, 고가수조 등의 수위가 일정 범위를 벗어난 상황
U-교통	11. 교통사고상황	교통사고 발생상황
	12. 빵소니상황	뺑소니차량 발생상황
	13. 차량고장상황	고장차량 발생상황
	14. 도로통제상황	공사, 집회 등의 원인으로 도로 통제상황
	15. 교통혼잡상황	차량의 밀집으로 인한 교통 혼잡상황
U-환경	16. 환경경보상황	호우, 강풍, 한파 등 기상경보 발령상황
	17. 대기오염상황	황사, 미세먼지 등
U-시설물	18. 시설물고장상황	도시 시설물의 불량 및 고장 발생상황
	19. 시설물파손상황	도시 시설물의 파손 발생상황
	20. 상하수도누수상황	상하수도관의 손상으로 인한 도로 유입상황

그러나, 이러한 분류는 통합관리시스템(통합플랫폼) 운영결과 실제 도시상황으로 인식 및 처리하기에 부적합한 이벤트가 존재하고 있으며, 분류기준이 모호하여 특정 이벤트가 어느 유형에 속하는지는 담당자 판단에 따라 달라질 수 있는 점 등을 고려하여 이벤트 유형을 새롭게 21개 항목으로 재분류([표 4-8] 참조)하였다. 이 또한 향후 지속적으로 도시별 특성에 따라 가감하여 활용할 필요가 있다.

[표 4-8]에서 이벤트 성격은 통합관리시스템 관점에서 볼 때 특정 이벤트가 사람의 판단으로 인지되는 경우 '수동', 시스템적으로 이벤트를 전달하는 경우 '자동' 및 양자를 포괄할 경우에는 '반자동'으로 표기하였다. 도시통합운영센터 상황실의 활성화 측면에서는 '수동'의 중요성이 강조되는 반면에, 일부 오류에 의한 이벤트의 경우에도 '자동' 및 '반자동' 이벤트가 많이 도출될 수 있도록 통합관리시스템이 내·외부시스템과 가능한 많이 연계되어 다양한 분야에서 도시상황이 전달될 수 있도록 할 필요가 있다.

한 가지 유의할 점은 일반적으로 상황실 운영자는 U-서비스와 통합관리시스템이 상호연계되어 운영되면서 도시에서 발생하는 다양한 이벤트가 처리되는 것으로 이해하고 있으나, 실제 운영시스템에서는 U-서비스 시스템과 통합관리시스템이 각각 독립적으로 운영되는 예를 볼 수 있으며, 이는 연계되는 이벤트의 업무측면 세부정의 및 프로세스가 U-City 통합시스템을 반영하지 못한 것에 기인한다.

이렇게 상황실에서 운영되는 시스템이 개별적으로 운영되는 것을 막기 위해서는 U-City 구축과정에 통합시스템 관점에서 U-서비스와 통합관리시스템의 관계설정 및 주고받는 이벤트(데이터)가 무엇인지 등에 대하여 사전에 업

[표 4-8] 도시상황 이벤트 유형 재분류 사례

이벤트 구분		이벤트 성격	내용
안전 (6)	1. 도움벨상황	자동	CCTV Pole 등에 설치된 비상벨이 작동된 상황
	2. 안전주의상황	수동	안전사건, 사고가 발생 또는 발생이 예기되는 상황 (간판 추락위험, 길가에 쓰러진 자, 불장난 등)
	3. 어린이안전상황	반자동	어린이 안심서비스 등
	4. 노약자응급상황	반자동	독거노인서비스 등
	5. 안전계도상황	수동	안전계도를 위한 방송 또는 경광등 작동상황
	6. 정기모의훈련상황	수동	안전, 방범, 교통, 방재 등 상황에 대한 정기 대비훈련
방범 (2)	1. 범죄의심상황	반자동	절도, 성추행, 강도 등 범죄상황 또는 범죄 의심상황
	2. 범인의심상황	반자동	수배자, 거동수상자 발견상황
교통 (6)	1. 돌발상황	반자동	교통사고, 도로 긴급공사, 안개, 행사 등 도로의 예기치 않은 사건으로 교통흐름에 영향이 있는 상황
	2. 불법주정차 계도	반자동	불법주정차 단속에 대한 알림방송
	3. 정체상황	반자동	정체(10Km/h 이하)가 10분 이상 지속되는 도로구간
	4. 관심차량 발견	반자동	대포차량, 체납차량, 수배차량, 뺑소니 등
	5. 응급차량출동상황	반자동	소방차, 경찰차, 병원차 등 긴급차량
	6. 도로통제상황	자동	도로공사, 집회/시위 등 사전 예기된 상황
재난 (7)	1. 침수상황	반자동	호우 등으로 인해 지하차도 침수, 도로통행 위험상태
	2. 화재상황	반자동	도시화재, 산불, 차량화재 등
	3. 수위경보상황	자동	하천, 지하수, 고가수조 등의 수위가 일정범위를 벗어난 상황
	4. 산사태경보상황	자동	산지 급경사 붕괴, 도로붕괴 위험상태
	5. 정전상황	반자동	특정 지역의 전기공급이 일시적으로 중단된 상황
	6. 폭발상황	반자동	도시가스, 화학물, 폭탄
	7. 상수도누수상황	반자동	지하 상수도관의 손상으로 수돗물의 도로유입 상황

무적인 검토를 실시하고 이에 기반하여 U-City 통합시스템이 구축되도록 관리할 필요가 있다.

4 도시상황별 이벤트 처리절차

가. 안전분야

1) 비상벨(도움벨) 상황

- **이벤트 성격_** 자동
- **이벤트 발생_** 방범 CCTV Pole 또는 위험지역 근처에 설치된 비상 버튼을 시민이 누르는 경우

비상벨(도움벨)은 대부분의 지자체에서 운영하고 있는 일반적인 U-서비스 중의 하나이지만 그 이용실적은 높지 않은 것으로 알려져 있다. 실제 이용자인 지역주민이 도움벨의 용도 및 사용방법, 설치위치 등에 대해 이해가 부족하고 지자체의 홍보 또한 제대로 시행되지 않고 있기 때문이다. 최근 일부 지자체에서는 홈페이지, 지역주민대상 홍보, 학교방문 교육, 견학실 활용 등으로 도움벨의 이용율을 높이기 위하여 홍보활동을 강화하고 있으며, 경기도 오산시의 경우 학교, 지역주민, 관련기관이나 협의체 등을 대상으로 2014년 한 해 동안 약 4천 명의 견학실 방문/교육을 실시하는 등 지속적인 홍보

비상벨(도움벨) 상황 처리 프로세스

발생/인지

– 모니터요원
• 요청자와 1:1 대화 및 CCTV 영상확인 등으로 상황을 파악한 후 적정상황 등록(안전주의, 어린이 안전, 노약자 응급, 범죄의심 등, 등록된 이벤트는 즉시 통합관리시스템에 자동전송)
※ 어린이 등 장난으로 이벤트가 발생한 경우에도 Log 유지관리 필요

전파/처리

– 상황실장
• 발생된 도시 상황별 전파/처리 요령에 따라 전달 및 전파

종료

– 모니터요원
• 상황해제 정보 확인/입수 시 상황종료 정보를 통합관리시스템에 전송

– 상황실장
• 상황종료 정보 입수 시 현장단말 표출중지 및 처리담당자(기관)에 상황종료 전달 필요 시 자체적인 상황종료 처리 및 Log 유지관리

[그림 4-8] 비상벨 상황 처리 프로세스

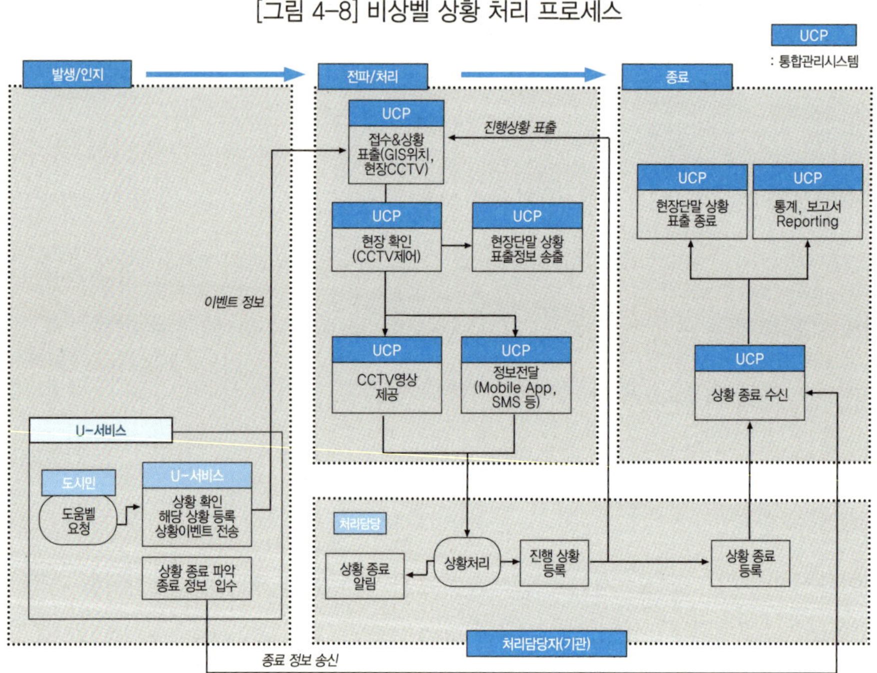

활동을 벌이고 있으며 지역 내에서 상당히 좋은 체감서비스로서 자리매김하고 있다.

비상벨(도움벨)은 도움을 요청하는 자가 비상벨을 작동시키고, 비상벨 동작과 동시에 통합운영센터의 상황판에 해당 도움벨의 위치와 CCTV가 표출되며, 관제자와 요청자가 1:1 대화가 가능하도록 작동된다.

비상벨은 다른 이벤트와 달리 도움을 요청하는 자와 관제자 간의 1:1 대화 또는 비상벨과 연동된 CCTV를 모니터링한 후 상황의 종류 및 대응방안이 결정된다. 예를 들어 학교 근처 폭력신고, 응급환자 발생, 위협인물이 뒤따라오는 상황 등은 그 상황에 따라 학교, 소방, 경찰 등 처리기관이 달라질 뿐 아니라, 통합운영센터 상황실에서도 투망감시, 추적감시 등의 업무처리 프로세스가 추가될 수 있다.

[그림 4-9] 비상벨 상황의 다양한 대응기관 사례

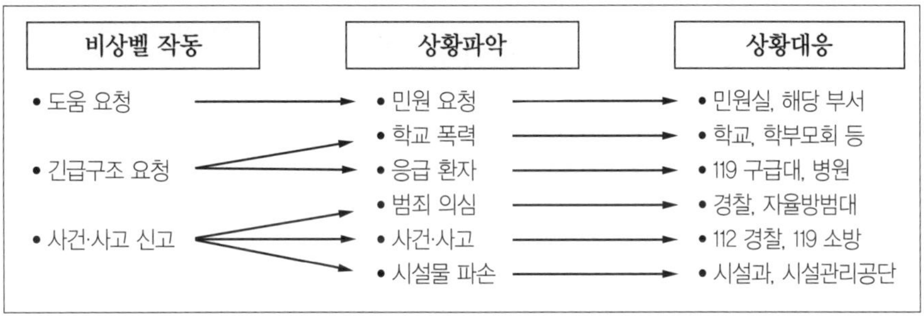

비상벨 작동
• 도움 요청
• 긴급구조 요청
• 사건·사고 신고

상황파악
• 민원 요청
• 학교 폭력
• 응급 환자
• 범죄 의심
• 사건·사고
• 시설물 파손

상황대응
• 민원실, 해당 부서
• 학교, 학부모회 등
• 119 구급대, 병원
• 경찰, 자율방범대
• 112 경찰, 119 소방
• 시설과, 시설관리공단

따라서 비상벨 상황은 여러 도시상황 중 불특정한 도시상황의 발생을 인지할 수 있는 일종의 상황발생 인지도구라고 할 수 있다.

지자체에서는 지역주민이 불편할 경우 활용할 수 있는 민원해소 도구로 비상벨(도움벨)의 활용성을 높일 필요가 있다.

2) 안전주의 상황

- **이벤트 성격_** 수동
- **이벤트 발생_** CCTV 영상 모니터링 또는 시민 등의 제보(CCTV 영상 등)로 인지된 안전주의 상황정보가 통합관리시스템에 이벤트로 등록되는 경우

안전주의 상황은 흔히 일어나는 일상적인 도시상황 중 간판추락 위험, 어린이 불장난, 눈길 미끄럼 위험, 도로결빙, 인도 맨홀뚜껑 열림 등 도시민의 생활안전에 위해가 되는 상황으로 그 세부종류는 다양하게 존재할 수 있다.

자칫 CCTV 관제센터의 경우 방범측면 모니터링이 강조되어 도시민의 안전에 위해를 가할 수 있는 여러 가지 상황이 간과될 수 있으나, 모니터요원의 교육을 통하여 시민안전과 관련된 다양한 상황을 가정하고 이의 예방차원 감시활동이 이루어지도록 할 필요가 있다.

[표 4-9] 재난의 종류

구분	종류
자연재난	• 홍수, 호우, 가뭄 • 폭염 • 해빙기 • 태풍, 강풍 • 대설, 한파 • 황사 • 지진, 지진해일, 해일 • 풍랑, 적조
사회재난	• 화재, 산불, 아파트 화재 • 붕괴, 폭발 • 교통사고 • 정전 • 테러
생활안전	• 물놀이 • 전기(감전), 가스 • 승강기 • 수상, 낚시 • 산행, 낙뢰 • 공연, 행사장 • 놀이시설 • 신종인플루엔자
해상안전	• 지진해일 • 너울성 파도 • 이안류

출처:국민안전처

개인정보보호법에 따라 CCTV는 목적 외 사용을 금하고 있기 때문에 CCTV의 이러한 활용에 일부 지자체 담당자의 경우 반대의견을 개진하는 사례도 있으나, 시민의 삶의 질 향상과 안전한 도시운영의 최일선 기관인 도시통합운영센터

안전주의 상황 처리 프로세스

발생/인지

- 모니터요원
  - 안전주의 상황발견 시 안전주의 상황 등록(등록된 이벤트는 통합관리시스템에 전송)

  ※ 간판 추락위험, 길가에 쓰러진 자, 어린이 불장난 등 다양한 유형의 안전사고 예측

전파/처리

- 상황실장
  - 수신된 안전주의 상황을 CCTV 등을 통해 확인
  - 필요 시 인근의 VMS, BIT 등 현장단말에 안전주의 상황표출
  - 처리담당자(기관)에게 Mobile App, SMS, 전화 등을 이용하여 상황전달

  ※ 처리담당자 : 시설과, 도로과, 교통과, 경찰, 소방 등

종료

- 모니터요원
  - 상황해제 정보입수 시 상황종료 정보를 통합관리시스템에 전송

- 상황실장
  - 상황종료 정보입수 시 현장단말 표출중지 및 처리담당자(기관)에 상황종료 전달
  - 상황기록 유지 관리

[그림 4-10] 안전주의 상황 처리 프로세스

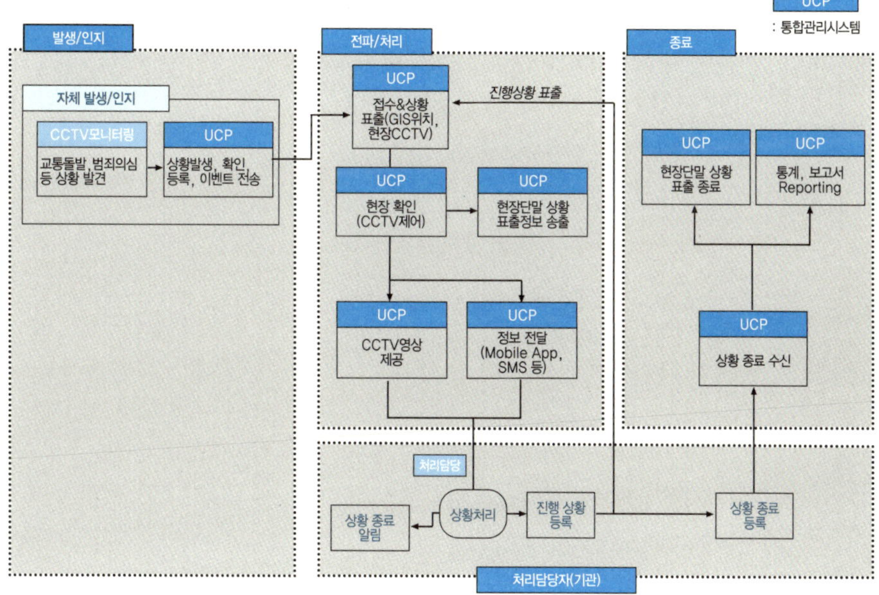

또는 유사센터는 좀더 적극적으로 도시상황 관제업무에 임할 필요가 있으며, CCTV가 도시안전 및 지자체의 행정서비스로 활용될 경우에 다용도로 활용할 수 있도록 향후 관련 법제도 등을 개정할 필요가 있다.

안전주의 상황도 상황 내용, 처리 및 대응 방법에 따라 처리기관이 달라질 수 있다. 예를 들어 건물에 부착된 간판이 추락될 수 있는 것을 발견한 경우 경관관리부서, 맨홀뚜껑 열림은 시설관리공단, 불장난 발견 등은 소방이나 경찰 등에 상황을 전달할 수 있지만, 상황이 급박한 경우에는 소방 및 경찰에 상황을 전파하여 신속히 조치하도록 할 필요가 있다.

상황을 전달받은 기관이 상황처리를 하는 동안 상황실 담당자는 지속적으로 상황을 모니터링하여 추가적인 상황정보를 파악하고 상황의 변화 시 처리기관에 변화된 상황정보를 전달한다.

상황처리가 완료되면 상황실 처리담당자는 상황종료를 등록하고 관련 기관에 상황종료 정보를 SMS, Mobile App 등을 이용하여 전달한다. 또한 상황기록을 유지 관리하여 추후 실적 및 통계자료로 활용할 수 있다.

3) 어린이 안전상황

- **이벤트 성격**_ 반자동
- **이벤트 발생**
  - 수동 : CCTV 영상 모니터링 또는 시민 등의 제보(CCTV 영상 등)로 인지 및 등록
  - 자동 : 어린이안심서비스 등 통합관리시스템과 연계운영되는 시스템에서 제공하는 이벤트 정보접수

어린이 안전상황은 등하교길 위해상황(안전사고, 위험인물 배회 등), 집단폭행 등 어린이 관련 안전위해상황을 CCTV 모니터링을 통해 인지하거나, 교육부의 어린이 안심서비스와 연계하여 상황을 인지할 수 있다. 교육부 어린이 안심서비스는 민관이 공동으로 추진하는 서비스이며 서비스의 오류 및 중단 시 큰 문제가 발생할 수 있어 중단 없는 무결점 서비스가 이루어져야 한다.

출처:http://www.di-focus.com/news/quickViewArticleView.html?idxno=2315

안심서비스와 도시통합운영센터와의 연계는 어린이 안전상황 발생 시 자동으로 통보되는 관내 경찰서에서 사건현장 정보(CCTV 영상 등)의 공유요청에 따라 이루어지거나, U-서비스의 직접연계로 이루어질 수 있다.

어린이 안전상황은 등하교 시간 및 학원운영 시간 등 정해진 특정 시간대

어린이 안전상황 처리 프로세스

발생/인지

- 모니터요원 : CCTV 모니터링을 통하여 확인 및 통합관리시스템 등록
  ※ 등하교길 불법주차, 집단폭행 등 어린이 안전관련 상황
- 연계시스템 정보활용 : 어린이 안심서비스 등 연계 시스템을 통하여 자동인지

전파/처리

- 상황실장
  - 수신된 상황을 CCTV 등을 통해 확인
  - 인근에 방송장치가 있을 시 위해상황에 대한 대응방송 실시
  - 학부모회 등 등록된 자체기구가 있을 시 상황내용 전달
  - 처리담당자(기관)에게 Mobile App, SMS, 전화 등을 이용하여 상황전달
  ※ 처리담당자 : 시설과, 도로과, 교통과, 경찰, 소방 등

종료

- 모니터요원
  - 상황해제 정보입수 시 상황종료 정보를 통합관리시스템에 전송
- 상황실장
  - 상황기록 유지관리

[그림 4-11] 어린이 안전상황 처리 프로세스

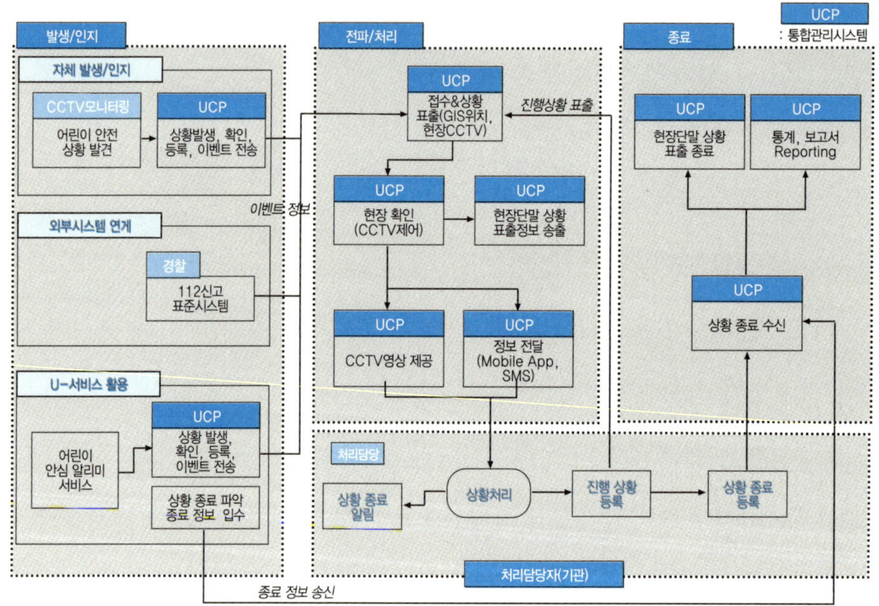

에 대부분 발생한다. 상황실에서는 등하교 시간 동안 어린이 안전상황을 중점 모니터링하여 보다 더 효율적인 도시민 서비스를 제공할 수 있다.

학교 주변의 학교 자체 설치 CCTV를 통합운영센터에서 모니터링할 수 있도록 하여 더 많은 학교 주변상황을 모니터링할 수 있다. 일부 지자체의 경우 지역 내 초등학교에 설치되어 운영 중인 CCTV 중 취약지역을 감시하는 CCTV를 관할 교육청과 비용을 분담하고, 통합관제센터와 연계하여 운영하는 사례도 늘어나고 있다.

상황실은 어린이 안전상황 발생 시 수신된 상황을 CCTV 등을 통해 상황을 확인하고 필요 시 방송장치를 이용하여 안전상황 계도방송을 송출하고, 관계기관에 상황정보를 전달하여 현장대응 조치를 취할 수 있도록 하며 대응조치 완료 시까지 지속적으로 CCTV를 모니터링한다. 어린이 안전상황 장소가 이동되는 경우에는 인근 CCTV를 이용하여 추적 모니터링을 실시하고 관계기관에게는 바뀐 상황을 지속적으로 전달한다.

어린이 안전상황은 대응 관련 기관의 상황처리 완료통보 또는 CCTV 모니터링을 통하여 상황종료 여부를 파악하며, 종료처리된 상황에 대해서는 관련 정보를 관계기관에 SMS, Mobile App 등을 이용하여 전달한다.

종료처리된 상황은 시스템에 저장하고 추후 발생장소, 발생시간, 대응기관 등의 정보분석을 통해 예방 및 모니터링 업무 시 활용할 수 있다.

4) 노약자 응급상황

- **이벤트 성격_** 반자동
- **이벤트 발생**
  - 수동 : CCTV 영상 모니터링 또는 시민 등의 제보(CCTV 영상 등)로 인지 및 등록
  - 자동 : 응급안전돌보미서비스 등 통합관리시스템과 연계운영되는 시스템에서 제공하는 이벤트 정보접수

노약자 응급상황은 노약자 응급상황 신고 접수 또는 보건복지부의 응급안전돌보미서비스 등과 연계하여 독거노인의 응급상황을 발견하여 대응할 수 있다.

응급안전돌보미서비스와 도시통합운영센터와의 연계는 독거노인 안전상

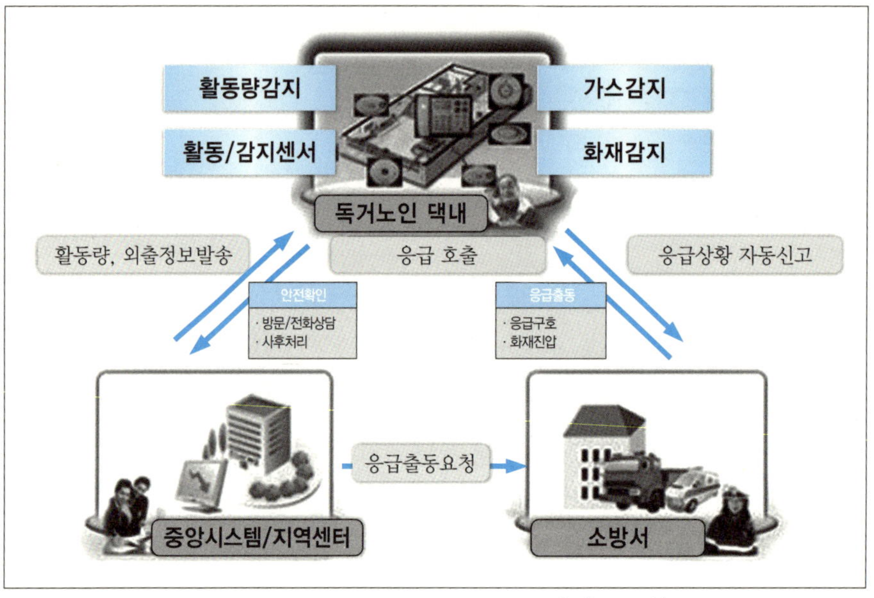

출처:http://www.iotasianews.com

노약자 응급상황 처리 프로세스

발생/인지

- 모니터요원 : CCTV 모니터링을 통하여 확인 및 통합관리시스템 등록
- 연계시스템 정보 활용 : U-독거노인시스템 등 연계시스템을 통하여 자동인지

전파/처리

- 상황실장
  - 수신된 노약자 응급상황에 맞게 대응
  - 처리담당자(기관)에게 Mobile App, SMS, 전화 등을 이용하여 상황전달

  ※ 처리담당자 : 사회복지과, 소방 등

종료

- 처리기관(담당자)
  - 상황처리 정보를 상황실장에게 Mobile App, 전화, SMS 등을 통해 전달
- 상황실장
  - 상황종료 정보입수 시 상황을 기 전달한 처리담당자(기관)에 상황종료 통보
  - 상황기록 유지관리

[그림 4-12] 노약자 응급상황 처리 프로세스

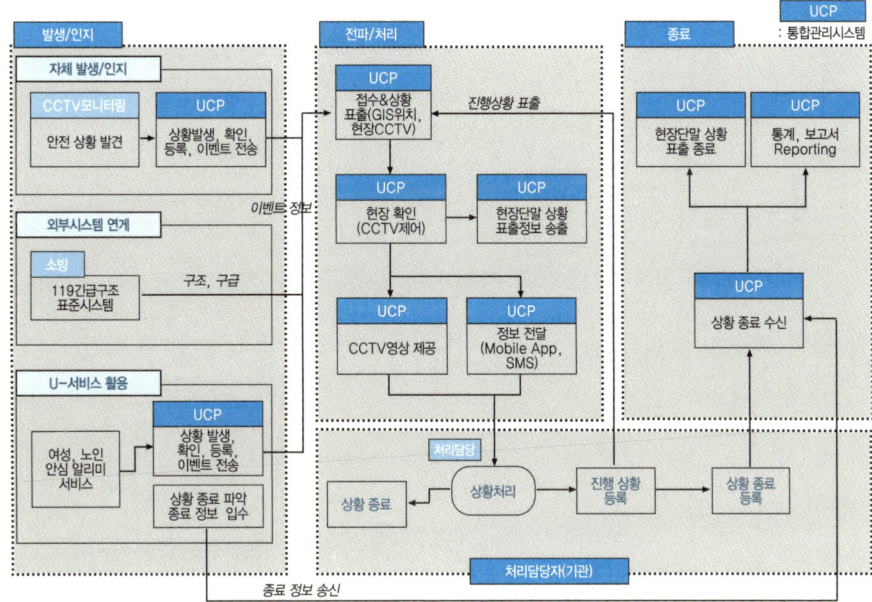

황 발생 시 자동으로 통보되는 관내 소방서에서 사건 현장 정보(CCTV 영상 등)의 공유 요청에 따라 이루어진다.

통합운영센터는 관련 부서와 협의하여 독거노인 현황, 장애인 현황 등 노약자 관련 자료를 파악하고 활용할 수 있는 체계를 사전에 구축하여 효과적으로 노약자 응급상황에 대응할 수 있다. 또한 지역 내 사회복지관, 노인돌봄센터, 요양기관 등과의 다각적인 공조체제를 유지하고 노약자 응급상황에 대한 정보의 공유 및 전달체계를 갖출 수 있도록 한다.

상황실은 노약자 응급상황 발생 시 발생장소 및 상황을 확인하고 나이, 성별, 현 상태 등 최대한 자세한 상황정보를 신속하게 소방 및 사회복지 담당, 관련기관 등에게 전달한다.

상황을 전달받은 기관이 상황처리를 하는 동안 상황실 처리담당자는 지속적으로 상황을 모니터링하여 추가적인 상황정보를 파악하고 상황의 변화 시 관련 처리기관에 변화된 상황정보를 전달한다.

상황의 처리가 완료되면 처리기관(담당자)은 상황종료를 통합운영센터 상황실에 통지하고 이를 통지받은 상황실은 관련기관에 상황종료 정보를 SMS, Mobile App 등을 이용하여 전달한다.

종료처리된 상황은 시스템에 저장하고 추후 발생장소, 발생시간, 대응기관 등의 정보를 관련기관에 제공하거나 상황실 업무에 활용할 수 있다.

5) 안전계도 상황

- **이벤트 성격_** 수동
- **이벤트 발생_** CCTV 영상 모니터링 또는 시민 등의 제보(CCTV 영상 등)로 인지된 안전계도 상황을 통합관리시스템에 이벤트로 등록하는 경우

안전계도 상황은 혼잡인파 안전주의, 등하교길 안전계도 등 안전사고를 미연에 예방할 수 있도록 계도방송을 송출하는 기능으로서 CCTV와 방송장비가 설치되어 있는 장소에서 실시할 수 있다.

안전계도 상황은 등하교 시간 주기적이고 반복적인 안전계도 방송송출, 도심지역 과밀인파로 인한 안전사고 발생 예상지역에 일시적인 안전주의 방송송출, 수변지역의 사고방지 안내방송 송출 등 안전사고가 발생할 수 있는 모든 지역에 해당하며 주로 모니터요원 판단에 대한 상황실장의 승인으로 안전계도 상황을 발생시킬 수 있다.

상황실은 안전계도 상황발생 시 CCTV 등을 통해 상황을 확인하고 예상되는 안전문제를 파악하여 계도방송 송출 여부를 결정한 후 계도방송 시 사전녹음된 내용을 선택하거나 송출할 내용을 작성하고 상황실장 관리하에 계도방송이 이루어지도록 한다.

계도 방송은 상황 발생장소 인근의 방송장비를 이용하여 송출하고 지속적으로 상황을 모니터링하며 상황의 변화를 주시한다. 계도방송 종료 또는 내용변경 등은 상황실장의 지휘하에 이루어지도록 하며, 상황종료 시에는 전 과정의 상황내용이 복기될 수 있도록 한다.

상황실장은 종료처리된 상황을 시스템에 저장하고 추후 발생장소, 발생시

안전계도 상황 처리 프로세스

발생/인지

– 모니터요원
- 안전계도 상황 직면 시 상황등록(등록된 이벤트는 통합관리시스템에 자동전송)
  ※ 혼잡인파, 등하교길 주정차 안내, 긴급차량 우선 통행 안내 등

전파/처리

– 상황실장
- 수신된 안전계도 상황을 CCTV 등을 통해 확인
- 인근의 VMS, BIT, 미디어보드 등 현장단말에 안전계도 상황을 표출
- 안전계도 방송 및 필요 시 경광등 작동

종료

– 상황실장
- 안전계도 상황의 해제를 판단하고 현장단말 표출중지 및 방송, 경광등 작동 중지
- 상황기록 유지관리

[그림 4-13] 안전계도 상황 처리 프로세스

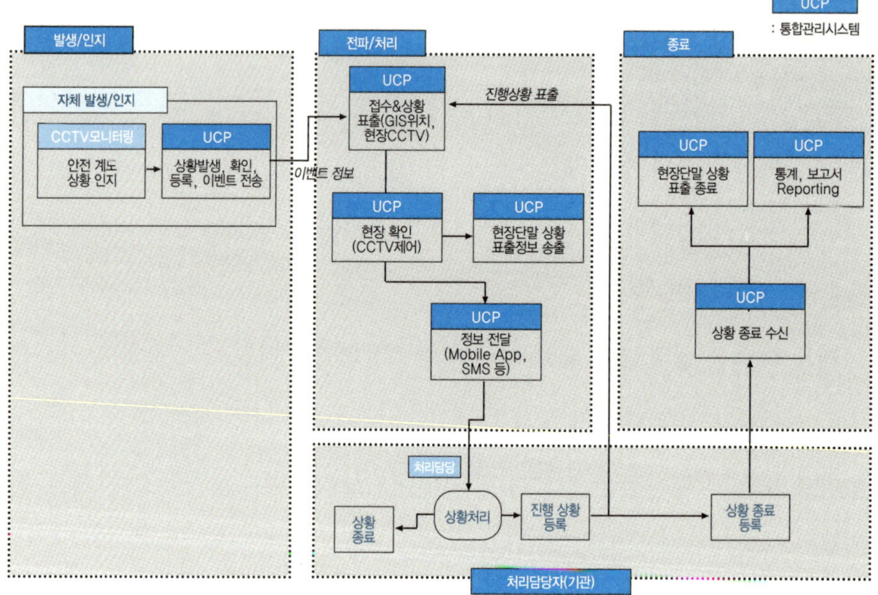

간, 대응기관 등의 정보를 관련기관에 제공하거나 상황실 업무에 활용할 수 있으며, 주요 안전관리지역, 안전계도 제외지역 등 우선 모니터링 지역 등을 선정할 수 있다. 또한 각 상황별 대응에 대한 개선안 등을 도출하여 효율적인 상황대응이 이루어질 수 있도록 한다.

6) 정기 모의훈련 상황

- **이벤트 성격_** 수동
- **이벤트 발생_** 안전분야 비상상황 대비훈련을 위해 지자체장 등의 지시에 따라 안전, 방범, 교통, 방재 등 분야 중심 모의훈련 시나리오에 따라 통합관리시스템을 활용하여 실시

모의훈련 상황은 상황실에서 처리하는 모든 상황을 가상으로 발생시키고 발생된 상황에 대한 대응절차를 훈련하는 것으로 주간, 월간 등 주기적으로 시행한다. 또한 관련부처 및 관련기관과 합동훈련도 협의하여 실시할 수 있다. 모의훈련 상황발생은 통합관리시스템에서 발생시킬 수 있어야 하며, 발생된 상황이 모의훈련 상황이라는 정보를 포함하고 있어야 정보전달 및 전파 시 타 부처 및 기관의 오인을 방지할 수 있다.

또한 모의훈련 상황은 발생가능한 모든 도시상황 중 선택하여 발생시킬 수 있어야 하며, 선택된 모의훈련 상황은 실제상황과 동일한 처리절차로 처리해야 한다.

출처: http://news.naver.com/main/read.nhn?mode=LSD&mid=sec&sid1=103&oid=143&aid=0002076562

정기 모의훈련은 소방본부 또는 지자체 관련 부서와 협의하여 민방위훈련 또는 유사한 비상훈련과 함께 실시할 수 있으며, 모의훈련 상황발생 시 상황실 근무자는 각자의 역할에 따라 부여된 업무를 매뉴얼에

모의훈련 상황 처리 프로세스

발생/인지

– 모니터요원
- 할당된 모의훈련 시나리오 확인
- 모의훈련 상황 등록

전파/처리

– 상황실장
- 수신된 모의훈련 상황을 CCTV 등을 통해 확인
- 인근의 VMS, BIT, 미디어보드 등 현장단말에 모의훈련 상황을 표출
- 처리담당자(기관)에게 Mobile App, SMS, 전화 등을 이용하여 상황전달

※ 처리담당자 : 재난과, 시설과, 도로과, 교통과, 경찰, 소방 등

종료

– 처리담당자(기관)
- 상황 처리 관련 내용을 Mobile App, SMS, 전화 등을 이용하여 상황실에 전달

– 상황실장
- 상황종료 정보입수 시 현장단말 표출중지 및 기 전달한 처리담당자(기관)에 상황종료 정보전달
- 상황기록 유지관리

[그림 4-14] 모의훈련 상황 처리 프로세스

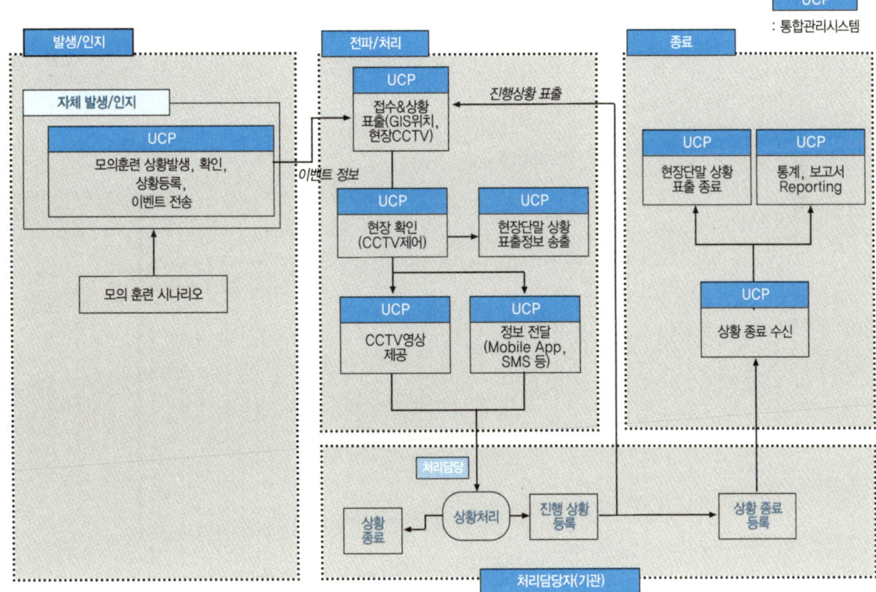

따라 수행하고, 상황실장은 근무자들의 대응상태를 파악하고 시정할 수 있도록 지도 및 감독을 하여야 한다.

모의훈련 상황의 전달 및 전파 시 VMS, BIT 등 표출장비에 대한 표출은 상황실 내 준비된 에뮬레이터를 사용하거나 "장비시험 중" 등의 내용을 표출하여 훈련할 수 있으며, 관련 부서나 기관에 상황의 전달 시에는 사전에 모의훈련 상황임을 꼭 알린 후 상황을 전달하여야 한다.

모의훈련 상황을 전달받은 담당자, 부서, 기관은 상황에 대한 처리종료 정보를 가상으로 등록/발송한다.

처리종료 정보를 수신한 전담처리담당자는 표출되고 있는 상황정보를 표출중지하는 한편 상황종료와 관련된 정보를 등록하고 관련 처리담당자 및 상황 발생자(U-서비스 시스템 포함)들에게 SMS, Mobile App 등을 이용하여 처리종료 정보를 전달한다.

상황실장은 모의훈련 상황종료 후 상황에 대한 전체평가, 상황별 대처내용 검토 등을 실시하고, 상황대응 미비점에 대하여는 개선안 등을 도출하여 향후 모의훈련에 활용할 수 있도록 유지 관리한다.

나. 방범분야

1) 범죄의심 상황

- **이벤트 성격_** 반자동
- **이벤트 발생**
  - 수동 : CCTV 영상 모니터링 또는 시민 등의 제보(CCTV 영상 등)로 인지된 범죄의심 상황정보가 통합관리시스템에 이벤트로 등록되는 경우
  - 자동 : 지능형 CCTV를 통하여 범죄의심 상황알람 발생

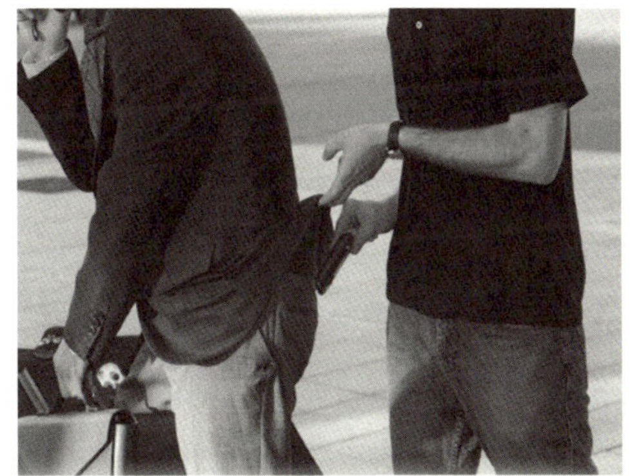
출처: http://polinlove.tistory.com/6438

범죄의심 상황은 U-방범서비스의 주요기능으로 담을 넘는 자, 절도, 주차차량 문을 열어보는자 등의 범죄상황 발견 시 또는 범죄의심 상황발견 시 상황을 등록하여 경찰 등 관계기관이 신속하게 대응활동을 전개하도록 한다.

일부 자치구에서는 지능형 CCTV를 이용하여 담을 넘는 자 등을 CCTV가 자동으로 인식하여 상황을 발생시키는 시스템을 구축한 사례가 있으며, 경기도 오산시의 경우 차량 절도범이 차량의 문이 잠겼는지 확인하고 다니는 사람을 CCTV로 추적 감시하여 절도현장을 포착, 검거한 실적 등이 보고되고 있다.

범죄의심 상황발생 시 모니터요원은 상황실장 판단에 따라 범죄의심 상

범죄의심 상황 처리 프로세스

발생/인지

- 모니터요원
  - 범죄의심 상황발견 시 범죄의심 상황을 등록(통합관리스템에 자동전송)
    ※ 담을 넘는 자, 성추행, 강도 등 범죄상황 또는 범죄의심 상황
- 지능형 CCTV를 통한 범죄의심 상황알람 발생

전파/처리

- 상황실장
  - 수신된 상황을 CCTV 등을 통해 확인
  - 처리담당자(기관)에게 CCTV 영상, Mobile App, SMS, 전화 등을 이용하여 상황전달
    ※ 처리담당자 : 경찰 등
  - 추가범죄 발생예방을 위해 필요 시 방송 및 경광등 점등
  - 범죄의심 상황을 투망감시, 추적감시 등을 이용하여 계속적으로 모니터링
  - 도주 등 상황의 변경내용을 지속적으로 처리담당자에게 전달

종료

- 상황실장
  - 상황종료 정보입수 시 처리담당자(기관)에게 상황종료 전달
  - 상황기록 유지관리

[그림 4-15] 범죄의심 상황 처리 프로세스

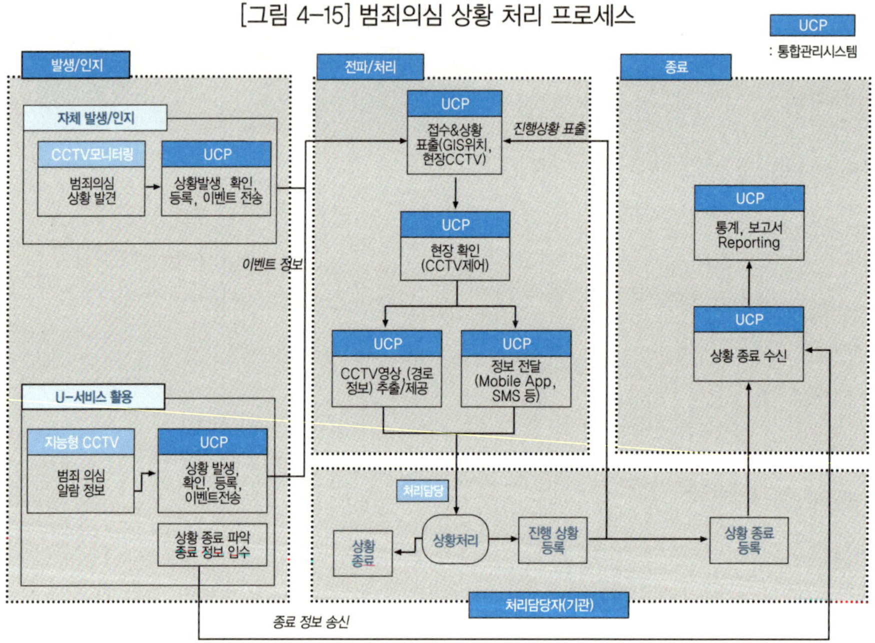

황을 파견경찰에게 알리거나 경찰에 신고하고 계속적으로 상황을 모니터링하며, 범죄현장의 변경상황을 지속적으로 파악하고 관계기관에 상황을 전파한다.

범죄의심 상황은 상황실 내에 경찰의 파견 여부에 따라 그 대응방법이 달라진다. 파견경찰이 있는 상황실의 경우 전달 및 처리가 경찰에 의해 즉시 이루어지고 지속적인 CCTV 추적 등으로 상황의 변화에 신속한 대응이 가능하지만, 파견경찰이 없는 경우엔 상황실에서 경찰에 신고하고 신고 접수된 상황에 따라 경찰이 출동처리하므로 대응시간이 상대적으로 길고 CCTV 추적 등 상황의 변화를 즉각적으로 전달하는 것이 어렵다.

경찰은 범죄의심 상황 처리 종료 후 그 처리결과를 통합운영센터에 통보하며, 종료처리된 상황은 시스템에 저장하여 추후 발생장소, 발생시간, 대응기관 등의 정보 분석을 통해 예방 및 모니터링 시 활용할 수 있다.

2) 범인의심 상황

- **이벤트 성격_** 반자동
- **이벤트 발생**
  - 수동 : CCTV 영상 모니터링 또는 시민 등의 제보(CCTV 영상 등)로 인지된 범인의심 상황정보가 통합관리시스템에 이벤트로 등록되는 경우
  - 자동 : 지능형 CCTV를 통하여 범죄의심 상황알람 발생

출처: http://pann.nate.com/video/201034734

범인의심 상황은 U-방범서비스의 주요기능으로 수배자, 또는 거동수상자를 발견 시 발생하는 상황으로 모니터요원이 수배자의 인상착의를 익히고 CCTV를 모니터링하거나 얼굴인식 시스템을 이용하여 CCTV에 찍힌 사람과 대조하여 거동수상자, 수배자를 찾아내어 추적감시 등을 행한다.

노숙인으로 보이는 사람의 이상행동을 추적 모니터링하고 경찰신고에 따라 출동한 경찰이 대상자의 신원을 검색한 결과 사기수배자로 확인돼 현장에서 검거하거나, 새벽시간에 공영주차장을 배회하며 차량을 기웃거리는 사람을 추적 모니터링 후 경찰 신고 및 출동으로 상해혐의 수배자를 검거한 실적 등이 보고되고 있다.

범인의심 상황발생 시 모니터요원은 상황실장의 판단에 따라 범인의심 상

범인의심 상황처리 프로세스

발생/인지

– 모니터요원
- 범인의심 상황발견 시 범인의심 상황을 등록(통합관리시스템에 자동전송)
  ※ 수배자, 거동수상자 발견상황

전파/처리

– 상황실장
- 파견경찰이 있을 시 수신된 상황은 CCTV 등을 통해 파견경찰이 확인 후 상황처리
- 파견경찰이 없을 시 처리담당자(기관)에게 Mobile App, SMS, 전화 등을 이용하여 상황전달
- 범인의심 상황을 투망감시, 추적감시 등을 이용하여 계속적으로 모니터링
- 도주 등 상황의 변경내용을 지속적으로 처리담당자에게 전달

종료

– 상황실장
- 상황종료 정보입수 시 처리담당자(기관)에 상황종료 전달
- 상황기록 유지관리

[그림 4–16] 범인의심 상황 처리 프로세스

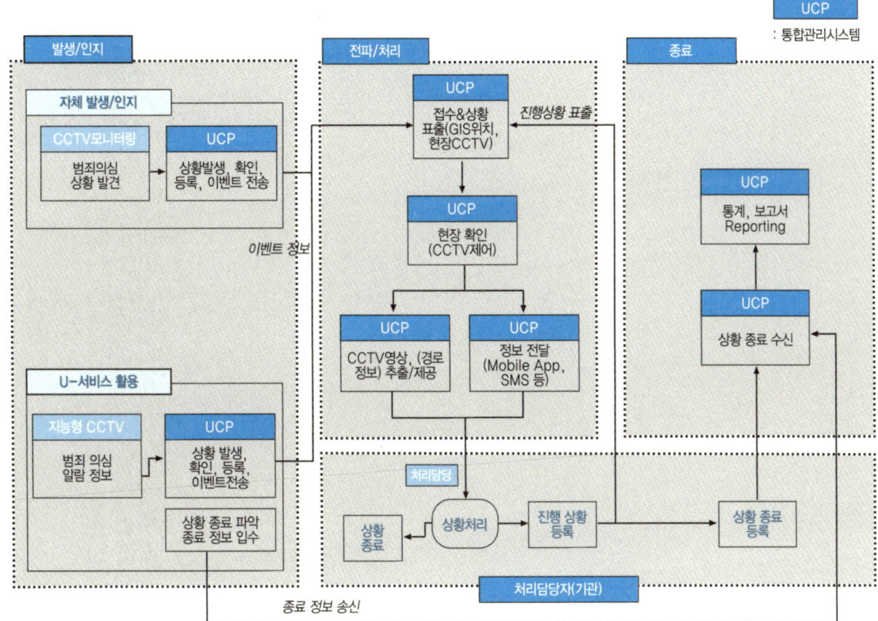

황을 파견경찰에게 알리거나 경찰에 신고하고 계속적으로 상황을 모니터링하며, 의심인원의 동태를 지속적으로 파악하고 관계기관에 상황을 전파한다.

범인의심 상황은 상황실 내에 경찰의 파견 여부에 따라 그 대응방법이 달라진다. 파견경찰이 있는 상황실의 경우 전달 및 처리가 경찰에 의해 즉시 이루어지고 지속적인 CCTV 추적 등으로 상황의 변화에 신속한 대응이 가능하지만, 파견경찰이 없는 경우엔 상황실에서 경찰에 신고하고 신고 접수된 상황에 따라 경찰이 출동처리하므로 대응시간이 상대적으로 길고 CCTV 추적 등 상황의 변화를 즉각적으로 전달하는 것이 어렵다.

경찰은 범인의심 상황처리 종료 후 그 처리결과를 통합운영센터에 통보하며, 종료처리된 상황은 시스템에 저장하여 추후 발생장소, 발생시간, 대응기관 등의 정보분석을 통해 예방 및 모니터링 시 활용할 수 있다.

다. 교통분야

1) 돌발 상황

- **이벤트 성격_** 반자동
- **이벤트 발생**
  - 수동 : CCTV 영상 모니터링 또는 시민 등의 제보(CCTV 영상 등)로 인지 및 등록
  - 자동 : U-교통서비스 등 통합관리시스템과 연계 운영되는 시스템에서 제공하는 이벤트 정보 접수

돌발 상황은 U-교통서비스의 주요 기능으로 차량고장, 교통사고, 도로공사, 도로상 낙하물, 급작스런 안개, 시위 등 도로에 예기치 않은 사건으로 교통흐름에 영향을 주는 상황이며 교통 CCTV를 통해 상황의 발생을 인지할 수 있다. 또한 도로상의 돌발 상황 자동감지기술의 발달로 돌발 상황을 자동으로 감지하는 시스템과의 연계를 통해 통합관제센터에서 돌발 상황 발생을 인

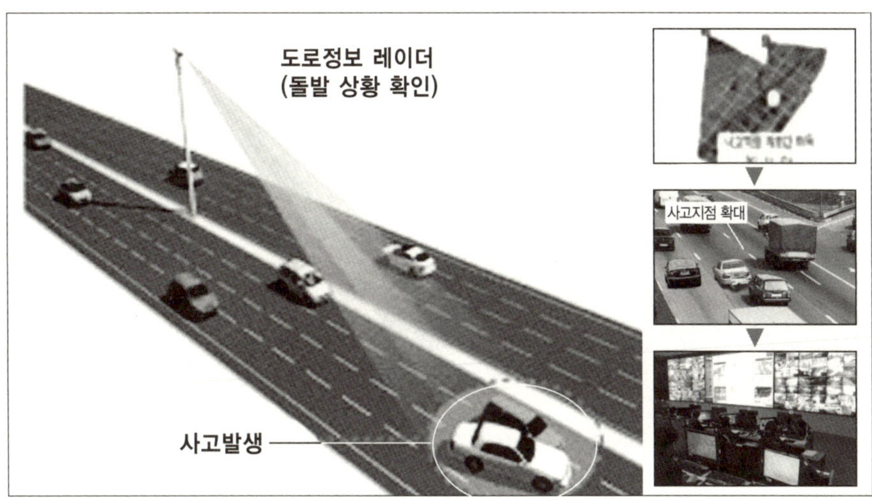

출처: http://news.zum.com/articles/16480532?c=08&pr=024

돌발 상황 처리 프로세스

발생/인지

– 모니터요원 : CCTV 모니터링을 통하여 돌발 상황 확인 및 통합관리시스템 등록
 ※ 교통사고, 도로공사, 안개, 시위 등 도로의 예기치 않은 사건으로 교통흐름에 영향이 있는 상황
– 연계시스템 정보 활용 : U-교통시스템 등 연계시스템을 통하여 자동 인지

전파/처리

– 상황실장
 • 수신된 상황을 CCTV 등을 통해 확인
 • 인근의 VMS, BIT, 미디어보드 등 현장단말에 상황을 표출
 • 처리담당자(기관)에게 Mobile App, SMS, 전화 등을 이용하여 상황 전달
 ※ 처리담당자 : 시설과, 도로과, 교통과 등

종료

– 모니터요원
 • 상황해제 정보 입수 시 상황종료 정보를 통합관리시스템에 전송
– 상황실장
 • 상황종료 정보 입수 시 현장단말 표출중지 및 처리담당자(기관)에 상황종료 전달
 • 상황기록 유지관리

[그림 4-17] 돌발 상황 처리 프로세스

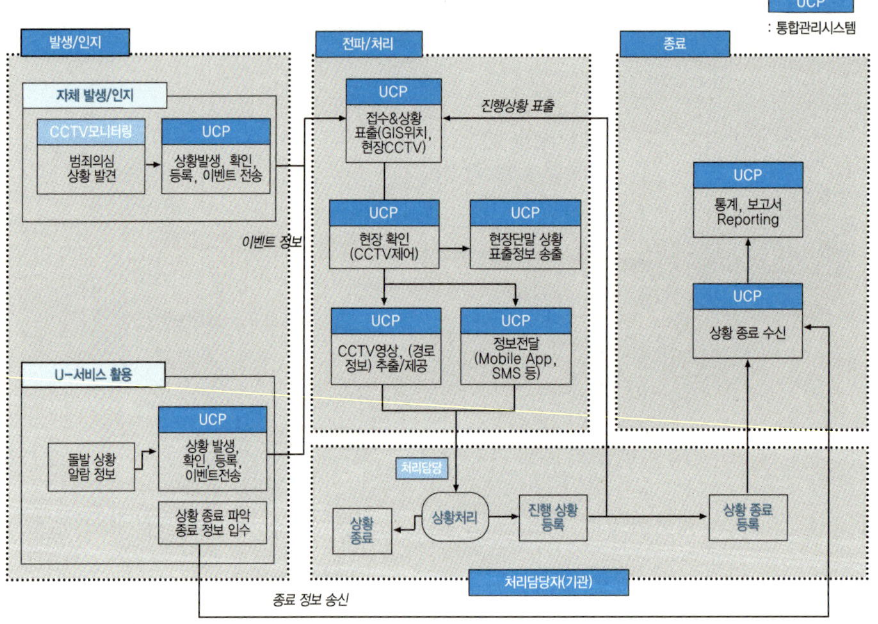

지할 수도 있다.

상황실은 돌발 상황 발견 시 인근 VMS 등에 돌발 상황 관련 정보를 표출하여 주변 차량에 상황을 전파하고, 우회도로 등에 대한 정보를 제공하여야 한다. 또한 낙하물, 교통사고, 시위 등 대응처리가 필요한 상황은 관련 기관에 상황을 전달하여 신속한 처리에 도움이 될 수 있도록 지원한다.

상황을 전달받은 기관이 상황을 처리하는 동안 상황실 전담처리담당자는 지속적으로 상황을 모니터링하여 추가적인 상황정보를 파악하고 상황의 변화 시 관련 처리기관에 변화된 상황정보를 전달한다.

상황처리가 완료되면 상황실 처리담당자는 VMS 등의 정보표출 중지 및 상황종료를 등록하고 관련 기관에 상황종료 정보를 SMS, Mobile App 등을 이용하여 전달한다. 또한 상황기록을 유지 관리하여 추후 실적 및 통계자료로 활용할 수 있다.

2) 불법주정차 계도 상황

- **이벤트 성격**_ 반자동
- **이벤트 발생**
  - 수동 : CCTV 영상 모니터링 또는 시민 등의 제보(CCTV 영상 등)로 인지 및 등록
  - 자동 : 불법주정차 단속 서비스 등 통합관리시스템과 연계 운영되는 시스템에서 제공하는 이벤트 정보 접수

불법주정차 계도 상황은 U-교통서비스의 기능으로, 불법주정차 차량으로 인해 교통에 영향을 주거나 보행자의 안전에 위해를 주는 상황 발생 시 계도방송을 송출하는 상황이며, CCTV 모니터링을 통하여 발견하거나 지능형 CCTV를 이용한 불법주정차 단속시스템과 연계를 통해 인지하는 방법이 있다.

지능형 CCTV를 이용한 불법주정차 단속시스템과 연계하는 경우, 교통관련 부서와의 업무협의를 통해 주차위반 적발 이전에 계도방송을 송출하고 계

출처: http://m.ohmynews.com/NWS_Web/Mobile/at_pg.aspx?CNTN_CD=A0001600827

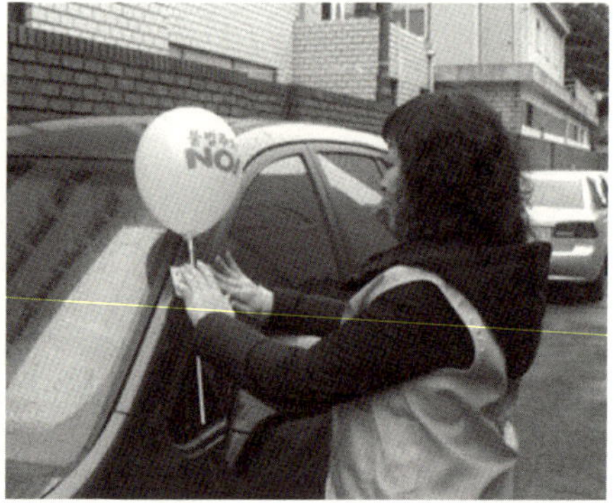
출처: http://www.kookje.co.kr/news2011/asp/newsbody.asp?code=&key=20120302.99002083213

불법주정차 계도 상황 처리 프로세스

발생/인지

- 모니터요원
  - 불법주정차 계도 상황 직면 시 상황등록(등록된 이벤트는 통합관리시스템에 자동전송)
    ※ 불법주정차로 교통흐름에 영향을 주는 상황
- 연계시스템 정보 활용 : 불법주정차 시스템 등 연계 시스템을 통하여 자동인지

전파/처리

- 상황실장
  - 수신된 상황을 CCTV 등을 통해 확인
  - 인근의 VMS, BIT, 미디어보드 등 현장단말에 상황을 표출
  - 불법 주정차 계도 방송
  - 처리담당자(기관)에게 Mobile App, SMS, 전화 등을 이용하여 상황 전달(처리담당자 : 교통과 등)

종료

- 모니터요원
  - 상황종료 시 종료정보를 통합관리시스템에 전송
- 상황실장
  - 상황종료 정보 입수 시 현장단말 표출중지 및 처리담당자(기관)에 상황종료 전달
  - 상황기록 유지관리

[그림 4-18] 불법주정차 계도 상황 처리 프로세스

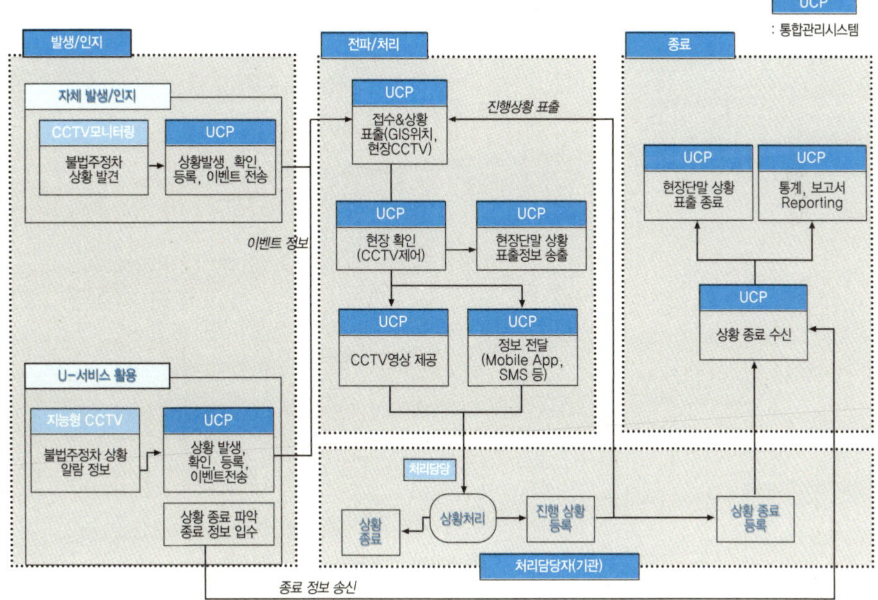

속 위반하는 차량에 한해 과태료를 발급하는 등 단속 목적보다는 교통질서 유지 목적으로 시스템을 활용할 수 있다.

상황실은 불법주정차 계도 상황 시 인근 VMS, BIT 등에도 불법주정차 상황 관련 정보를 표출하여 상황을 전파하고, 인근주차장 등에 대한 정보를 제공하고 상황종료 시까지 불법주정차 계도방송을 송출하며, 계도방송은 사전 녹음된 내용을 선택하거나 송출할 내용을 작성하고 상황실장 관리하에 계도 방송이 이루어지도록 한다.

상황실은 불법주정차 상황이 해소되면 계도방송 송출중지를 관련부서에 전달하고 VMS, BIT 등에 표출되고 있는 정보의 표출을 중지한다. 또한 통합관리시스템에 해당 상황의 종료와 처리결과를 입력하여 추후 통계자료로 활용할 수 있도록 한다.

3) 정체 상황

- **이벤트 성격_** 반자동
- **이벤트 발생**
  - 수동 : CCTV 영상 모니터링
  - 자동 : U-교통서비스 등 통합관리시스템과 연계 운영되는 시스템에서 제공하는 이벤트 정보 접수

정체 상황은 U-교통 분야의 상황으로 통합운영센터에서 도시교통정보시스템(UTIS: Urban Traffic Information System), 첨단교통관리시스템(ATMS: Ad-

[그림 4-19] 정체, 지체, 서행, 원활의 차이점

기관	도로종류	정체	지체	서행	원활	비고
건설교통부 건설교통종합정보	고속국도	1~30	N/A	30~70	70이상	http://road.moct.go.kr/
	국도/시군도	1~20	N/A	20~40	40이상	http://its.go.kr/rt/RealTimeTrffinfo.do?cmd=init
한국도로공사 교통정보	고속도로	0~30	N/A	30~70	70이상	http://roadplus.co.kr
	국도	0~20	N/A	20~40	40이상	
서울지방경찰청 종합교통정보센터	수도권	30미만	30~50	N/A	50이상	http://www.spatic.go.kr/www/
서울도시고속도로 교통정보	도시고속도로	30미만	30~49		50이상	http://smartway.seoul.go.kr
	램프부	15미만	15~29		30이상	
ROADi 실시간교통정보	고속도로	30미만	30~50	50~80	80이상	http://www.roadi.com/common/legend.asp
	도시고속도로	20미만	20~40	40~60	60이상	
	일반도로	10미만	10~20	20~30	30이상	
MBC idio	시내	1~10	11~20	21~40	41이상	http://i-dio.imbc.com/service_02.asp
	고속화도로	1~20	21~40	41~70	71이상	
Real Traffic	수도권, 일반도로	10미만	10~20	20~40	40이상	http://www.realtraffic.co.kr/guide_manual.asp
	수도권, 간선도로	20미만	20~40	40~60	60이상	
	고속도로	30미만	30~50	50~80	80이상	
Naver 실시간교통	국도, 고속도로	20이하	20~30	30~50	50이상	http://real.traffic.naver.com

출처:http://chaka.blog.me./10026272714

정체 상황 처리 프로세스

발생/인지

- 모니터요원 : CCTV 모니터링을 통하여 정체 상황 확인 및 통합관리시스템 등록
  ※ 시내 도로상의 구간 지체(10Km/h 이하)가 10분 이상 지속되는 상황
- 연계시스템 정보 활용 : U-교통시스템 등 연계시스템을 통하여 자동인지

전파/처리

- 상황실장
  - 수신된 상황을 CCTV 등을 통해 확인
  - 인근의 VMS, BIT, 미디어보드 등 현장단말에 상황을 표출, 우회로 등의 안내
  - 구간 내의 CCTV 등을 이용하여 혼잡 원인 파악
  - 처리담당자(기관)에게 Mobile App, SMS, 전화 등을 이용하여 상황전달
  ※ 처리담당자 : 시설과, 도로과, 교통과, 경찰, 소방 등

종료

- 모니터요원
  - 정체상황 해제 시 상황종료 정보를 통합관리시스템에 전송
- 상황실장
  - 상황종료 정보 입수 시 현장단말 표출중지 및 처리담당자(기관)에 상황종료 전달
  - 상황기록 유지관리

[그림 4-20] 정체 상황 처리 프로세스

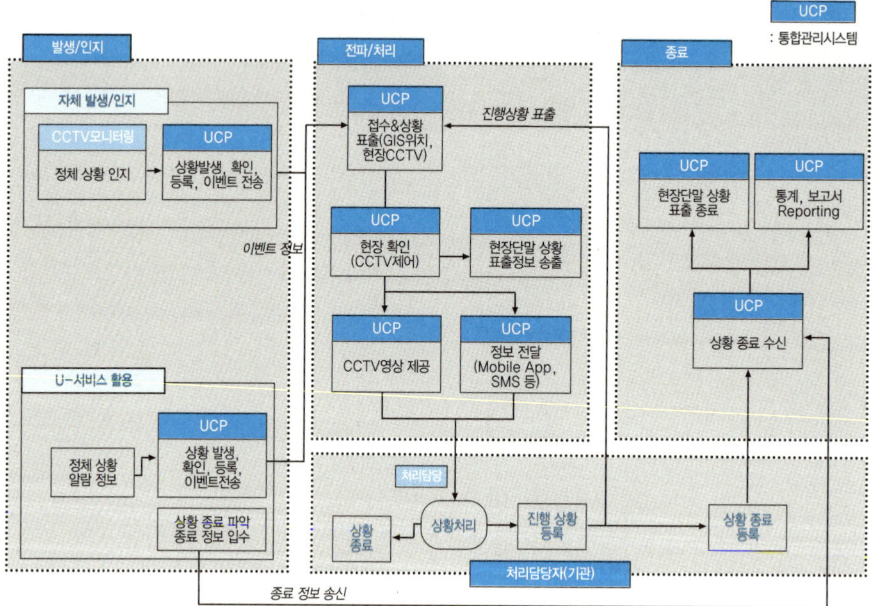

vanced Traffic Management System) 등의 시스템에서 제공되는 교통정보데이터를 연계하여 각 구간마다의 교통흐름을 파악할 수 있으며 지체구간 속도설정(e.g. 10Km/h 이하) 시 설정된 속도 이하의 흐름을 일정 시간 이상 보이는 구간이 발생될 때 통합관리시스템에서 자동으로 혼잡상황을 발생시키고, GIS를 기반으로 한 통합관리시스템의 상황판에 정체구간을 표출한다.

상황실에서는 발생된 정체 상황을 CCTV 등을 통하여 확인 후 인근 VMS, BIT, 미디어보드 등을 이용하여 정체정보를 표출하고 우회경로 등에 대한 정보를 같이 제공한다. 또한 정체 상황을 유발시킨 원인(고장차, 교통사고 등)을 파악하여 처리기관(교통과, 시설과, 경찰 등)에 상황을 전달하여 처리할 수 있도록 지원한다.

정체 상황 구간의 소통이 정상으로 회복될 경우 통합관리시스템은 자동으로 상황종료 처리가 된다. 만일 통합관리시스템에서 자동종료가 지연될 경우 상황실장은 정체상황의 종료를 입력하고 VMS, BIT 등에 표출 중인 정체상황 정보를 표출중지함으로써 상황을 종료할 수 있다.

4) 관심차량 발견 상황

- **이벤트 성격_** 반자동
- **이벤트 발생**
  - 수동 : CCTV 영상 모니터링으로 인지 및 등록
  - 자동 : CCTV 활용 서비스 등 통합관리시스템과 연계 운영되는 시스템에서 제공하는 이벤트 정보 접수

관심차량은 세정관련 체납차량과 경찰관련 도난·수배차량 등으로 나눌 수 있다. 세정관련 체납차량에 대한 정보는 지자체 세정관련 부서에서 관리하며 통합운영센터에서는 CCTV를 통한 차량번호 수집 및 수집된 차량번호와 세정관련 부서에서 제공하는 체납차량 DB를 비교하여 체납차량 여부를 판별한다. 또한 도난·수배차량에 대한 정보는 경찰에서 관리하며 통합운영센터에서는 CCTV를 통한 차량번호 수집 및 수집된 차량번호를 경찰의 관련 부서에서 제공하는 관심차량 DB를 비교하여 도난·수배차량 여부를 판별한다.

관심차량 발견 상황은 지능형 CCTV는 물론 일반 CCTV에서 얻은 차량 이미지 중 차량번호를 추출하여 체납, 수배, 도난 등 관심차량 여부를 판별하

[그림 4-21] 상황실의 관심차량 처리 프로세스

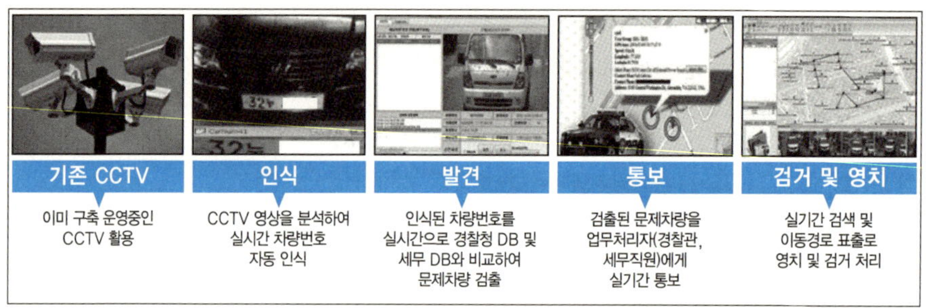
기존 CCTV
이미 구축 운영중인 CCTV 활용
인식
CCTV 영상을 분석하여 실시간 차량번호 자동 인식
발견
인식된 차량번호를 실시간으로 경찰청 DB 및 세무 DB와 비교하여 문제차량 검출
통보
검출된 문제차량을 업무처리자(경찰관, 세무직원)에게 실기간 통보
검거 및 영치
실기간 검색 및 이동경로 표출로 영치 및 검거 처리

출처 : 관악구「문제차량 지능형 검색 및 자동인식시스템 구축사업」자료

관심차량 발견 상황 처리 프로세스

발생/인지

- 모니터요원 : CCTV 모니터링을 통하여 관심차량 확인 및 통합관리시스템 등록
- 연계시스템 정보 활용 : 지능형 CCTV 시스템 등 연계시스템을 통하여 자동인지

전파/처리

- 상황실장
  - 수신된 상황을 CCTV, 차량사진 등을 통해 확인
  - 수신된 이동경로를 이용하여 관제시스템(GIS) 상에 표출
  - 처리담당자(기관)에게 Mobile App, SMS, 전화 등을 이용하여 상황전달

  ※ 처리담당자 : 세정과, 경찰 등

종료

- 처리담당자(기관)
  - 상황처리 관련 정보를 통합관리시스템에 전송
- 상황실장
  - 상황종료 정보입수 시 현장단말 표출중지 및 처리담당자(기관)에 상황종료 전달
  - 상황일지 등록

[그림 4-22] 관심차량 발견 상황 처리 프로세스

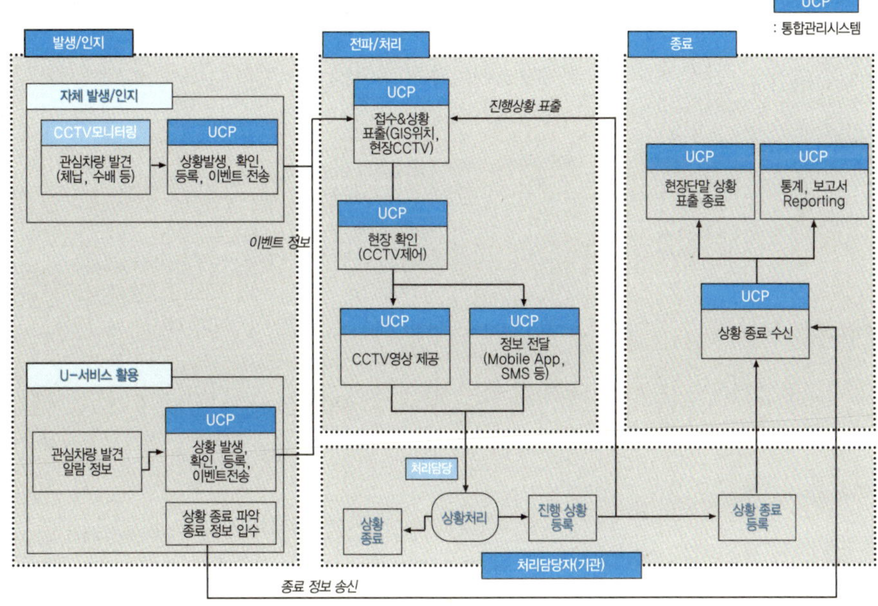

는 시스템과 연계하여 관심차량 발견 시 통합관리시스템에 관심차량 발견상황이 전송된다.

관심차량은 지자체에서 관리하는 체납차량정보와 경찰에서 관리하는 도난·수배차량 정보를 이용하기 때문에 관련 기관이나 부처와 정보사용과 관련한 사전 협의가 필요하다. 또한 해당 차량 발견 시 차량의 위치, 이동경로, 현장조치 및 조치결과 등의 정보에 대한 송수신 방법 및 공유방법에 대해 협의되어야 한다.

CCTV에 찍힌 차량번호가 관심차량으로 판별되면 통합관제화면(상황판)에 발생위치 및 관련 이미지(사진)가 표출되며 해당 CCTV 및 인근 CCTV가 상황판에 표출되어 추적 및 투망감시 체계로 전환된다. 이때 상황실에서는 차량의 이동방향 및 경로를 확인하고 차량의 위치 및 경로정보 등을 해당 기관(세정, 경찰)에 통보한다.

관심차량 상황을 통보받은 해당기관은 전달받은 관심차량의 정보를 확인 후 현장처리하며 그 처리결과를 통합관제센터에 시스템 입력이나 유선 등으로 통보한다.

관심차량 발견이 빈번하게 발생되는 경우에는 해당 상황을 경찰 또는 세정과에서 직접 처리하도록 하고, 상황판에 이벤트로 표출하여 관리하는 것은 해당 부서와 협의하여 필요한 경우에 한정하여 협업이 이루어질 수 있도록 한다. 차량번호는 개인정보로 보호되어야 하며, 최소 기간만 저장해야 한다.

5) 응급차량 출동 상황

- **이벤트 성격**_ 반자동
- **이벤트 발생**
  - 수동 : CCTV 영상 모니터링으로 인지 및 등록
  - 자동 : 119 소방, 112 경찰 등 통합관리시스템과 연계 운영되는 시스템에서 제공하는 이벤트 정보 접수

응급차량 출동 상황은 소방차, 경찰차, 병원구급차 등 응급차량의 출동 시 발생되는 상황으로 상황실 모니터요원이 도로에 설치된 CCTV를 통해 입수한 영상을 통하여 상황을 인지하거나, 각 해당기관과 시스템 간의 연계로 출동상황 정보를 수신할 경우 상황발생을 인지할 수 있다.

현재 통합관리시스템은 소방본부의 119긴급구조표준시스템, 지방경찰청의 112신고시스템과 연계처리가 가능하며, 각 기관별로 시스템 연계작업이 이루어지고 있다.

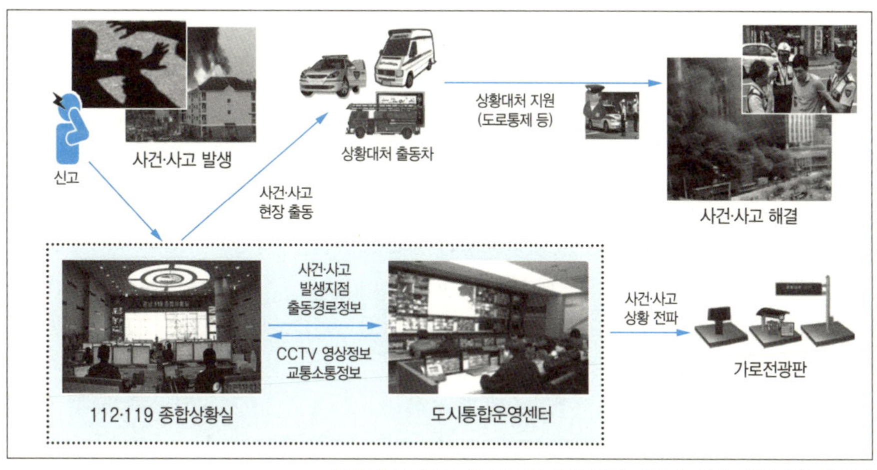

출처:유비쿼터스형 국민중심 안전망 구축을 위한 업무협력 합의서
– 국토교통부·국민안전처

응급차량 출동 상황 처리 프로세스

발생/인지

- 모니터요원 : 도로상 또는 인근에 설치된 CCTV 영상의 모니터링을 통하여 응급차량 확인 및 통합관리시스템 등록
- 연계시스템 정보 활용 : 소방차 출동상황 등 응급차량 출동에 대한 상황발생 시 연계된 관련 시스템(112·119시스템 등)으로부터 상황정보 수신

전파/처리

- 상황실장
  - 수신된 상황을 관제화면(GIS) 상에 표출하고 출동경로 상의 CCTV 등을 통해 출동경로 확인
  - 상황발생지점 및 응급출동경로 인근 CCTV를 활용하여 최적경로 및 소통정보를 112·119 종합상황실에 제공
  - 인근의 VMS, BIT, 세대기 등 현장단말에 상황을 표출

종료

- 처리담당자(기관)
  - 상황처리 후 시스템을 이용하여 처리내용 등록(연계시스템에서 종료이벤트 전송)
- 상황실장
  - 상황종료 정보 입수 시 현장단말 표출중지 및 처리담당자(기관)에 상황종료 전달
  - 상황기록 유지관리

[그림 4-23] 응급차량 출동 상황 처리 프로세스

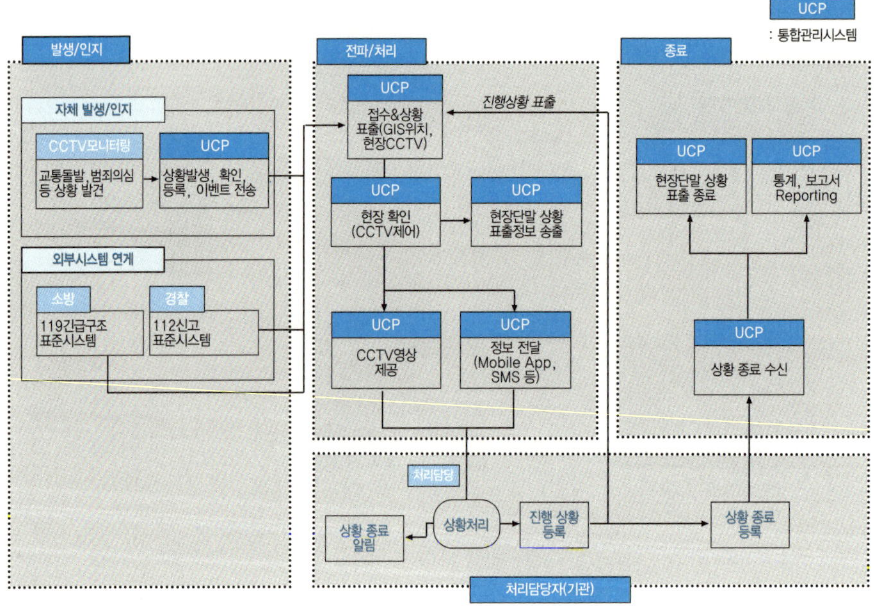

112·119 종합상황실의 경우 신고접수 시 시스템에서 자동으로 통합관리시스템에 화재 발생위치 및 출동경로를 송신한다.

상황실은 수신된 응급차량 출동상황의 출동경로 및 상황 발생위치 인근의 CCTV를 모니터링하여 상황 발생장소의 상황과 출동경로상의 교통정보를 제공하고 필요 시 최적의 출동경로를 제시한다. 또한 상황 발생장소 인근의 VMS, BIT, 미디어보드 등에 상황정보와 도시민 행동요령 등을 표출하고 관련 기관 및 사전 협약된 지역 내 관련 단체들에게 상황정보를 전달한다.

112·119종합상황실은 상황처리 완료 시 시스템에서 자동으로 통합운영센터의 통합관리시스템에 상황의 종료정보를 송신한다

상황실은 통합관리시스템에서 상황처리 종료정보를 수신하면 표출되고 있는 VMS, BIT 등의 상황정보를 표출중지하고 관련 기관 및 단체에 상황종료정보를 전달한다.

6) 도로통제 상황

- **이벤트 성격_** 자동
- **이벤트 발생_** 도로공사, 집회, 행사 등 사전 예기된 상황에 대한 시기가 도래할 경우

도로통제 상황은 사전에 알려진 도로공사, 집회, 시위 등으로 도로의 통제가 필요한 상황으로, 관련 부처 및 기관과의 정보공유를 통하여 상황의 발생을 사전에 입수할 수 있다.

상황실은 발생된 도로통제 상황의 발생위치 인근의 CCTV 영상을 모니터링하여 상황 발생장소의 상황과 인근지역의 교통정보를 수집하고 상황 발생장소 인근의 VMS, BIT 등에 상황정보와 도시민 행동요령 등을 표출함과 동시에 관련 기관 및 사전 협약된 지역 내 관련 기관에 상황정보를 전달한다.

상황실은 도로통제 상황발생 시 인근 CCTV 영상을 활용하여 상황의 변화를 지속적으로 모니터링하고 집회, 시위 등이 돌발적으로 확대되어 예정되지 않은 도로의 점유, 관련시설 파손 등이 발생될 때는 돌발 상황을 추가로 전파하여 대응토록 한다. 또한 상황 발생장소 인근의 VMS, BIT 등에 상황정보와 우회도로 등을 표출하고 관련 기관에 상황정보를 전달한다.

출처: http://m.newsjeju.net/news/articleView.html?idxno=197524

집회, 시위 등이 끝나 상황이 종료되면 상황실 처리담

도로통제 상황 처리 프로세스

발생/인지

– 모니터요원
- 도로통제 상황 도래에 따른 통합관리시스템의 자동화된 이벤트 발생 확인
  ※ 도로공사, 집회, 행사 등 사전에 예기된 상황

전파/처리

– 상황실장
- 수신된 상황을 CCTV 영상 등을 통해 확인
- 각종 돌발사고 발생에 대한 지속적 모니터링
- 인근의 VMS, BIT, 미디어보드 등 현장단말에 상황을 표출, 우회로 등에 대한 안내
- 사고, 부상 등 돌발 상황 발생 시 처리담당자(기관)에 Mobile App, SMS, 전화 등을 이용하여 상황전달
  ※ 처리담당자 : 시설과, 도로과, 교통과, 경찰, 소방 등

종료

– 상황실장
- 상황종료 정보입수 시 현장단말 표출중지 및 처리담당자(기관)에 상황종료 전달
- 상황기록 유지관리

[그림 4-24] 도로통제 상황 처리 프로세스

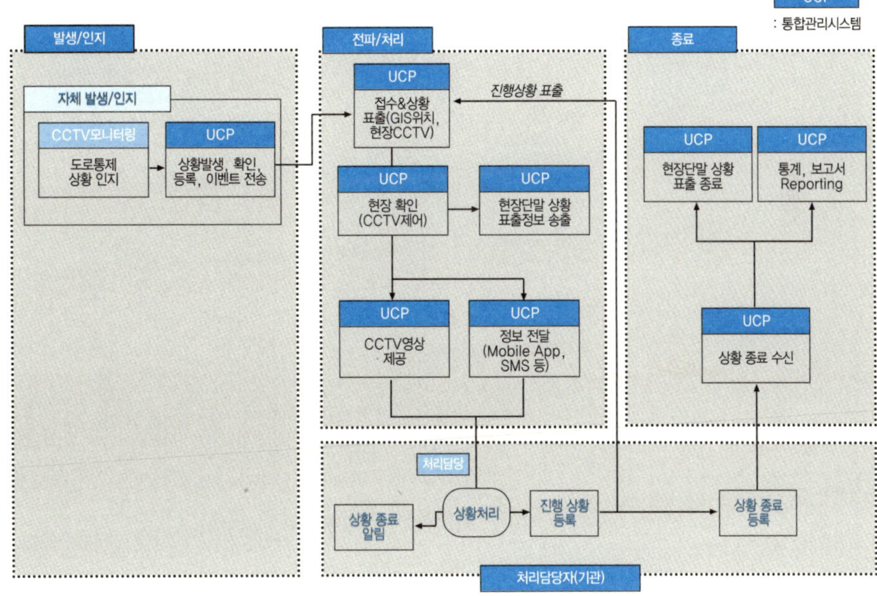

당자는 상황종료를 등록하고 관련 기관에 상황종료 정보를 SMS, Mobile App 등을 이용하여 전달한다. 또한 상황기록을 유지 관리하여 추후 실적 및 통계자료로 활용할 수 있다.

라. 재난분야

1) 침수 상황

- **이벤트 성격**_ 반자동
- **이벤트 발생**
  - 수동 : CCTV 영상 모니터링으로 인지 및 등록
  - 자동 : 통합관리시스템과 연계 운영되는 기상청 등 관계기관 시스템에서 제공하는 이벤트 정보 접수

호우로 인한 가옥의 침수, 교통정체, 인명피해 등이 발생 또는 발생이 예기되는 상황으로 CCTV 모니터요원의 모니터링 또는 연계된 센서 수집정보, 도로소통정보 분석 등으로 발생이 인지될 수 있으며, 기상청 기상정보 데이터를 주기적으로 수집하고 예·경보 시 상습 침수지역을 집중 모니터링하여 침수 상황을 사전에 파악할 수 있다.

상황실은 침수 상황 발생 시 발생 인근지역의 CCTV 및 각종 센서 등 이용할 수 있는 도시기반시설을 최대한 활용하여 정보를 수집하고 이를 활용하여 보다 정확하게 상황을 파악하고 관련 처리기관에 상황정보를 전달한다. 또한

출처:https://www.youtube.com/watch?v=YMptSb9jrR4

침수 상황 처리 프로세스

발생/인지

- 모니터요원 : 도로상 또는 인근에 설치된 CCTV 영상의 모니터링을 통하여 침수 상황 확인 및 통합관리시스템 등록
  ※ 호우, 상수도파열 등으로 가옥, 지하차도 등이 침수 또는 침수 예기 상황
- 연계시스템 정보활용 : 통합관리시스템과 연계 운영되는 기상청 경보시스템, 재난안전 상황실 시스템 등으로부터 상황정보 수신

전파/처리

- 상황실장
  • 수신된 상황을 CCTV 등을 통해 확인
  • 인근의 VMS, BIT 등 현장단말에 상황을 표출
  • 처리담당자(기관)에게 Mobile App, SMS, 전화 등을 이용하여 상황전달
  ※ 처리담당자 : 시설과, 도로과, 교통과, 경찰, 소방 등

종료

- 모니터요원
  • 상황해제 정보입수 시 상황종료 정보를 통합관리시스템에 전송
- 상황실장
  • 상황종료 정보입수 시 현장단말 표출중지 및 처리담당자(기관)에 상황종료 전달
  • 상황일지 등록

[그림 4-25] 침수 상황 처리 프로세스

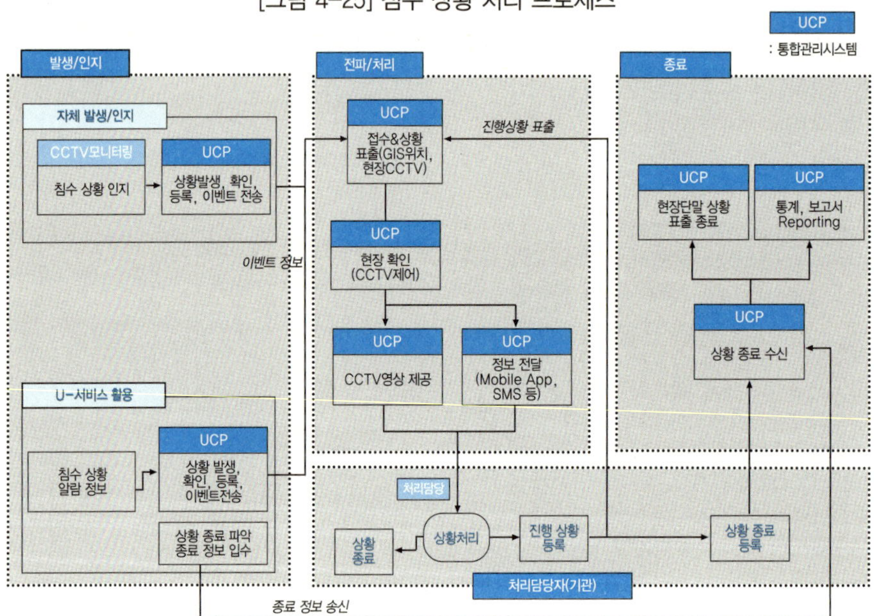

상황발생 인근의 VMS, BIT, 미디어보드 등을 이용하여 도시민에게 상황을 전파하고 우회도로 및 행동요령 등을 표출한다.

상황실은 발생된 침수 상황과 관련된 발생위치 인근의 CCTV 및 관련 센서를 지속적으로 모니터링하여 발생지역의 상황과 인근지역의 교통정보를 수집하고, 상황 발생장소 인근의 VMS, BIT 등에 상황정보와 도시민 행동요령 등을 표출함과 동시에 관련 기관에게 상황정보를 전달한다.

침수 상황이 종료되면 상황실 처리담당자는 상황종료 등록과 함께 VMS, BIT 등에 표출되고 있는 침수 상황 표출을 중단하고 관련 기관에 상황종료 정보를 SMS, Mobile App 등을 이용하여 전달한다. 또한 상황기록을 유지관리하여 추후 실적 및 통계자료로 활용할 수 있다.

2) 화재 상황

- **이벤트 성격_** 반자동
- **이벤트 발생**
  - 수동 : CCTV 영상 모니터링 또는 시민 등의 제보(CCTV 영상 등)로 인지된 상황정보가 통합관리시스템에 이벤트로 등록되는 경우
  - 자동 : 통합관리시스템과 연계 운영되는 119종합상황실 등 관계기관 시스템에서 제공하는 이벤트 정보 접수

출처:http://www.mpss.go.kr/safetys/sub05_fire.html

화재 상황은 산불, 도시화재, 차량화재 등 모든 화재의 발생 시 산불감시용 CCTV는 물론 방범 등 다양한 용도의 CCTV 화면 모니터링 중 발견, 인지할 수 있다.

도시통합운영센터는 도시 전역에 설치된 CCTV 등 각종 센서장비를 활용하여 화재 상황을 탐지하며, 탐지된 화재 상황은 즉시 상황판에 표출하여 화재 상황을 파악할 수 있도록 한다.

상황실은 화재 상황 발생 시 인근지역의 CCTV 영상을 이용하여 화재규모, 인근 위험물 존재 여부 등 상황을 파악하고 각 상황에 맞도록 전달 및 전파 처리를 할 수 있도록 해야 한다. 예를 들어 도로상의 차량화재 시 교통관련 부서와 경찰서, 소방서에 즉시 상황정보를 알려 처리토록 하여야 하며, 주택의 화재 시 소방에 상황정보를 알리고 인근의 VMS, BIT 등에 화재관련 정

화재 상황 처리 프로세스

발생/인지

- 모니터요원 : CCTV 영상의 모니터링을 통하여 화재 상황 확인 및 통합관리시스템 등록
  ※ 도시화재, 산불, 차량화재 등
- 연계시스템 정보 활용 : 통합관리시스템과 연계 운영되는 119소방시스템, 재난안전상황실시스템 등으로 부터 상황정보 수신

전파/처리

- 상황실장
  • 수신된 상황을 CCTV 등을 통해 확인
  • 인근의 VMS, BIT, 미디어보드 등 현장단말에 상황을 표출
  • 처리담당자(기관)에게 Mobile App, SMS, 전화 등을 이용하여 상황전달
  ※ 처리담당자 : 재난과, 시설과, 도로과, 교통과, 경찰, 소방 등

종료

- 모니터요원
  • 상황해제 정보입수 시 상황종료 정보를 통합관리시스템에 전송
- 상황실장
  • 상황종료 정보입수 시 현장단말 표출중지 및 처리담당자(기관)에 상황종료 전달
  • 상황기록 유지관리

[그림 4-26] 화재 상황 처리 프로세스

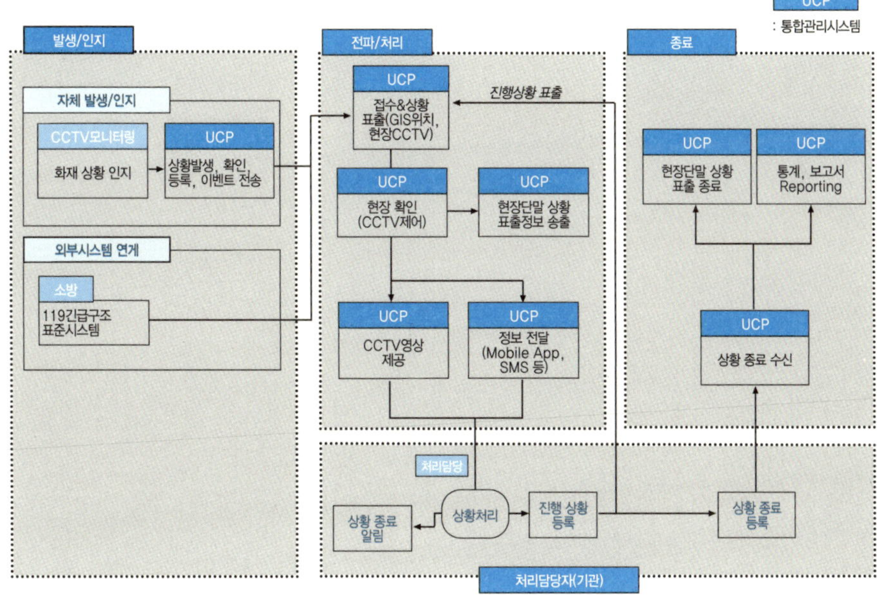

보 및 교통정체 시 우회도로 등을 표출하는 등 상황에 맞는 처리기관을 지정하여야 하며, 도시민에 대한 상황전파 여부 및 전파내용 등에 대해서도 매뉴얼을 작성해두어야 한다.

상황실은 화재 상황 발생 시 화재 상황 정보의 전달 및 전파뿐 아니라 상황의 종료 시까지 화재의 확산, 화재로 인한 교통흐름 등을 지속적으로 모니터링하여 상황변화 시 처리 관련 기관에 추가정보를 제공한다.

화재 상황이 종료되면 상황실 처리담당자는 VMS 등의 정보표출 중지 및 상황종료를 등록하고 관련 기관에 상황종료 정보를 SMS, Mobile App 등을 이용하여 전달한다. 또한 상황기록을 유지 관리하여 추후 실적 및 통계자료로 활용할 수 있다.

3) 수위경보 상황

- **이벤트 성격_** 자동
- **이벤트 발생_** 통합관리시스템과 연계 운영되는 강, 하천이나 지하수조 등의 수위센서 측정치가 지정된 범위를 벗어나는 경우

수위경보 상황은 강이나 하천, 지하수조 등에 설치된 수위센서 측정치를 수집하거나 하천관리시스템 등과 연계하여 수위정보를 수집하고 수집된 정보를 분석하여 지정된 수위값을 벗어날 경우 통합관리시스템에서 자동으로 상황을 발생시키고 통합관제화면과 상황판에 표출된다.

상황실은 수위경보 상황 발생 시 수집된 수위정보 및 발생위치를 확인하고 관련 처리기관에 상황정보를 전달한다. 또한 상황의 영향 범위 내에 속하

출처: http://www.securityworldmag.co.kr/magazine/mag_view.asp?idx=1781&part_code=01

수위경보 상황 처리 프로세스

발생/인지

– 모니터요원
- 특정 지역에 설치된 수위센서가 지정된 범위를 벗어난 경우 통합관리시스템의 자동화된 이벤트 발생 확인

※ 하천, 지하수조, 지하도 등

전파/처리

– 상황실장
- 수신된 상황을 CCTV 등을 통해 확인
- 인근의 VMS, BIT 등 현장단말에 상황을 표출
- 처리담당자(기관)에게 Mobile App, SMS, 전화 등을 이용하여 상황전달

※ 처리담당자 : 재난과, 시설과, 도로과, 교통과, 경찰, 소방 등

종료

– 모니터요원
- 상황해제 정보입수 시 상황종료 정보를 통합관리시스템에 전송

– 상황실장
- 상황종료 정보입수 시 현장단말 표출중지 및 처리담당자(기관)에 상황종료 전달
- 상황기록 유지관리

[그림 4-27] 수위경보 상황 처리 프로세스

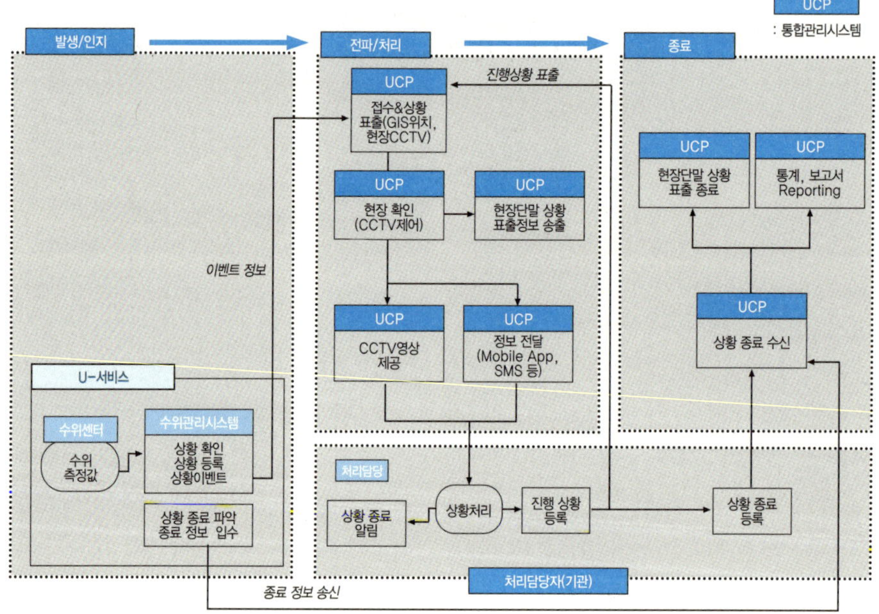

는 지역(예; 하천 하류지역 또는 범람 시 침수예상지역 등)과 인근지역의 VMS, BIT 등에 상황정보와 도시민 대피요령 등을 표출한다.

상황실은 수위센서 또는 연계시스템으로부터 수집되는 수위정보를 지속적으로 관찰하고 처리기관의 경보해제 통보를 수신하거나 상황실장이 상황종료가 필요하다고 판단될 시에는 수위경보 상황의 종료를 관련 기관에 전달하고 VMS, BIT 등에 표출 중인 상황정보를 표출중지한다.

수위경보 상황과 같이 지속적인 상태 수집 및 수집된 정보의 분석에 따라 발생되는 상황은 다른 상황과 달리 동일지역에서 재발생 가능성이 있으므로, 기 발생된 지점에 대해 지속적으로 모니터링하도록 하며 계절, 환경, 발생 시간대 등의 통계 등을 분석하여 관련 처리기관의 사전 예방업무에 활용할 수 있도록 한다.

4) 산사태경보 상황

- **이벤트 성격_** 자동
- **이벤트 발생_** 통합관리시스템과 연계 운영되는 산지 경사로, 급경사지 등의 변위센서 측정치가 지정된 범위를 벗어나는 경우

출처: http://www.ohmynews.com/NWS_Web/View/at_pg.aspx?CNTN_CD=A0001627268

산사태경보 상황은 산지 경사로, 도로변 경사지, 주택가 급경사지 등에 설치된 센서에서 수집되는 정보와 CCTV 등을 통해 붕괴 또는 붕괴가 예기되는 상황으로 통합관제시스템에서 센서값 분석 및 CCTV 모니터요원에 의해 사후 인지될 수 있다.

상황실은 산사태경보 상황 발생 시 관련 처리기관에 상황정보를 전달하고 상황의 영향 범위 내에 속하는 지역(예, 붕괴 우려 지역 또는 매몰 예상 지역 등)의 VMS, BIT 등에 상황정보와 대피요령 등을 표출한다.

상황실은 산사태경보 상황 발생 등을 대비하여 지역 내 재난안전 관련조직과 사전에 협조체제를 구축하고 이를 긴밀하게 유지하여야 하며, 상황의 발생 시 관련조직의 재난대응 업무를 적극 지원할 수 있도록 한다.

상황실은 산사태경보 상황 발생 시 필요한 경우 안전주의 상황을 추가로 발생시켜 지역 내 도시민의 안전을 위한 추가적인 상황처리 업무를 시행할 수도 있다.

산사태경보 상황 처리 프로세스

발생/인지

– 모니터요원
- 특정 지역에 설치된 변위센서가 지정된 범위를 벗어난 경우 통합관리시스템의 자동화된 이벤트 발생 확인
  ※ 산지 급경사, 도로변 경사지 등

전파/처리

– 상황실장
- 수신된 상황을 CCTV 등을 통해 확인
- 인근의 VMS, BIT, 미디어보드 등 현장단말에 상황을 표출
- 처리담당자(기관)에게 Mobile App, SMS, 전화 등을 이용하여 상황전달
  ※ 처리담당자 : 재난과, 시설과, 도로과, 교통과, 119 소방 등

종료

– 모니터요원
- 상황해제 정보입수 시 상황종료 정보를 통합관리시스템에 전송

– 상황실장
- 상황종료 정보입수 시 현장단말 표출중지 및 처리담당자(기관)에 상황종료 전달
- 상황기록 유지관리

[그림 4-28] 산사태경보 상황 처리 프로세스

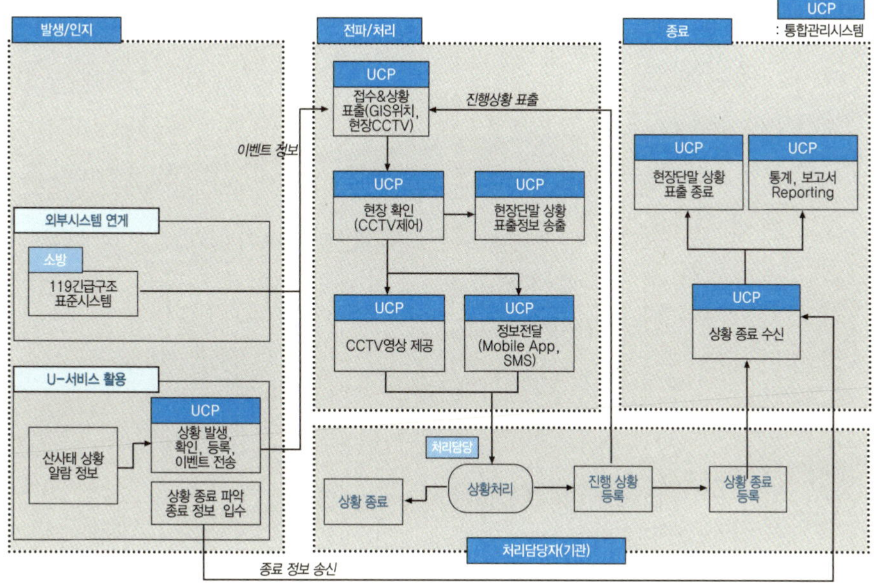

상황실은 센서 수집정보 또는 CCTV 영상을 지속적으로 관찰하고 처리기관의 경보해제 통보를 수신하거나 상황실장이 상황종료가 필요하다고 판단될 시에는 상황의 종료를 관련기관에 전달하고 VMS, BIT 등에 표출 중인 상황정보를 표출중지한다.

산사태경보 상황과 같이 지속적인 상태 수집 및 수집된 정보의 분석에 따라 발생되는 상황은 다른 상황과 달리 동일지역에서 재발생 가능성이 있어기 발생된 지점에 대해 지속적으로 모니터링을 하고 계절, 환경, 발생시간대 등의 통계를 분석하여 관련 처리기관의 사전 예방업무에 활용할 수 있도록 한다.

5) 정전 상황

- **이벤트 성격**_ 반자동
- **이벤트 발생**
  - 수동 : CCTV 영상 모니터링 또는 시민 등의 제보(CCTV 영상 등)로 인지된 상황정보가 통합관리시스템에 이벤트로 등록되는 경우
  - 자동 : 통합관리시스템과 연계 운영되는 한국전력 등 관계기관 시스템에서 제공하는 이벤트 정보 접수

정전 상황은 벼락, 돌풍, 공사 등에 의해 전기 공급이 중단되어 교통신호 등 도시기반시설의 동작이 정지되는 등 도시민의 안전에 위해가 되거나 위해가 예상되는 상황으로 CCTV 모니터요원에 의해 인지되거나, 한국전력 등 관계기관의 사전예고 후 정해진 시간에 발생한다.

전기공사로 인한 정전 사전공지 등 정전 상황이 예약된 경우에는 정전이 되기 1일 전부터 해당지역의 VMS, BIT 등을 이용하여 대시민 홍보를 시행하여야 하며 정전으로 인해 도시 기반시설이 동작하지 못할 시를 대비하여 대응절차를 수립하여야 한다.

출처: http://foodmas.tistory.com/31

정전 상황 처리 프로세스

발생/인지

- 모니터요원 : CCTV 영상의 모니터링을 통하여 정전 상황 확인 및 통합관리시스템 등록
- 연계시스템 정보 활용 : 통합관리시스템과 연계 운영되는 한국전력 시스템, 재난안전상황실 시스템 등으로부터 상황정보 수신

전파/처리

- 상황실장
  - 수신된 상황을 CCTV 등을 통해 확인
  - 한전 등 관련기관에 상황 확인
  - 인근의 VMS, BIT, 미디어보드 등 현장단말에 상황을 표출
  - 처리담당자(기관)에게 Mobile App, SMS, 전화 등을 이용하여 상황전달

  ※ 처리담당자 : 재난과, 시설과, 도로과, 교통과 등

종료

- 모니터요원
  - 상황해제 정보입수 시 상황종료 정보를 통합관리시스템에 전송
- 상황실장
  - 상황종료 정보입수 시 현장단말 표출중지 및 처리담당자(기관)에 상황종료 전달
  - 상황기록 유지 관리

[그림 4-29] 정전 상황 처리 프로세스

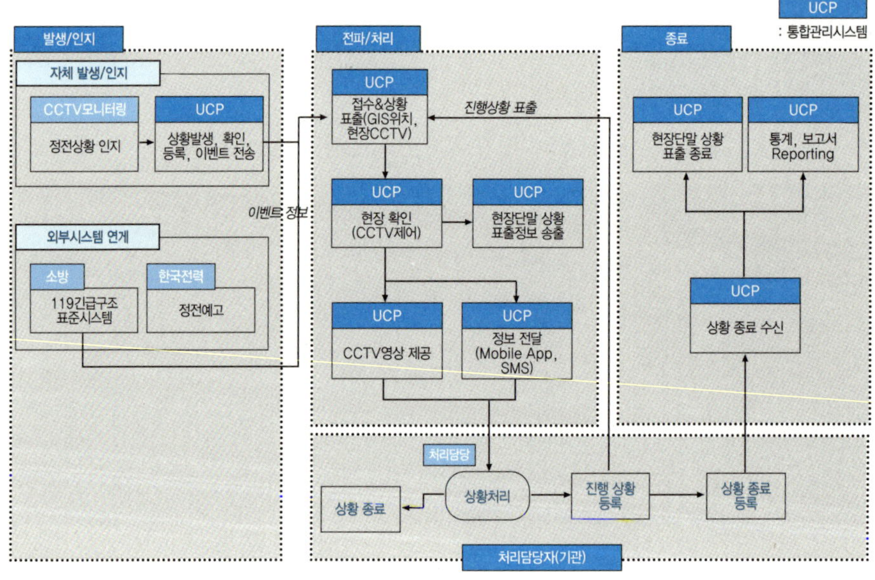

상황실은 돌발적인 정전 상황 발생 시 해당지역의 도시 기반시설의 동작 상태를 확인하고 정전지역의 범위를 파악하여 관련 처리기관에 상황정보를 전달하고 상황의 영향 범위 내에 속하는 지역(예, 정전지역 또는 정전 예상지역 등)과 인근지역의 VMS, BIT 등에 상황정보를 표출한다.

정전 상황으로 인해 CCTV, 신호등, VMS, BIT 등 도시 기반시설의 작동이 정지되는 상황이 발생 시에는 즉시 관련 처리기관에 전화, SMS 등을 이용하여 상황을 전달하고 필요 시 지역 주민센터, 읍(면)사무소 등의 비상방송 시스템을 이용하여 도시민에게 정전 상황정보 및 대응요령 등을 전파한다. 또한 상황실은 동작 가능한 인근지역의 CCTV를 활용하여 정전 시 발생할 수 있는 방범 및 교통관련 상황에 대한 집중 모니터링을 실시하여 관련 상황발생 즉시 대응을 할 수 있도록 한다.

상황실은 전기의 공급이 재개되면 상황의 종료를 관련 기관에 전달하고 VMS, BIT 등에 표출 중인 상황정보를 표출중지한다. 또한 정전으로 인한 도시 기반시설의 정상작동 여부를 확인하고 재가동되지 않거나 장애가 발생된 시설정보를 처리부서에 전달한다.

6) 폭발 상황

- **이벤트 성격_** 반자동
- **이벤트 발생**
  - 수동 : CCTV 영상 모니터링 또는 시민 등의 제보(CCTV 영상 등)로 인지된 상황정보가 통합관리시스템에 이벤트로 등록되는 경우
  - 자동 : 통합관리시스템과 연계 운영되는 119 소방 등 관계기관 시스템에서 제공하는 이벤트 정보 접수

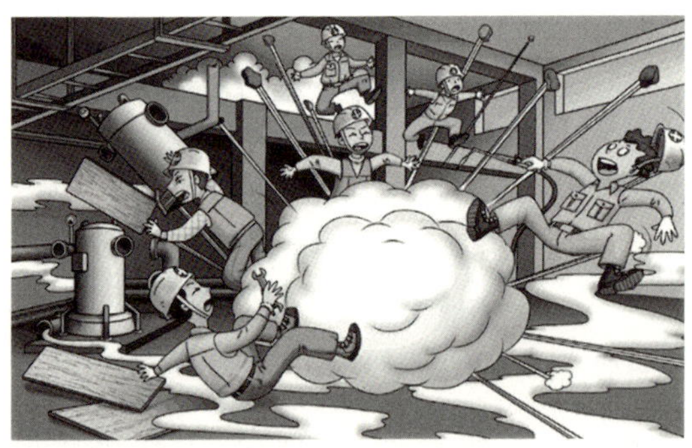
출처: http://www.safetygo.com/xe/14222

폭발 상황은 주택의 가스 폭발, 가스충전소 및 공장 등의 가스폭발, 폭탄 등에 의한 폭발 상황이며, 도시민의 안전에 위해가 되거나 위해가 예상되는 상황으로 상황실 모니터요원에 의해 인지된다.

폭발 상황은 도시상황 중 상황의 발생과 피해가 가장 빠르게 나타나는 상황이며 따라서 상황의 대응 및 처리가 신속하게 이루어져야 한다. 또한 소방 및 경찰 등 응급차량 출동상황, 도로통제, 돌발 상황 등 동시에 다수의 상황이 발생될 수 있다.

상황실은 폭발 상황 시 소방·재난 등 관련 기관에 상황정보를 전달하고 상황의 영향 범위 내에 속하는 지역과 인근지역의 VMS, BIT 등에 상황정보를 표출하여 주민대피, 접근제어 등을 유도한다. 또한 폭발 상황과 관련되어 발

폭발 상황 처리 프로세스

발생/인지

– 모니터요원 : CCTV 영상의 모니터링을 통하여 폭발 상황 확인 및 통합관리시스템 등록
※ 도시가스, 화학물, 폭탄 등 도시 내 폭발물 폭발 상황
– 연계시스템 정보 활용 : 통합관리시스템과 연계 운영되는 119소방 시스템, 재난안전상황실 시스템 등으로부터 상황정보 수신

전파/처리

– 상황실장
• 수신된 상황을 CCTV 등을 통해 확인
• 인근의 VMS, BIT, 세대기 등 현장단말에 상황을 표출
• 처리담당자(기관)에게 Mobile App, SMS, 전화 등을 이용하여 상황전달
※ 처리담당자 : 시설과, 도로과, 교통과, 경찰, 소방 등
• 상황의 변경내용을 지속적으로 처리담당자에게 전달

종료

– 모니터요원
• 상황해제 정보입수 시 상황종료 정보를 통합관리시스템에 전송
– 상황실장
• 상황종료 정보입수 시 현장단말 표출중지 및 처리담당자(기관)에 상황종료 전달
• 상황기록 유지관리

[그림 4-30] 폭발 상황 처리 프로세스

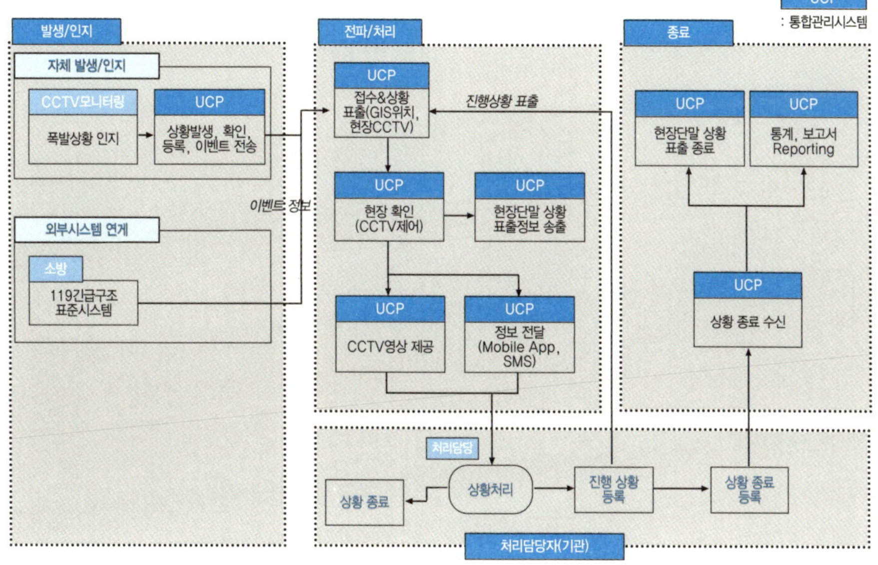

생되는 각각의 상황에 대응요원을 투입하여 동시에 발생되는 여러 상황에 대비해야 한다.

상황실은 발생장소 및 인근지역의 CCTV를 이용하여 상황의 발생에서 처리 및 종료 시까지 지속적으로 모니터링하고 처리기관의 처리완료 시 상황의 종료를 관련 기관에 전달하고 VMS, BIT 등에 표출 중인 상황정보를 표출중지한다.

7) 상수도누수 상황

- **이벤트 성격_** 반자동
- **이벤트 발생**
  - 수동 : CCTV 영상 모니터링 또는 시민 등의 제보(CCTV 영상 등)로 인지된 상황정보가 통합관리시스템에 이벤트로 등록되는 경우
  - 자동 : 통합관리시스템과 연계 운영되는 119소방 등 관계기관 시스템에서 제공하는 이벤트 정보 접수

출처: http://www.kgnews.co.kr/news/articleView.html?idxno=270075

상수도누수 상황은 지하 상수도관의 손상으로 수돗물이 도로에 유입됨으로써 교통정체 및 사고위험, 단수지역 등이 발생 또는 발생이 예기되는 상황이며, 상황실 모니터요원, 외부신고 또는 119소방 등 연계시스템에서 제공하는 정보로 인지할 수 있다.

상황실은 상수도누수 상황 발생 시 관련 처리기관에 상황정보를 전달하고 상황의 영향 범위 내에 속하는 지역과 인근지역에 VMS, BIT 등을 통하여 상황정보와 우회도로 등을 표출한다.

상황실은 발생장소 및 인근지역의 CCTV를 이용하여 상황의 발생에서 처리 및 종료 시까지 지속적으로 모니터링하고 상수도누수로 인한 혼잡 상황, 도로통제 상황, 돌발 상황 등 추가적인 상황이 발생 시 해당 상황을 추가발생시키고 각 상황에 맞는 상황 처리를 병행하여 시행한다.

상수도누수 상황 처리 프로세스

발생/인지

- 모니터요원 : CCTV 영상 모니터링 등을 통하여 누수 상황 확인 및 통합관리시스템 등록
- 연계시스템 정보 활용 : 통합관리시스템과 연계 운영되는 119소방 시스템, 재난안전상황실 시스템 등으로부터 상황정보 수신

※ 지하 상수도관의 손상으로 수돗물의 도로유입, 단수지역 발생 또는 발생이 예기되는 상황

전파/처리

- 상황실장
  - 수신된 상황을 CCTV 등을 통해 확인
  - 인근의 VMS, BIT, 미디어보드 등 현장단말에 상황을 표출
  - 처리담당자(기관)에게 Mobile App, SMS, 전화 등을 이용하여 상황전달

    ※ 처리담당자 : 재난과, 시설과, 도로과, 교통과, 경찰, 소방 등
  - 상황의 변경내용을 지속적으로 처리담당자에게 전달

종료

- 모니터요원
  - 상황해제 정보입수 시 상황종료 정보를 통합관리시스템에 전송
- 상황실장
  - 상황종료 정보입수 시 현장단말 표출중지 및 처리담당자(기관)에 상황종료 전달
  - 상황일지 등록

[그림 4-31] 상수도누수 상황 처리 프로세스

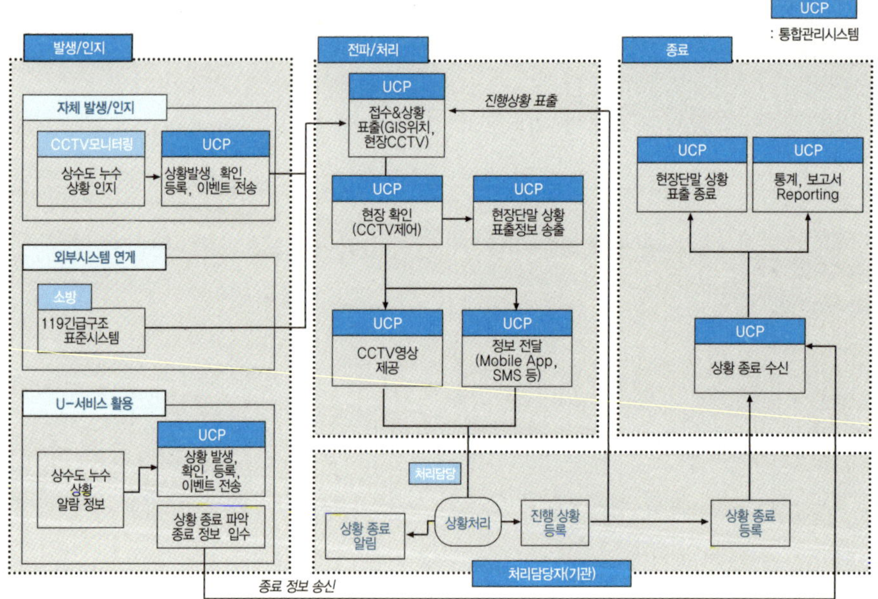

상황실은 처리기관의 처리완료 정보입수 시 또는 상황이 종료되었다고 판단될 때에는 상황의 종료와 관련 정보를 관련 기관에 전달하고 VMS, BIT 등에 표출 중인 상황정보를 중지한다. 또한 상수도누수에 의해 추가적으로 발생된 상황에 대해 상황의 처리 여부를 파악하고 상황종료를 확인하면 상황을 종료한다.

제5장

도시통합운영센터 발전 방안

1 도시통합운영센터 통합관리시스템 설계 방안

가. 도시통합운영센터 통합관리시스템 설계 개요

국내 U-City 사업은 한국토지공사에서 발주한 화성동탄 U-City 사업이 처음이었고, 이후 한국주택공사의 파주운정 그리고 용인흥덕, 성남판교 U-City 사업 등이 진행되면서 당시에는 방범, 교통, 환경 등 분야의 U-서비스와 함께 통합관리시스템을 신규 개발하는 형태로 사업이 진행되었다.

U-City 사업별로 통합관리시스템을 신규 개발할 경우 보통 설계금액이 약 50억 원 수준에 실제 구축비용은 약 40억 원 정도가 소요되었으나, LG CNS, 삼성 SDS, KT 등 대형 SI 사업자가 사업을 수행하면서 U-서비스와 통합관리시스템의 관계는 전체를 단일시스템으로 설계·구축하였기 때문에 당시에는 U-서비스와 통합관리시스템 또는 U-서비스들 간에 통합시스템을 구축해야 한다는 개념 또는 필요성은 크게 대두되지 않았다.

그러나, 국가 R&D 과제로 개발된 통합관리시스템(U-City 통합플랫폼)이 인천청라 및 세종시에 시범 적용되면서부터 통합관리시스템의 구축비용은 패키지 재활용으로 그 이전보다 훨씬 낮은 비용으로 시스템을 구축할 수 있게 되었으나, 새롭게 대두된 이슈는 U-City 통합시스템 구축을 위한 통합설계의 중요성이 부각된 점이다. 인천청라, 세종 등 시범도시에 적용된 통합관리시스템은 이미 개발이 진행 중인 교통 및 방범 등의 U-서비스 시스템에 추가로 적용되는 제한사항이 있었지만, 결과적으로는 통합관리시스템과 개별 U-서비스 시스템 또는 개별 U-서비스 시스템 간에도 유사한 기능이 중복되어 구축되거나, 때로는 필요기능이 누락되는 상황이 발생되기도 하였다.

여기에서는 인천청라 및 세종시 U-City 사업의 통합관리시스템 적용사례를 참고하여 U-서비스간 기능 중복개발 방지, 서비스별 GIS 시스템의 통합설계, U-City 도시정보 연계·통합 설계, U-City 상호 운용성 확보 등을 위해 필요한 U-City 통합시스템 설계내용을 살펴본다.

나. 도시통합관리시스템에 대한 이해

U-City 표준화 포럼(U-City 단체표준기관)의 통합관리시스템 표준규격에 따라 개발된 U-City 통합관리시스템은 총 10개의 단위 모듈로 구성되어 있으며, 수요기관의 요구사항에 따라 필요 모듈을 선택적으로 적용 가능하며, 홍수, 화재 등 20개 상황이벤트 처리를 기본으로 내장하여 제공하고 있다.

도시통합관리시스템은 10개 모듈별로 다양한 기능을 제공하고 있으며, 이러한 주요기능이 U-서비스의 기능과 중복 개발되지 않고 통합관리시스템 기능이 활용되기 위해서는 관련 내용이 U-City 시스템 설계도서에 반영되어야 한다.

[표 5-1] 국가표준 도시통합관리시스템 구성 모듈별 주요 기능

구성 모듈	주요 기능	구성 모듈	주요 기능
통합관제	•상황판 구성, 다양한 U-서비스별 상황이벤트 동시표출 및 관제 지원	통신 미들웨어	•통합관리시스템 구성 모듈간 연계, 라우팅 정보관리 등 정보연계 허브 기능
업무운영 포털	•메일, 쪽지, 일정관리 등 Enterprise Portal 기능 제공 •이벤트 처리 기능 (담당자 할당, 상황전파/처리 등)	현장장치 미들웨어	•센서 등 현장장치 연동을 통한 데이터 수집, 가공처리의 표준 어댑터 기능
서비스 유틸리티	•이벤트 표출 어댑터, 통합로그, GIS Utility 등 통합관리시스템 유틸리티 모음	단말연계 미들웨어	•관제와 연계되어 다양한 서비스 단말의 종류에 상관없이 표준콘텐츠 데이터 전달 및 제어, 동시 표출 지원
단위서비스 관리 모듈	•복합상황 이벤트 대응 시나리오 구성 및 실행 •업무 대응 시나리오 구성 및 조회	외부연계 모듈	•외부시스템 (레거시 시스템) 연계 모듈 (교통소통, 환경, 기상 정보 중심)
상황제어 미들웨어	•상황이벤트 정보분석, 사전 정의된 업무프로세스 수행, 융·복합 이벤트 생성	통합관리 시스템 DB	•통합관리시스템 고유의 공통 DB 및 개별 모듈 DB로 구성

[표 5-2] U-City 표준화 포럼의 통합관리시스템 표준규격

표준번호	표준 명	제정일자
USF-ST-2005	U-City 환경에서의 통합운영센터간 정보교환	2013-01-18
USF-ST-2006	U-City 통합운영센터 플랫폼 데이터교환	2013-01-18
USF-ST-2015	상호운용성을 위한 개방형 통신프로토콜 등록	2013-01-18

다. 도시통합운영센터 통합관리시스템 설계내용

U-City 사업설계는 통합관리시스템과 U-서비스로 구성되는 운영시스템과 센터설비, 현장시설물, 네트워크 설계 등으로 구성되며, 그중 U-City 통합 설계대상과 관련이 높은 것은 1)통합관리시스템 설계와 2)U-서비스 설계로 볼 수 있다.

1) 통합관리시스템 설계

통합관리시스템은 U-City 초기 도입시점에는 상용 소프트웨어인 BPM(Business Process Management) 또는 ESB(Enterprise Service Bus)를 활용하여 프로그램을 신규 개발하였으나, 국가표준 통합관리시스템(U-City 통합플랫폼) 개

[표 5-3] 통합관리시스템 설계내용

구분	설계내용	비고
패키지 커스터마이징	통합관리시스템 패키지 기반 운영기관 요구사항에 대한 기능 화면 구성 등 통합관리시스템 구축 부문과 U-서비스간 연계를 위한 인터페이스 부문 등 2개 부문	통합관리시스템과 주고받을 이벤트 도출 및 반영
GIS 분야	상용 GIS Engine 기반 통합관리시스템, U-서비스 등의 구축 및 운영을 위한 추가기능 등을 설계 • (DB구축) 기본도 작성, 현장시스템 주제도 작성 등 • (GIS엔진) 상용 GIS엔진 또는 브이월드 기반 U-City 시스템 운영을 위한 기능	브이월드 Tip
상용S/W	통합관리시스템 패키지 모듈과 DBMS, WAS, NMS(네트워크관리시스템), SMS(서버관리시스템) 등 통합운영센터 운영 및 구축을 위한 상용 S/W 도출 및 사양, 수량 등 설계	
H/W	통합관리시스템 및 통합운영센터 등의 운영을 위한 서버, 운영단말 등 H/W	

Tip 브이월드

국토교통부 주관으로 개발하였으며, 대한민국의 모든 지리정보를 확인할 수 있는 Web환경의 공간정보포털로서 국가표준 공간정보시스템(GIS엔진)을 말함.

- 국가가 보유하고 있는 공개 가능한 모든 공간정보를 점진적으로 국민에게 제공
- 다양한 수요에 대응할 수 있도록 단순 조회에서부터 원시 데이터 직접 제공까지 모든 서비스 채널 제공

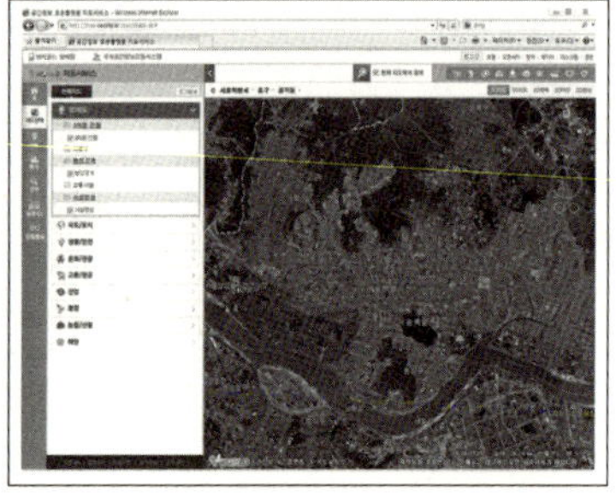

[그림 5-1] 통합관리시스템 커스터마이징 영역과 연계 영역 등 비교

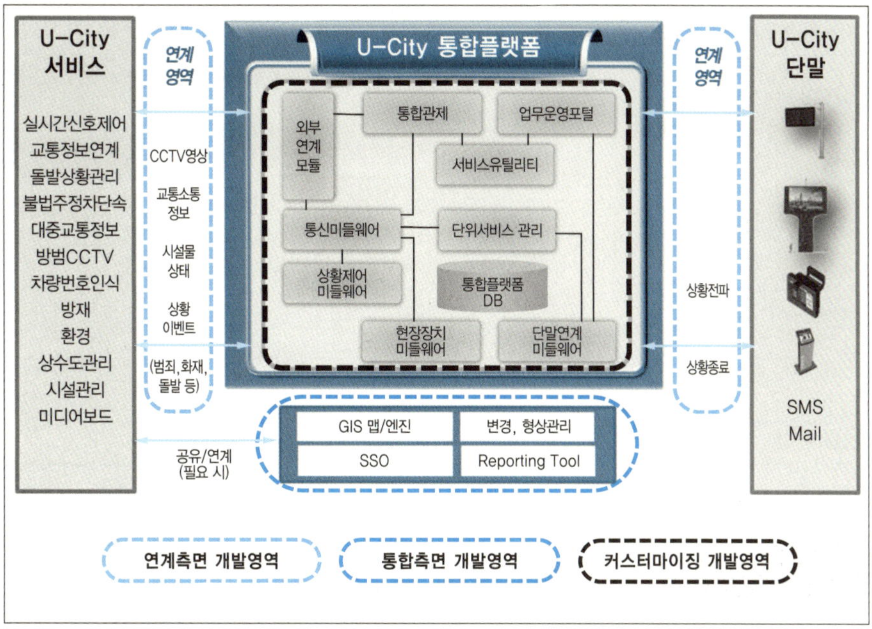

발이 완료됨에 따라 앞으로는 패키지를 활용한 커스터마이징 방식으로 설계되어야 한다.

2) U-서비스 설계

U-서비스 설계는 현장장비, 소프트웨어 및 하드웨어 3개 분야 설계로 나누어볼 수 있다.

LH의 경우 U-서비스 설계는 대중교통, 실시간신호제어, 교통정보제공, 돌발 상황, 방범, 교통단속 등 6개 기본 서비스를 대상으로 하고, 기본 서비스 외 추가 서비스의 경우에는 지자체의 요구와 협의를 통해 설계에 반영하고 있다.

[표 5-4] U-서비스 설계내용

구분	설계 내용	비고
현장장비	U-서비스별 현장시스템의 위치, 수량, 사양서, 기초인프라 및 세부구성도 등으로 구성	
S/W	S/W는 전체 시스템을 구동하기 위하여 기성제품을 구매하여 사용하는 상용 S/W와 직접 개발하여 사용하는 프로그램으로 구성 • (상용 S/W) 데이터베이스, 운영체계, WAS(Web Application Server) 등 U-서비스 시스템 구현을 위한 상용 S/W 종류, 규격 및 수량 산정 • (프로그램) U-서비스별 요구사항 분석을 통한 기능, 화면설계와 통합관리시스템 내 GIS를 활용한 화면표출 등	
H/W	U-서비스 구현을 위한 서버, 운영단말 등	

[그림 5-2] 현장장비 설계 예시

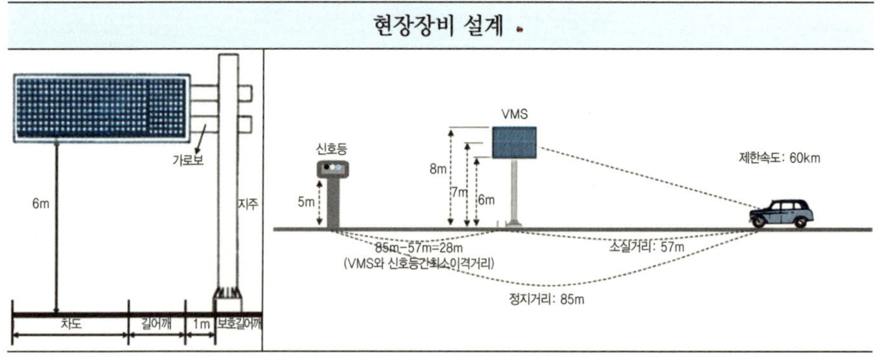

라. 통합관리시스템 도입에 따른 설계 보완사항

국가표준 U-City 통합관리시스템이 U-City 사업에 적용됨에 따라 설계 단계에서는 기본적으로 통합관리시스템과 U-서비스 프로그램 및 현장장비 간 데이터 규격, 기능의 공동활용 등에 대한 기준을 수립하여 설계 및 운영을 최적화할 수 있어야 하지만, 실제 사업현장에서는 잘 이루어지지 못하고 있다. 여기에서는 U-City 통합시스템 구축에 필요한 사항 및 이와 관련되어 지금까지 잘 지켜지지 않은 사항을 살펴본다.

1) 시설물 상태 및 이력관리

- 사업별 특성 및 지자체 협의결과에 따라 시설물 관리방법이 상이함
- 사업별로 현장장비는 동일하나 기능 적용수준 및 기능명 등이 상이하여 신규 개발 위주로 프로그램이 개발되고 있음
- U-City 현장시스템의 시설물 상태 및 이력관리 등 시설물 관리 기능 및 수준은 표준화가 미비하여 시방서에 H/W 사양 위주로 제시하고 있으며, 관리대상 및 관리체계가 제시되지 못하여 구축사의 자의적 기능구현으로 호환성 문제 및 지자체의 기능 추가 요구 발생
- 통합관리시스템에 시설물 관련 정보를 연계할 때 일부 사업에 따라서는 U-서비스 프로그램에서 정보를 제공받음에 따라 데이터 연계대상 수준 및 규격 등이 상이하여 시스템 호환 및 확장이 곤란함

2) 통합관리시스템과 U-서비스 간 이벤트 정보연계

- U-City 사업추진 시 이미 설계가 완료되고, 구축단계에 통합관리시스템이 적용됨에 따라 U-서비스 프로그램과 통합관리시스템 간 정보연계를 위한 데이터 연계대상 및 규격 확정이 곤란하여 사업별로 인터페이스 프로그램을 별도 개발(커스터마이징)하여야 함

3) U-서비스 프로그램 개발 관련사항

- 과거 U-City 사업에서는 BPM(Business Process Management), ESB(Enterprise Service Bus) 등 상용 S/W를 별도 구매하여 상황 및 업무처리 기능을 구현하였으나, 국가통합관리시스템이 적용될 경우에는 패키지에

BPM(Business Process Management), ESB(Enterprise Service Bus) 등의 기능이 포함되어 있으므로 이를 활용한 설계 및 구축이 필요함

4) GIS 적용

- 도시개발사업의 일환으로 구축되는 U-City 사업의 경우 GIS Base Map 구축은 조성공사 준공 후 구축됨에 따라 일부 사업지구의 경우 U-서비스, 통합관리시스템, 시설물관리시스템 등 시스템별로 Map이 상이하게 적용될 경우 지자체의 관리 운영상 어려움 및 위치정보 호환성 문제 등으로 지속적인 개선이 요구됨
- GIS엔진은 통합관리시스템, U-서비스 및 시설물관리시스템에 공통적으로 적용되는 기반 S/W이나 개별 시스템별 특수성과 구축업체의 편의에 따라 GIS엔진을 개별로 적용함에 따라 지자체는 관리운영비 상승 및 관리운영 등의 어려움 발생
- U-City 시설물은 국가공간정보통합체계에 아직 반영되지 않은 상태이며, 시설물 코드체계에 대한 표준이 마련되지 못하여 통합관리시스템, U-서비스 및 시설물관리시스템별로 별도로 구축함에 따라 시스템간 정보 공동활용, 호환성 및 확장이 곤란함

마. 통합관리시스템 도입에 따른 통합설계 방향

U-City 설계단계에서 통합관리시스템과 U-서비스 프로그램 및 현장시스템 간 데이터 규격, 기능 공동활용 등의 통합설계 기준을 수립하여 설계 및 운영을 최적화할 수 있도록 해야 한다.

U-City 통합설계를 실시하여 통합관리시스템과 U-서비스 간 공유활용 기능을 도출하고, 개발단계에서 중복개발이 발생되지 않도록 한다.

U-City 시스템을 통한 관리 기능 및 수준, 기술표준화로 호환성 문제를 해소하고 지자체의 기능 요구사항 반영으로 인한 인수인계 지연 방지와 시스템의 유지보수 업무가 지속적으로 이루어질 수 있도록 해야 한다.

바. 설계 최적화를 위한 통합설계 검토사항

통합관리시스템 도입 관련 U-City시스템 설계 최적화에 필요한 통합설계 검토사항을 살펴보면 다음과 같다.

1) 시설물 상태 및 이력관리

- 주요 시설물의 관리 기능, 적용수준 및 기능명을 표준화함
- U-City 현장시스템의 시설물 상태 및 이력관리 등 시설물 관리기능 및 수준의 표준화로 구축사의 자의적인 기능구현 방지
- 통합관리시스템에 시설물 관련 정보 연계 시 표준에 따른 데이터 연계 대상 수준 및 규격을 준수토록 하여 시스템 호환 및 확장성 확보

2) 통합관리시스템과 U-서비스 간 이벤트 정보연계

- U-City 사업추진 설계단계에서 U-서비스 프로그램과 통합관리시스템 간 정보연계를 위한 데이터 연계 대상 및 규격 확정

3) U-서비스 프로그램 개발

- U-서비스 프로그램 개발 시 BPM(Business Process Management), ESB (Enterprise Service Bus) 등 상용 S/W가 소요될 경우 U-서비스의 단독사용에 대한 검토와 타 U-서비스와 통합관리시스템의 기능중복에 대한 점검기준 명시

4) GIS 적용

- GIS Base Map 구축에 대한 기준은 시기와 범위에 대한 기준을 제시하여 지자체에서의 관리 운영상 어려움 해소와 위치정보 호환성 문제 해소
- GIS엔진은 통합관리시스템, U-서비스 및 시설물관리시스템에 공통적으로 적용되는 기반 S/W로 설계하고 동일한 GIS엔진을 적용하여 지자체의 관리운영비 상승 및 관리운영 등의 어려움 해소
- U-City 시설물의 시설물 코드체계에 대한 표준을 마련하여 시스템간 정보 공동활용, 호환성 및 확장성 확보

2 상황실 통합관리 시스템 요건 및 기능

가. 상황실 통합관리시스템 개요

1) 상황실 통합관리시스템 정의

상황실 통합관리시스템은 U-City 서비스의 효용성을 높이고, 서비스를 효율적으로 활용하기 위한 U-City 통합운영센터 상황실의 기반 시스템으로서 관제통합, 상황통합 등 크게 5가지 통합기능을 제공한다.

[그림 5-3] 상황실 통합관리시스템의 통합기능 개념도

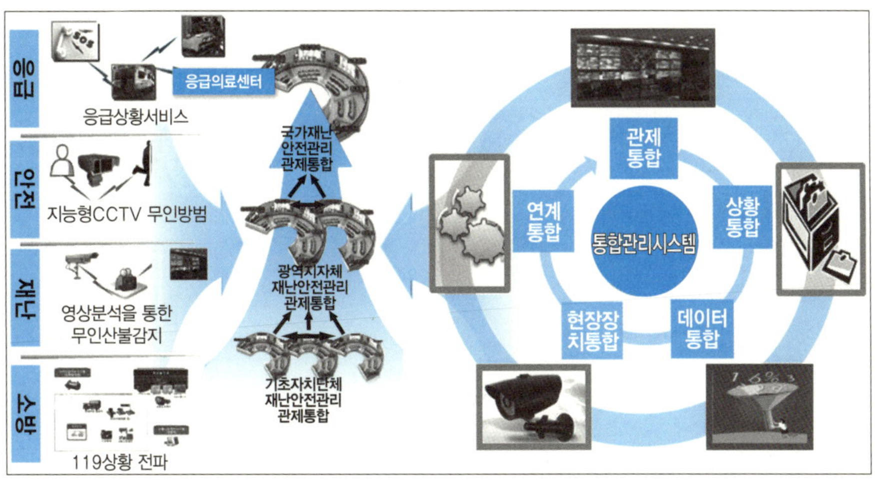

[표 5-5] 상황실 통합관리시스템의 5대 통합기능

구분	내용
관제통합	• 지자체 ⇒ 광역지자체 ⇒ 국가차원 계층적 관제통합 • 개별 U-서비스 관제 / CCTV 관제통합
상황통합	• 상황등록, 융·복합상황관리 • 상황정보 공유
데이터통합	• 데이터 통합 • 데이터 표준화
현장장치통합	• 인프라 현장장치 통합 – 정보 수집/전달 장치
연계통합	• U-서비스/시스템 데이터 연계통합 • 지자체간 데이터 연계통합

또한 상황실 통합관리시스템은 도시통합운영센터 상황실에서 방범·방재, 교통, 환경 정보 등의 상황관제와 운영센터 운영현황관제, 정보통신망 운영현황관제, 지능화된 공공시설 운영현황관제를 종합적으로 수행할 수 있도록 지원하는 시스템을 말한다.

2) 상황실 통합관리시스템 요건

도시통합운영센터 상황실의 핵심소프트웨어인 통합관리시스템의 5대 통합관리기능(관제통합, 상황통합, 연계통합, 현장장치통합, 데이터통합) 중 특히 상황판 운영과 관련된 관제통합, 상황통합 등을 제공하기 위해 필요한 요건을 살펴보면 다음과 같다.

– 공간 및 위치 정보 관리

– 영상정보 관리

– 접근/보안 관리

– 관제자 및 모니터요원을 지원하는 업무관리

– 상황판에 도시상황을 통합관리하는 상황관리

– 센터장치 및 정보통신망의 운영현황 관제를 위한 통합운영 관리

– 도시상황 정보 및 도시정보의 송수신을 담당하는 통합연동 관리

– 도시정보를 정의하고 저장 관리하는 통합DB 관리

3) 상황실 통합관리시스템 기능구조

상황실 통합관리시스템의 기능을 구조화하면 [그림 5-4]과 같이 표현할 수 있다. 일반국민과 시스템 사용자는 정보공개포털, 통합관제포털, 통합운영포털을 이용하여 도시 상황정보 인식, 상황관제 및 상황처리, 상황을 전파

[그림 5-4] 상황실 통합관리시스템 기능구조도

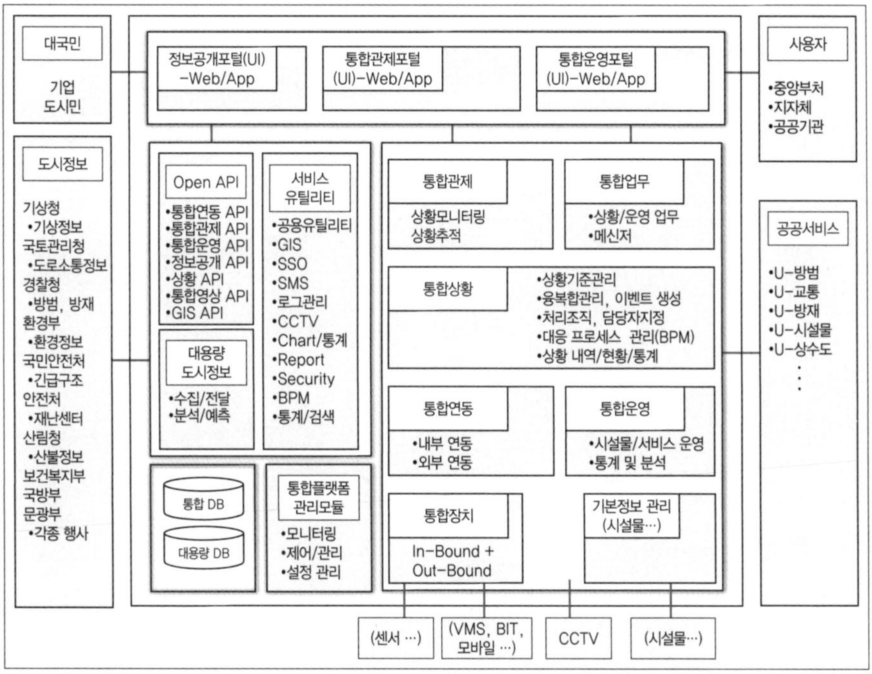

대국민
기업
도시민
정보공개포털(UI) -Web/App
통합관제포털 (UI)-Web/App
통합운영포털 (UI)-Web/App
사용자
•중앙부처
•지자체
•공공기관
도시정보
기상청
•기상정보
국토관리청
•도로소통정보
경찰청
•방범, 방재
환경부
•환경정보
국민안전처
•긴급구조
안전처
•재난센터
산림청
•산불정보
보건복지부
국방부
문광부
•각종 행사
Open API
•통합연동 API
•통합관제 API
•통합운영 API
•정보공개 API
•상황 API
•통합영상 API
•GIS API
서비스 유틸리티
•공용유틸리티
•GIS
•SSO
•SMS
•로그관리
•CCTV
•Chart/통계
•Report
•Security
•BPM
•통계/검색
대용량 도시정보
•수집/전달
•분석/예측
통합 DB
대용량 DB
통합플랫폼 관리모듈
•모니터링
•제어/관리
•설정 관리
통합관제
상황모니터링
상황추적
통합업무
•상황/운영 업무
•메신저
통합상황
•상황기준관리
•융복합관리, 이벤트 생성
•처리조직, 담당자지정
•대응 프로세스 관리(BPM)
•상황 내역/현황/통계
통합연동
•내부 연동
•외부 연동
통합운영
•시설물/서비스 운영
•통계 및 분석
통합장치
In-Bound + Out-Bound
기본정보 관리 (시설물…)
공공서비스
•U-방범
•U-교통
•U-방재
•U-시설물
•U-상수도
⋮
(센서 …)
(VMS, BIT, 모바일 …)
CCTV
(시설물…)

하게 된다. 기상정보 및 도로소통정보 등의 도시정보를 수집·저장하고 연계를 위해 대용량 도시정보관리 기능과 통합연동 기능을 제공한다. 또한 통합관리시스템에서는 유비쿼터스도시서비스 분류체계[Tip]에 나와 있는 각종 서비스를 지원할 수 있어야 한다.

상황실 통합관리시스템 각 모듈의 공유기능을 공공서비스 개발에 활용할 수 있도록 Open API(Application Programming Interface)와 서비스유틸리티 기능을 가진다. 도시 시설물인 센서, VMS(Variable Message Sign), BIT(Bus Information Terminal), 모바일 단말 등과 데이터를 송수신할 수 있는 통합장치는 정보의 유입을 처리하는 In-Bound와 송신을 처리하는 Out-Bound 기능을 가진다. CCTV 장치의 경우 통합영상(CCTV) 모듈을 통해 수집하고 전파할 수 있어야 한다. 또한 시설물 정보는 상황을 처리하는 데 공통으로 참조하는 특성이 있어, 시설물 기본정보의 등록관리는 기본정보관리 기능을 통해 제공하여야 한다. 상황실 통합관리시스템의 핵심기능은 상황모니터링 및 추적을 위한 통합관제기능, 상황처리와 의사소통 역할을 하는 통합업무기능, 상황기준관리 등을 종합적으로 관리하는 통합상황기능, 시설물 및 서비스를 운영하는 통합운영기능이 있다.

TiP 유비쿼터스도시서비스 분류체계

부록 〈유비쿼터스도시서비스 분류체계〉 참조

나. 상황실 통합관리시스템 세부요건

1) 개요

여기에서는 상황실 통합관리시스템의 세부기능 요건을 살펴본다.

[표 5-6] 상황실 통합관리시스템 세부기능 요건

요건	기능	비고
공간 및 위치 정보 관리	• 공간 및 위치 정보 DB 구성 • 공간 데이터 및 위치 처리를 위해 GIS 엔진 적용 • 지자체 센터간 수직적 수평적 관제를 위한 지역 및 지구 관리	GIS 공간연산 기능 활용
영상정보 관리	• CCTV 영상과 상황실 통합관리시스템 연동 • CCTV 영상과 상황 연동 • CCTV 모니터링과 지능화 CCTV 영상 처리 • CCTV 영상 처리 표준 API	개인정보보호 및 영상 접근 기록/추적
접근/보안 관리	• SSO(Single Sign On) • 권한 관리 • 보안 관리	
업무 관리	• 업무처리, 커뮤니티, 상황, 시설물 관리, U-서비스 연동, 시스템 관리 • 업무전달, 공유 등의 업무관리 기능	메일, 그룹웨어 연동
상황 관리	• 상황 이벤트 기준정보관리 • 상시 모니터링 기준정보관리 • 상황처리 정보 수신 및 전파 • 상황처리 영상 정보 등록 및 추적 • 상황 발생, 인지, 전파/지정, 종료, 추적, 검색 기능 • 상황 보고 및 통계 분석 • 상황 대쉬 보드 • 상황판	지자체 수직·수평적 상황 관계 정립
통합운영 관리	• 도시시설물, 센터 시설물, 장비/장치 관리 • FMS, EMS, NMS 등 운영 S/W 관리 • 통합 운영 모니터링	원격 지원, 권한 위임 및 제어권 관리 포함
통합연계 관리	• 외부 연계 • 내부 연계 • 장치 연계 • 통합 연계 데이터 흐름도	세팅에 의한 운영
통합DB 관리	• 메타데이터 등록 및 관리 • 표준 데이터/코드/부호 관리 • 데이터 요소/모델 관리	

2) 공간 및 위치정보 관리

상황실 통합관리시스템은 공간 및 위치 정보 등 GIS정보를 기반으로 지역·지구·시설물의 지리/공간 관리를 할 수 있어야 한다. 또한 이를 기반으로 공간정보 통합검색이 가능해야 한다.

① 공간 및 위치 정보 DB 구성

지도정보를 기반으로 상황관제 및 운영하는 데 필요한 공간 및 위치 정보 DB를 구성한다. 공간 및 위치 정보 DB는 기본도를 제공할 수 있어야 하고, 필요한 주제도를 작성할 수 있어야 한다. 또한 공간정보 통합검색을 통해 POI(Point Of Interest)/시설물/좌표정보 등을 제공할 수 있어야 한다.

[그림 5-5] 지도기반 상황 관제 예시

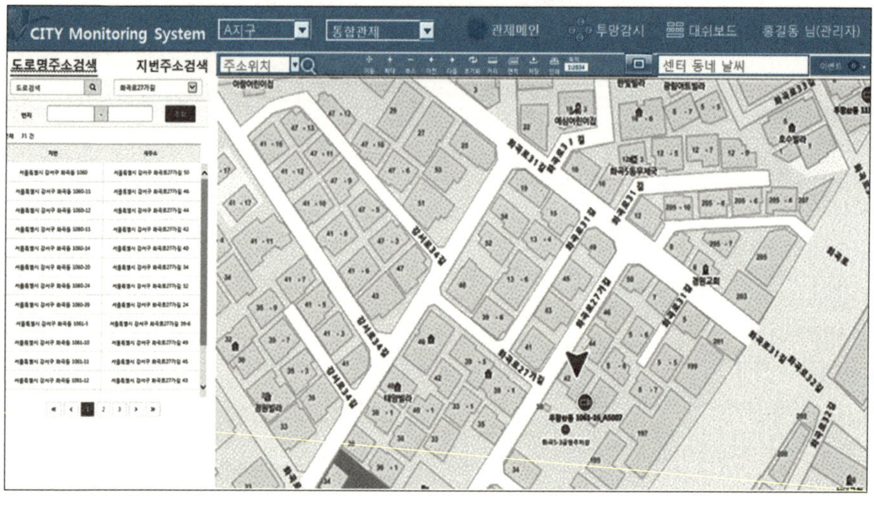

Tip POI(Point Of Interest)

'관심지점', '관심지역정보'를 뜻하며, 임의의 지점을 표시해 놓은 곳을 말함. 예를 들면 지명, 장소, 업체, 건물명, 역 등

② 공간 데이터 및 위치 처리를 위한 GIS 엔진 적용

지도정보기반의 도시상황 관제가 이루어지기 위해서는 상용 GIS엔진 또는 V-World(국가공간정보시스템 GIS엔진)의 적용이 필요하다. 각 지자체의 GIS 엔진과 공간데이터 적용형식은 다양하므로, GIS 표준 API를 통해 일원화할 필요가 있다

[그림 5-6] GIS 표준 API

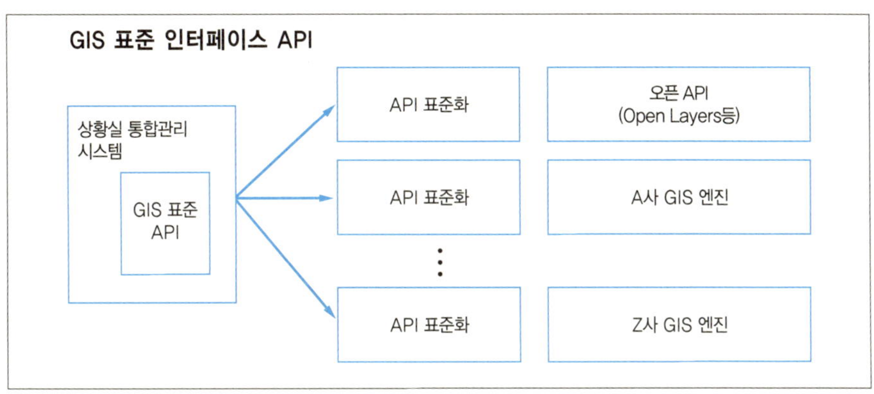

적용형식은 개방형 공간정보 컨소시엄(OGC : Open Geospatial Consortium)[Tip] 의 표준 규격에 따른다. GIS는 일정 비율로 축소, 확대, 이동이 가능하고 주

Tip 개방형 공간정보 컨소시엄(OGC : Open Geospatial Consortium)

지리 공간 정보 데이터의 호환성과 기술 표준을 연구하고 제정하는 비영리 민관 참여 국제기구. 개방형 공간정보 컨소시엄(OGC)의 지리 공간 정보 표준은 북미와 유럽 연합은 물론 대다수 정부 기관에서 국가 공간 정보 기반 시설(Spatial Data Infrastructure) 개발에 이미 활용하고 있거나 채택을 고려하고 있어 지리 공간 정보 산업계에 미치는 영향력이 매우 크다. OGC에는 구글(Google), 마이크로소프트(Microsoft), 에스리(ESRI), 오라클(Oracle) 등 지리 공간 정보 관련 글로벌 정보 기술(IT) 기업과 미국의 연방지리 정보국(NGA), 항공우주국(NASA), 영국 지리원(OS), 프랑스 지리원(IGN) 등 각국 정부 기관, 시민 단체 등 약 460여 개 기관이 회원으로 참여하고 있다.(네이버지식백과)

[표 5-7] 통합관리시스템과 연동시 필요한 GIS 기능

기능	내용
지도표출기능	• 클라이언트 UI(User Interface) 확대, 축소, 이동 기능 호출 • 별도의 색인도(Index Map)기능 • 레벨 관리 기능
Open Layer기능	• SHP파일, DXF파일, KML파일Tip등 오버랩 표출 기능 • 속성데이터(색상, 심볼 등) 조회 기능
Object 표출 기능	• Point 데이터, MultiPoint 데이터, PolyLine 데이터, Multi Polygon, Circle 데이터, Multi Circle 데이터 등 표출 기능
Object 이벤트	• 마우스 클릭 이벤트, 마우스 더블클릭 이벤트, 속성 기준의 Object 검색, GIS 기반의 Object 검색(최단 반경내, 특정Object안 등) 등의 기능
경로 찾기 기능	• 표준노드링크 기반의 경로찾기 • 속도정보, 도로길이 기타의 가중치 속성 반영 기능 • 가중치를 기반으로한 최적 경로 찾기 기능 • 찾아진 경로를 지도상에 표출 하는 기능
지도 기본기능	• 환경 변수 설정 기능 • 레벨바 기능 • 나침반 기능 • 지도 로드 이벤트 기능 • 거리재기 기능 • 면적 재기 기능 • 이전, 이후 보기 기능 • 스케일 바 기능 • 지도 변경 이벤트 기능 • 지도화면 이미지 변환 저장 함수(JPG, PNG, BMP 등) • 반경재기 기능
좌표변환 기능	• 화면좌표를 지도좌표로 변환 • 지도좌표를 화면좌표로 변환 • 좌표계 변환 함수
심볼 관리기능	• 아이콘 회전 기능
좌표주소검색	• 주소검색좌표 구하기, 좌표주소 구하기

Tip SHP파일, DXF파일, KML파일

SHP파일은 Binary형태의 연속지적도 파일이고, DXF파일은 CAD 등에서 사용하는 ASCII 파일 구조를 갖는다. KML 파일은 구글 어스, 구글 지도(구글 맵스), 모바일 등에 쓰인다. KML(Keyhole Markup Language)파일은 구글 어스, 구글 지도 및 기타 응용 프로그램에 쓰이는 XML 기반의 마크업 언어 스키마이다. 지형 정보(annotation)를 모델링하고 표현하는 역할을 한다. 인코딩을 지원하는 구글 외 회사의 월드 와이드 웹 기반의 2차원 지도나 3차원 지구 지도 브라우저에도 쓰인다. 키홀 마크업 언어(KML)은 구글 어스에 쓰일 목적으로 개발되었다. 키홀 마크업 언어(KML)은 키홀 사가 개발하였다. 2004년 키홀 사는 구글에게 인수되었다. 이름 '키홀'(Keyhole)은 미국 최초의 광전자 공학 정찰 위성인 KH-11 정찰위성을 기리기 위해 붙인 이름이다.(출처 : 위키백과 참조)

소지 검색, 시설물 검색 등이 지원되어야 한다. 또한 사용자 선택영역에 대한 확대, 화면이동, 인덱스 지점으로의 이동 등과 사용자가 감시구역을 설정할 수 있어야 한다.

통합관리시스템과 연동 시 추가적으로 필요한 GIS기능은 Open Layer(개방형 층) 기능, Object(대상물) 표출 기능, Object(대상물) 이벤트 제공 기능 등이 지원되어야 한다.

통합관리시스템과 연동 운영을 통하여 상황관제자의 다양한 활용기능 제공을 위해 GIS 엔진 공급사는 [표5-7]의 기능을 지원해야 한다.

③ 지자체 센터 간 수직적 수평적 관제를 위한 지역 및 지구 관리

지도기반의 도시상황관제를 위해 도시통합운영센터에서 관리하는 지구와 지역에 대해 정의가 필요하다. 대부분은 U-City 개발지구 단위로 도시통합운영센터가 구축되지만, 하나의 센터에서 여러 U-City 개발지구를 관리하는 형태로도 발생할 수 있으므로 이에 대한 고려가 필요하다.

[그림 5-7] 센터 유형

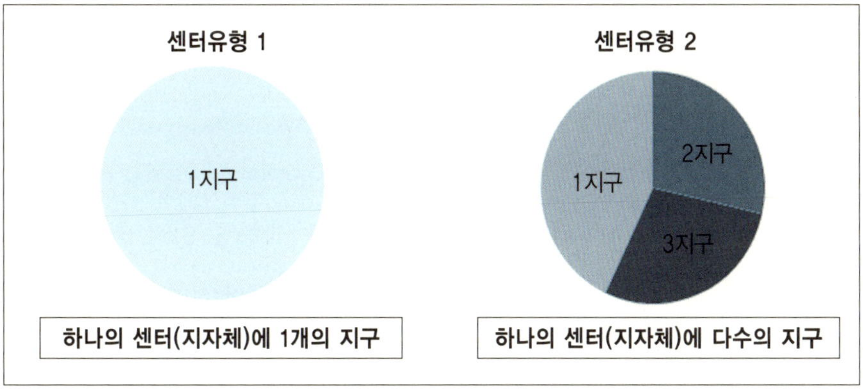

[그림 5-8] 지구, 지역, 이벤트 관계도

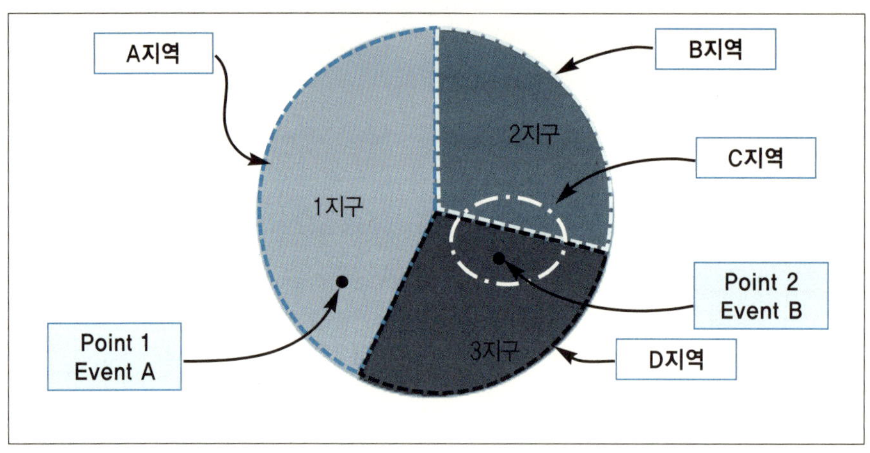

또한, 물리적인 영역인 지구와 달리 논리적인 영역을 지역으로 정의할 수 있어야 한다. [그림 5-8]에서 A지역 1지구처럼 지구와 지역이 같을 수 있지만 C지역과 같이 2개의 지구(2, 3지구)에 포함된 영역을 설정할 수 있다. 이벤트 B는 3지구와 C지역에서 발생한 것으로 추적과 관리가 가능하게 된다. 이러한 기능이 구현될 경우 관제 조직과 인원 별로 담당하는 지구와 지역을 할당하고 지정하여 관리할 수 있다.

3) 영상정보 관리

① CCTV 영상과 상황실 통합관리시스템 연동

상황실 CCTV 영상은 VMS(Video Management System)를 통하여 수집, 저장 및 분배 등이 이루어지고 있다. 통합관리시스템은 [그림 5-9]과 같이 이러한 VMS를 활용하여 CCTV 영상을 GIS맵 상에 공간위치 정보와 함께 표출하여 상황관제에 활용할 수 있어야 한다.

[그림 5-9] 통합관리시스템의 VMS 활용

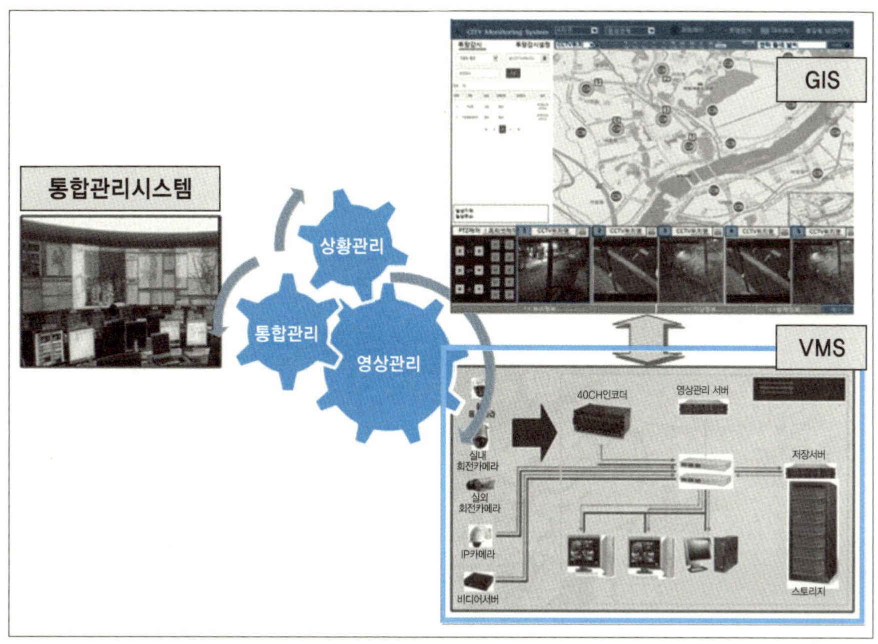

② CCTV **영상과 상황연동**

통합관리시스템은 상황이 발생한 시점을 기록하여 상황 처리 또는 상황을 분석할 때 실시간 또는 저장된 영상정보와 연결 및 추적할 수 있어야 한다. 특히 상황발생 후 영상정보를 증거로 확보하거나 영상을 이미지로 전환하고자 하는 경우에 활용하게 한다. 상황을 조치하고 있는 관제자 PC의 영상을 IP Wall 솔루션 등으로 상황판에 표출하여 관제할 수 있어야 한다.

③ CCTV **모니터링과 지능형** CCTV **영상처리**

CCTV 영상은 투망감시, 순환감시, 이동감시 및 선택감시 등 다양한 형태의 기능으로 관제자가 상황대처에 활용할 수 있어야 한다.

- **투망감시** : 지도상에서 사용자가 임의지점을 선택할 경우에 해당 지점으로부터 일정 반경 내에 설치되어 있는 CCTV영상이 표출되는 기능
- **순환감시** : 여러 곳에 산재된 감시구역에 대해 순환시나리오를 설정하여 일정시간 주기별로 감시구역에 설치된 CCTV영상을 자동표출하는 기능
- **이동감시** : 지도상에서 사용자가 임의지점을 선택한 후 경로를 이동함에 따라 해당 경로에 근접된 CCTV영상을 순차적 표출하는 기능
- **선택감시** : 사용자가 임의시점이 집중감시가 필요한 몇 개의 CCTV만을 선택하여 동시에 감시하는 기능.

[그림 5-10] CCTV 감시유형 예시

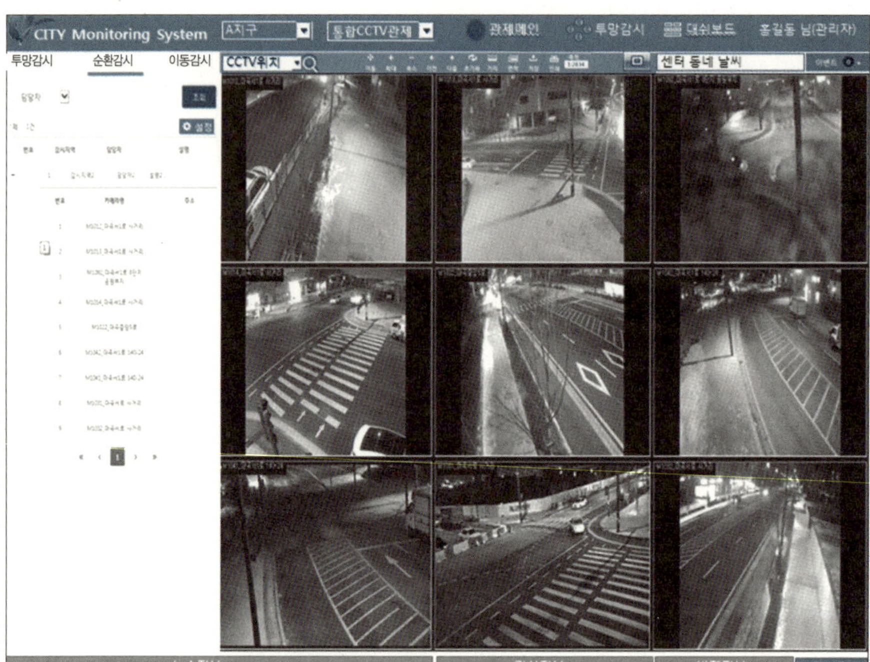

[그림 5-11] 지능형 기능유형 예시

상황실 통합관리시스템은 추적, 카운트, 방향감지, 침입, 배회, 물건방치 감지, 불법침입, 도난감지 등의 CCTV 지능형 기능을 이용함으로써 관제자가 발견하기 어려운 상황을 인지하게 한다. 통합관리시스템에서는 CCTV에서 제공하는 지능형 기능과 VMS의 영상처리 기술을 이용한 지능형 기능을 활용할 수 있어야 한다.

④ CCTV **영상처리 표준** API

지자체에서 사용하고 있는 CCTV와 VMS의 경우 도시통합운영센터마다 제품이 상이할 수 있으나, 통합관리시스템과 연계 운영되기 위해서 VMS는 특히 다양한 종류의 CCTV 카메라 영상들을 처리(실시간 모니터링 신호, 영상테이

[그림 5-12] 영상처리 표준 API 구성

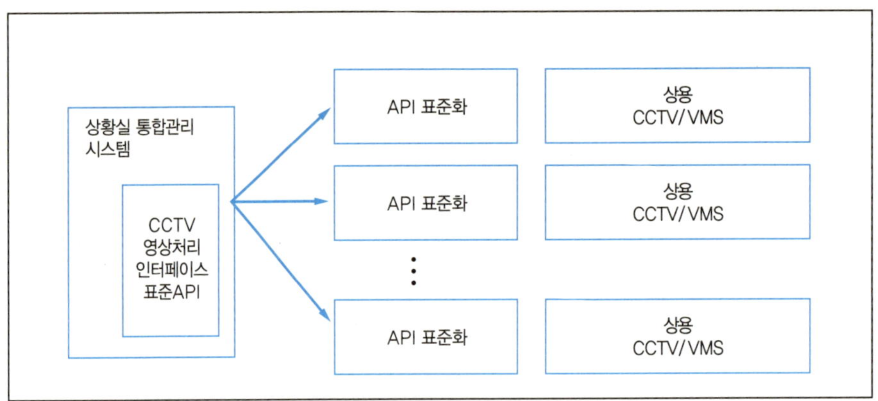

터 저장, 저장된 영상의 재생)하고, 알람과 PTZ(Pan, Tilt, Zoom) 작동을 지원하며, 여러가지 형태의 화면 분할과 구성 기능 제공은 물론 영상정보교환 등에 대한 국내외 표준화 동향을 볼 때 ONVIF(Open Network Video Interface Forum)[Tip] 표준을 준수할 필요가 있다.

또한, VMS는 RTSP(Real-Time Streaming Protocol)[Tip] 표준을 준수하며, 주

Tip ONVIF(Open Network Video Interface Forum)

'ONVIF는 통신 표준 프로토콜로 동영상을 볼 수 있는 전산망을 통일한 국제 표준 규격입니다. 네트워크 카메라 업체마다 독자적으로 사용하는 응용프로그램을 국제 표준으로 지정하여 여러 대의 CCTV를 한 화면에서 볼 수 있도록 통일시켰습니다.

※ Onvif 국제 표준 컨트롤러의 장점

- 카메라 정보나 설정, PTZ제어, 모션, 지능형 영상 등 간단한 서비스가 가능
- 각기 다른 제조사 CCTV를 다수 보유하였을 때 한 화면으로 전부 영상 확인 가능
- ONVIF를 지원한다면 차후 타사제품을 혼합하여 사용할 때 유용함

※ ONVIF 코어규격에서 정의하는 범위

1) Device Discovery : 처음에 어디에 장치가 있는지 찾을 때 쓰는 프로토콜.
2) IP Configuration : IP를 설정한다.
3) Device Management : 각종 장치의 다양한 설정을 지원한다. 이때 NVC (Network

기적으로 모든 카메라의 상태 정보를 가져와서 갱신하여야 하고, GIS의 공간정보처리를 위해 CCTV의 위치좌표, 주시방향, 사각지점 관리 등을 지원해야 한다. 도시통합운영센터 상황실은 도시의 각종 상황정보를 모니터링 하며, 사건·사고 발생 시 정확한 상황정보를 기반으로 상황대응기관에 정보공유 및 적정대응 업무지원을 위해 통합관리시스템을 활용하고 있다.

이러한 통합관리시스템의 활용도 제고를 위해서 영상관리시스템(VMS)은

Video Client)는 Discovery를 한 후 이 서비스를 통해서 다른 서비스의 정보를 가져간다.

4) Device IO : 입출력 설정, 예를 들어 알람출력이나 센서입력.
5) Media Configuration : 송수신할 음성/영상/PTZ 설정.
6) Imaging Configuration : 각종 이미지 설정.
7) Real-time streaming : 동영상 전송.
8) Event Handling : 이벤트 통지.
9) PTZ Control : 팬틸트 줌 제어.
10) Video Analytics : 영상 분석.

[출처 : 네이버 지식백과]

Tip RTSP(real-time streaming protocol)

RTSP란 실시간으로 음성이나 동영상을 송수신하기 위한 통신 규약(프로토콜)을 말한다. 미국 리얼 네트웍스(Real Networks, 구 Progressive Network)사와 넷스케이프 커뮤니케이션즈(Netscape Communications)사가 공동개발하였다. 1998년 IETF(Internet Engineering Task Force)가 표준화하였으며 상세한 사항은 RFC 2326에 규정되어 있다. RTP(real-time transport protocol)와는 달리 애플리케이션 층에서 동작하는 특징이 있다. 통상의 TCP/IP(transmission control protocol/ Internet protocol) 스택을 교환할 필요가 없다. 다만 TCP(transmission control protocol) 대신 RTP도 사용하도록 하고 있는데, 이 경우에는 좀 더 확실히 서비스 품질(QoS)을 개선할 수 있다. RTSP는 현재 다양한 영역에서 실시간 스트리밍 제어를 위해 사용되고 있으며 RTSP 1.0이 1998년 표준화 완료된 후 현재까지 꾸준히 프로토콜이 보완되고 있다. 인터넷 TV(IPTV)가 실용화되면서 외부에서 촬영한 동영상을 RTSP 기술을 이용해 TV로 볼 수 있게 되었다. RTSP는 현재 다양한 국제 표준화 단체에서 실제 채택되어 사용되고 있으므로 향후 그 중요성이 더욱 확대될 것으로 보인다.[출처: 한국정보통신기술협회(TTA)용어사전]

[표 5-8]과 같은 기능을 웹환경에서 Active X를 사용하지 않는 SDK(Software Development Kit)로 통합관리시스템에 제공할 필요가 있다.

[표 5-8] 통합관리시스템과 연동시 필요한 VMS 기능

VMS	내용
CCTV정보관리 기능	CCTV ID, 위치좌표, 카메라명, 설치주소, 카메라유형, 회전형/고정형구분, 상태정보 등
웹기반 영상 VIEW기능	영상뷰어 RTSP, 저장분배, 스트리밍
표준 코덱 지원기능	H.264, MPEG4, M-JPEG 등 다양한 코덱 지원
웹기반 PTZ 제어기능 웹기반 프리셋 설정기능	제어 우선권 등 부여 프리셋 설정 저장 처리
화면분할기능	1, 2x2, 3x3, 4x4, 5x5, 1xn 등 다양한 화면분할 옵션제공
CCTV 방향각제어 기능	기준각이 될 정북방면 카메라 각도와 현재 바라보는 방향의 각도제어 기능
이벤트송신 기능	카메라 아이디, 이벤트 유형 등 유형:비상벨, 지능형이벤트(연기, 화재, 폭력…)
이벤트 등록을 위한 URL호출 기능	영상 모니터링시 영상화면에서 이벤트 등록을 위한 URL호출 호출파라메타(카메라아이디, 처리자아이디…)
과거영상조회 기능	특정이벤트에 대해 필요시 과거영상 검색 및 조회
JPEG로 영상저장 기능	영상을 JPEG 이미지로 저장
JPEG로 저장된 영상의 FTP 전송 기능	JPEG 이미지 영상을 FTP를 이용 전송

[부가 세부기능]

1. Return : 모든 Function은 수행 성공 여부를 확인 할 수 있는 Return Value가 필요
2.. Initialize, Destroy : 초기화와 해제 기능
3. Connect, Close : 접속과 끊기 기능
4. Reconnect : 재접속 기능
5. Play, Stop : 영상 재생과 정지 기능
6. IsFixed : 고정형인지 아닌지의 확인
7. PTZ : 팬 틸트 줌 포커스 조작 기능
8. PTZ Preset : 프리셋 저장 이동 삭제 기능
9. Snapshot : 현재 재생중인 영상을 그림 파일일로 캡쳐하는 기능

10. Quality : 영상의 품질을 조절할 수 있는 기능
11. Label : 카메라 정보를 보거나 숨기는 기능
12. Font : 카메라 정보 폰트 속성 변경 기능(예 : 크기, 색상, 위치)
13. Split : OCX 화면을 분할 하는 기능(NxN 분할, 1xN 분할 – N은 최대 5까지)
14. Border : 분할된 화면에 경계를 줄 수 있는 기능
15. Select : 분할된 화면에서 해당 인덱스의 카메라를 선택하는 기능
    선택된 카메라는 Border 하이라이트 추가 (PTZ, Play, Connect, Close Stop, Snapshot…)
16. SelectOnMouse : 마우스로 화면을 선택하는 이벤트 기능
17. PtzOnDisplay : 화면상의 마우스 이벤트를 통한 PTZ 제어 기능
18. Audio I/O : 스피커와 마이크 제어 기능
19. 저장영상 FTP 전송–스냅샷된 이미지를 해당 주소의 FTP로 전송하는 기능

---

4) 접근/보안 관리

상황실 통합관리시스템은 접근 및 보안 측면에서 SSO(Single Sign On), 보안관리 솔루션과 연동되어야 하고, 사용목적에 따른 권한관리가 이루어져야 한다.

① SSO(Single Sign On)

SSO는 관리의 투명성과 신뢰성을 높이고 비용을 줄일 수 있도록 1회 로그인으로 여러 자원을 이용할 수 있는 통합인증 기능을 갖고 있으며, 다양한 제품이 활용되고 있다. SSO를 이용하면 인증정책 변경이나 서비스별 권한설정이 간편해진다. SSO는 보통 인증대행(Delegation)방식과 인증정보전달(Propagation)방식으로 구분된다.

인증대행방식은 대상 어플리케이션의 인증방식을 변경하기 어려울 때 사용하는 방식이며 대상 어플리케이션 인증 방식을 전혀 변경하지 않고 사용자의 대상 어플리케이션 인증 정보를 에이전트가 관리하여 사용자 대신 로그온 해주는 방식이다.

[그림 5-13] SSO(Single Sign Dm) 방식

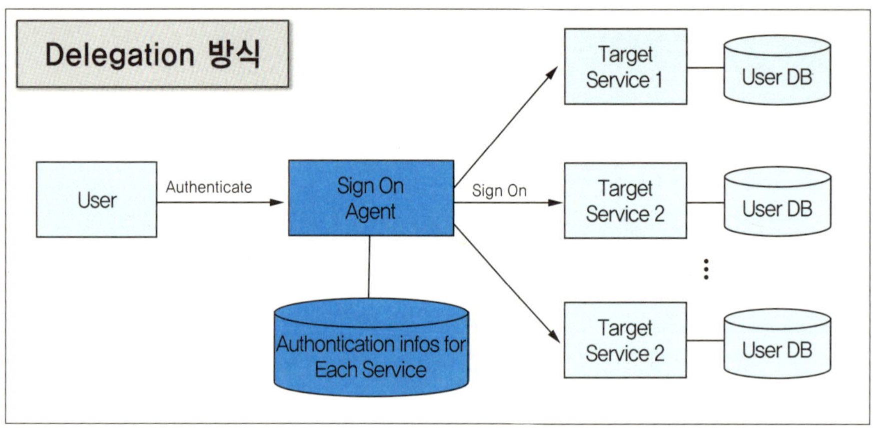

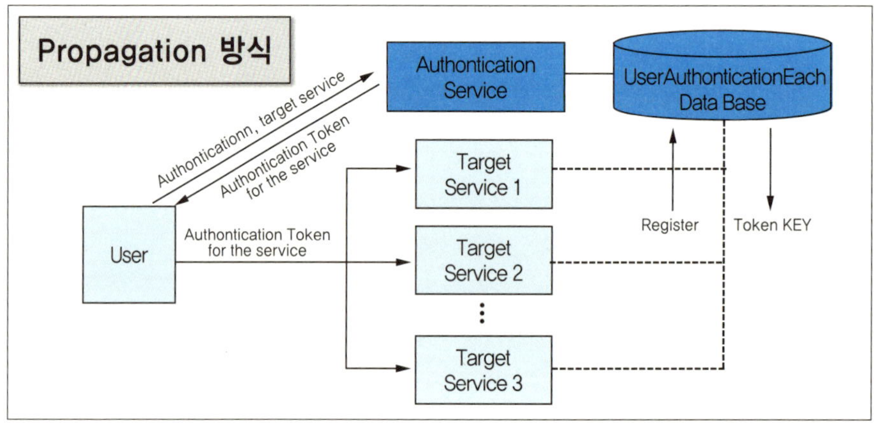

출처:http://onesixx.tistory.com/1167

인증정보전달방식은 통합인증을 수행하는 곳에서 인증을 받아 대상 어플리케이션으로 전달할 토큰을 발급받아 대상 어플리케이션에 사용자가 접근할 때 토큰을 자동으로 전달하여 사용자를 확인할 수 있도록 하는 방식이다. 웹 환경에서는 쿠키라는 기술을 이용해 토큰을 자동으로 대상 어플리케이션으로 전달할 수 있어 대부분 인증정보전달방식을 사용한다.

이러한 SSO 제품은 다양한 사용자 환경의 운영체제 및 브라우저를 제한 없이 모두 지원해야 한다. ID/PW 이외에도 인증서, 바이오 정보 등 다양한 인증수단을 제공해야 한다. 특히 인증서의 경우 NPKI, GPKI, 사설인증 등 다양한 인증서를 지원하여야 한다.

최근 지속적으로 발생하는 개인정보 유출사건의 경우 인증 및 세션관리 취약점에 따른 안전하지 않은 인증 방식(쿠키방식)으로 구현되어 있는 SSO 제품에서 나타나고 있다. 사용자에 대한 인증관리는 안전한 인증체계 및 사용자 인증 정보 노출 문제에 대한 보안성을 갖추어야 한다.

[그림 5-14] 다목적 CCTV 사용권한 관리 예시

② 권한관리

권한 관리는 시설물 사용 권한, 메뉴 사용권한 등 센터에서 보유하고 있는 시설을 공유할 수 있도록 권한을 부여하거나 회수하는 등의 관리를 말한다. 예를 들어 여러 조직에서 특정 CCTV를 다목적으로 활용하기 위해서는 사용 권한을 부여하고 현재 사용 중인 상태를 확인할 수 있어야 하며, 긴급한 경우에는 즉시 사용할 수 있도록 하여야 한다. 다만 특정 기간 동안 계속 사용하여야 하는 경우에는 독점상태를 유지할 수 있어야 한다. 또한 해당 서비스의 메뉴 사용권한 관리는 사용자 관리에서 권한 및 역할을 부여하여 접근허용 여부 및 권한을 관리할 수 있어야 한다.

③ 보안관리

도시통합운영센터는 정보보호 측면에서 여러 가지 보안위협 유형에 대한 보안 관리가 필요하다. 특히 도시통합운영센터 상황실 운영에 있어서 보안관리는 특히 중요한 점을 인지하고 해당 정보보호 활동을 수행하여야 한다. 정보보호 활동 중 특별히 유의해야 할 사항은 다음과 같다.

- 사용자의 정보유출 : 암호획득으로 인한 비밀 열람 등
- 모바일 기기분실 : 모바일 기기의 높은 분실 및 도난율로 인한 정보유출
- 바이러스 감염 : 트로이 목마 등 바이러스 감염으로 인한 데이터의 파괴
- 권한도용 : 내부 전산망의 침입으로 인한 서비스 방해 등
- 물리적 침입 : 통합운영센터에 물리적인 침입을 통한 자산 등의 유출
- 원격제어 : PC 등의 원격제어를 통한 자료의 위·변조
- 기기사용 부주의 : USB 등 주변장치를 이용한 자료유출

• SNS : 개인프로파일 수집 및 내부자료 유출

5) 업무 관리

업무관리는 관제자, 모니터 요원, 지자체 공무원, 연계시스템 운영자, 유지보수업체 등 도시통합운영센터 업무와 관련된 모든 사용자가 업무정보를 공유하고, 상호 의사소통하며, 상황 발생부터 종료까지 제반 상황 관리 업무 수행을 지원하는 기능이다.

업무 관리 기능은 도시통합운영센터의 업무 효율성을 높이기 위한 커뮤니케이션 및 협업체계 제공이라는 기능적인 측면에서 Enterprise Portal과 유사하지만 도시통합운영센터 운영자 및 관제요원, 타 부서 및 타 기관의 사용자에게 U-City 운영의 특화기능을 제공한다는 점에서 Enterprise Portal과 차별성을 가진다. 따라서 결재, 문서관리 등의 그룹웨어 전문기능은 배제하고 업무전달, 공유 등의 기능에 초점을 맞출 수 있어야 한다.

[표 5-9] 업무 관리 기능

구분	세부기능
업무처리	주로 상황실 및 센터 운영업무에 대한 처리기능
커뮤니티	상황실 근무자와 지자체 공무원 등 관련자간의 업무 및 상황처리에 필요한 의사소통 기능
상황처리	상황관리에서 정의한 각 상황이벤트를 발생, 처리, 종료하는 처리
시설물관리	센터운영에 필요한 시설물 현황 및 상태를 관제하는 역할을 수행
U-서비스 연동	각 U-서비스와 직접 화면을 연동하거나 또는 연계함으로써 상황 및 업무 처리에 필요한 U-서비스 기능을 사용할 수 있도록 함

업무 관리 기능은 업무처리, 커뮤니티, 상황처리, 시설물관리, U-서비스

[그림 5-15] 업무 관리 세부기능 구성(예시)

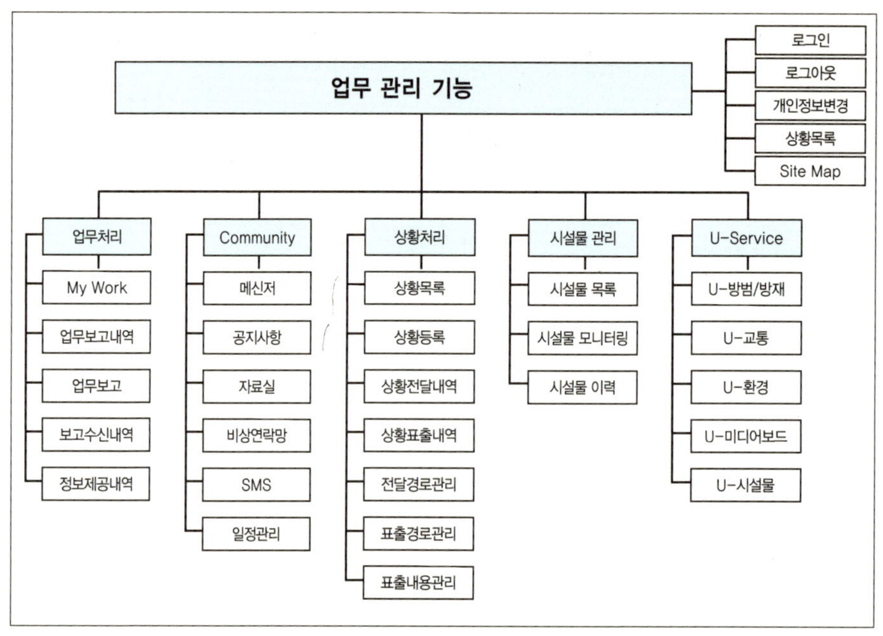

연동의 5개 주요 세부기능으로 구분할 수 있다.([표 5-9] 참조)

6) 상황 관리

① 상황이벤트 기준정보 관리

각종 도시상황을 정의하고 기준정보를 처리한다. 상황이벤트 정의, 처리절차, 처리담당, 표현할 심볼(상태 유형별 아이콘)을 등록 관리하게 된다. 상황마다 관련성 있는 정보를 관제자의 화면에 배치할 수 있는 기능을 제공한다.

② 상시 모니터링 기준정보 관리

상시 모니터링해야 할 정보를 정의하고 모니터링하면서 상황을 발생시키거나 상황처리 시 상시 모니터링 기준정보를 참조할 수 있도록 한다.

③ 상황처리 정보 수신 및 전송

상황이벤트 정보를 수신하고 상태를 관리하도록 하며, 사전에 등록된 전파대상 조직으로 상황 발생 및 처리 정보를 전송한다.

④ 상황처리 영상정보 등록 및 추적

상황발생 시 관련 CCTV 영상정보를 조회하고 추적할 수 있어야 한다. 특히 상황종료 후 상황에 대한 이력을 추적할 수 있어야 한다.

[그림 5-16] 상황처리 흐름도(예시)

통합운영센터
시민/공무원/서비스
상황발생
상황수신
상황인지
상황처리
상황종료
1.상황발생
지자체(통합번호센터, 상황송신)
(도시민/공무원)상황발생 알림
센터 전화, 업무메신저, 상황송신(통합연동)
(지자체)상황발생 통보
2.상황수신
통합상황 ← 상황메시지 송신
(U-서비스)상황발생 송신
통합상황 ← 디바이스게이트웨어
(지능형장치)상황발생 송신
상황정보 통합DB
상황지시
협조/확인
유관기관/지자체
3.상황인지
상황관련 정보 통합DB
(외부기관)도시정보 수신
영상정보, 현장정보 VMS
(CCTV,스마트폰, 장치)현장정보수신
4.상황전파
(도시민/공무원)상황발생 전파
4.상황처리
(지자체/유관기관)상황통보
4.상황조치 모니터링
(U-서비스)상황발생 송신
상황관련 정보 통합DB
(지자체/유관기관)상황처리
5.상황종료
상황기록 정보 통합DB
(U-서비스)상황 처리
상황 통계 분석/보고
6.상황종료

⑤ **상황 발생, 인지, 전파/지정, 종료, 추적, 검색 기능**

U-서비스로부터 수신한 상황이나 관제자의 판단에 의해 등록한 상황에 의해 발생한 상황이 인지된다. 처리가 필요한 상황에 대해 전파 및 담당자를 지정하여 처리한다. 상황이 종료되면 종료처리를 한다. 상황에 대한 시간 흐름별로 추적하거나 발생한 상황을 검색할 수 있어야 한다.

⑥ **상황보고 및 통계분석**

상황을 수직/수평적 조직에 보고할 수 있어야 하며, 통계분석을 통해 상황 발생 원인 또는 예측 가능한 상황 여건 등을 판단할 수 있어야 한다.

⑦ **상황 대쉬보드**

한눈에 상황 발생, 처리, 종료 상황을 나타낼 수 있어야 한다.

⑧ **상황판**

상황실 큐브에 표출할 정보를 구조화하여 종합적 관제가 가능하도록 한다. 특히 관련 지자체와의 수직/수평적 상황관계 정립을 통해 상황을 종합적으로 대처할 수 있도록 한다.

7) 통합운영 관리

① **도시시설물, 센터시설물, 장비/장치 관리**

장치 및 장비를 포함한 시설물을 등록하거나 기존 등록된 시설물 정보를 연계하여 시설물 데이터베이스를 구성한다.

② **FMS, SMS, NMS 등 운영 S/W 관리**

FMS(Facility Management System), SMS(Security Management System), NMS(Network Management Sysetm) 등 도시통합운영센터의 운영관련 시스템 접근권한을 부여받아 상황 관제자 또는 운영자가 원격 또는 내부에서 필요 업무를 수행할 수 있도록 한다.

③ **통합 운영 모니터링**

도시통합운영센터 상황실에서 도시상황 관제 이외에 센터 자체의 운영현황, 정보통신망 운영현황 등을 한눈에 파악하고 대응할 수 있도록 시설물 관리 서비스에서 등록된 자원의 상태를 모니터링하고 장애 또는 유지보수가 필요한 경우 즉시 알람을 제공하여 인식 및 조치할 수 있도록 해야 한다.

8) 통합연계 관리

① **외부연계**

외부연계 기능은 외부기관, 지자체 간에 도시정보를 교환하거나 상황 데이터를 송수신한다.

② **내부 연계**

내부 연계 기능은 지자체와 통합센터 내부의 서비스와 시스템 간에 도시정보와 상황 데이터를 교환한다.

③ 장치연계

장치연계는 지자체 및 U-City 지구에 설치된 각종 장치(센서, 단말, CCTV 등)와 정보를 연동 또는 송수신한다.

[그림 5-17] 통합연계 개념도

④ 통합연계 데이터 흐름도

도시통합운영센터는 외부기관의 시스템과 연동하고 있으며, 타지자체 센터와 연계하는 센터간의 연계가 자가망 또는 행정망을 통해 이루어지고 있다. 특히 송수신하는 데이터 유형별로 송신 측과 수신 측이 구분되며 시설물의 경우 해당 어댑터를 통해 데이터를 송수신한다.([그림 5-18] 참조)

[그림 5-18] 통합연계 데이터 흐름도

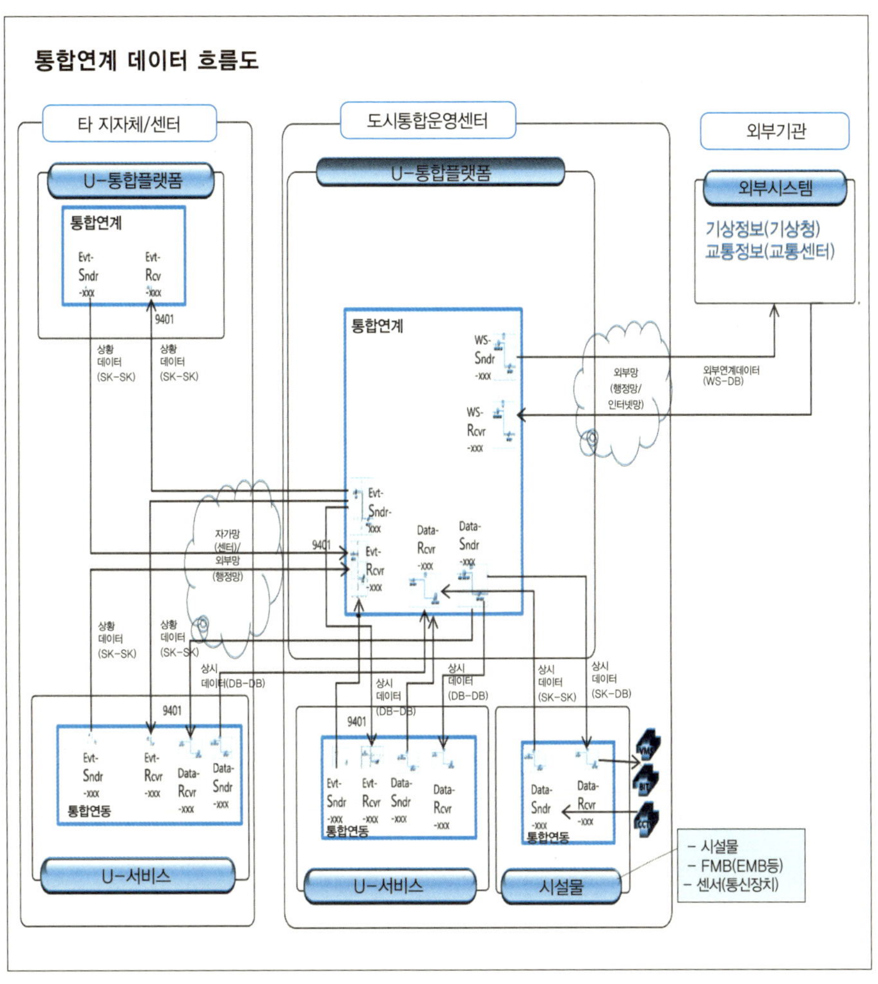

[표 5-10] 표준 상시 데이터 예시

데이터	설명
1. CCTV 영상	• 상황판 지도화면에 센터에서 운영하는 모든 CCTV 설치위치 정보
2. 교통소통정보	• 지역 내 교통소통정보를 도로 레이어에 중첩하여 표출한 정보
3. 기상정보	• 기상청 연계를 통하여 수집되는 정보(기온, 습도, 풍향, 풍속, 강우량 등)
4. 환경정보	• 보건환경연구원 연계를 통하여 수집되는 정보(미세먼지, 아황산가스, 오존 등)
5. U-시설물 상태	• 교통, 방범·방재, 환경 등 분야 U-서비스 현장 시설물(센서 등)의 정상작동 여부 등 상태정보
6. 센터장비 상태	• 센터 내 장비(서버, 네트워크 설비 등) 및 부대설비(전기, 항온·항습, 조명, 기계 등)의 정상작동 여부 등 상태정보

9) 통합 DB 관리

① 메타데이터 등록 및 관리

통합 DB란 상황실 통합관리시스템 데이터베이스를 말하며, 상황실 운영으로 수집된 도시정보와 상황 데이터의 저장소이다. 메타데이터란 통합 DB의 구성과 요소를 정의한 데이터이다. 데이터 요소는 용어, 도메인, 코드 및 기타 데이터 관련 요소로써 공통된 형식과 내용으로 정의하여 사용하는 표준 관련 데이터 요소를 의미한다.

② 표준 데이터/코드/부호 관리

표준코드란 다양하게 나타날 수 있는 데이터값을 정형화하기 위해, 정의된 기준에 따라 제한된 범위 내의 기호로 대치한 것을 의미한다. 통합 DB는 행정 표준용어를 통합관리시스템 DB에 반영한다. 행정 표준용어에 존재하

[표 5-11] 상황실 통합관리시스템의 데이터 요소 예시

순번	테이블 ID	테이블명
1	TN_CM_EVENT_RCV_ITEM_INFO	이벤트 수신항목 정보
2	TN_CM_EVENT_OUTB_PLCE_INFO	이벤트 발생위치 정보
3	TN_CM_EVENT_OUTB_INFO	이벤트 발생 정보
4	TM_CM_STAT_EVENT	상황 이벤트 정보

지 않는 경우는 신규로 추가한다. 약어가 아닌 전체 영문철자로 사용된 단어의 경우 표준단어로 인정한다. 일반적으로 많이 쓰이는 영문약어를 표준단어로 추가한다.

공통 코드에 대한 표준코드 정의에 있어 행정 표준코드가 포함되어 있는 경우 행정 표준코드 체계에 따라 통합 DB의 표준코드로 적용한다. 통합관리시스템의 상시 데이터로서 [표 5-10]와 같은 데이터를 정의하고 관리한다.

③ 데이터 요소/모델 관리

통합 DB의 데이터 요소는 상황실 통합관리시스템에서 사용하는 용어, 도메인, 코드 및 기타 데이터 관련 요소에 대해 공통된 형식과 내용으로 정의하여 사용하는 표준 관련 데이터이다. 통합 DB 데이터 요소는 데이터 품질 확보를 위한 필수요소로, 표준 데이터를 정의하고 관리함으로써 데이터간의 불일치와 데이터 오류를 방지하고 데이터에 대한 이해도를 높이게 된다.

3 상황실의 상황관제 및 모니터링 방안

가. 상황관제 방안

1) 상황관제 인원 및 역할

도시통합운영센터에 근무하며 도시통합 상황관제를 담당하는 인원은 상황실장(관제자)과 상황 모니터요원을 기본으로, 센터장 및 행정인원과 경찰 등

[표 5-12] 상황관제 인력구분

구분	센터장 및 행정인원	상황실 근무인원			
		상황실장 (관제자)	파견인력 (경찰 등)	모니터요원	
				CCTV	U-서비스
역할	– 센터 및 현장 시설물 유지 관리 – 영상정보 관리 – 보안 관리 – 관계기관, 타부서 협력업무 – 용역사 관리 – 일반행정	– 도시통합 상황관제 •상황정보 수집 •상황판단 •상황전달 – 파견인력 협력 관리 – 모니터요원 관리	– 소속 부서/기관 업무 파견수행 – 상황발생 시 대응 협력	– 담당 CCTV 모니터링 – 상황이벤트 발굴 – 발굴이벤트 보고	–담당서비스 모니터링 –상황이벤트 발굴 –발굴이벤트 보고
신분	공무원	공무원	공무원	민간	민간
비고	센터 사무실 근무			필요 시 조장 및 조원으로 구분하여 운영 관리	

파견인력으로 구분될 수 있다.

센터장 및 행정요원은 각 지자체의 센터담당 공무원으로서, 해당 지자체 입장에서 지자체 조직의 일부인 도시통합운영센터를 운영 관리하는 인원이다.

도시민의 안전한 생활, 편의증대, 삶의 질 향상 및 체계적인 도시관리를 위한 대책을 수립하고, 경찰, 소방 등 외부기관과 협력업무 및 지자체 본청의 교통, 환경, 시설, 도시경관 등 도시관리 기능부서 등과 도시통합운영센터의 협력업무를 정의하고, 상황실을 통하여 각 기능부서 업무를 지원하도록 한다.

예를 들어 센터 상황실에서 CCTV 영상 모니터링을 통하여 범죄현장을 발견하고 경찰에 통보하여 범인을 체포하도록 하는 것은 경찰의 치안업무를 지원하는 것이며, 주택가의 쓰레기 투기현장을 발견하고 경고방송 또는 사후 투기인원을 적발하는 것은 청소행정과 업무를 지원하는 것과 같이, 지자체별 특성에 따라 다양한 분야의 지원업무를 발굴하고, 이의 원활한 수행을 위한 업무절차 및 협력방법 등 세부내용을 정립할 필요가 있다.

그 외 센터장 및 행정인력은 도시통합운영센터의 제반 시설물 및 도시 전역에 설치 운영 중인 지능화 시설(CCTV, 계측센서 등)의 유지 관리, CCTV 등의 영상 보관 및 관리, 보안관리 및 일반 행정업무를 담당한다.

상황실장(관제자)은 도시에서 발생하는 각종 사건·사고에 대한 상황인지, 상황판단, 관계기관 및 본청 관련 부서에 대한 상황전파 등 상황실 운영 매뉴얼에 따른 제반 상황관리 업무를 총괄하여 수행하며, 모니터요원과 파견인력을 관리한다. 특히, 모니터요원에 대하여는 상황실 모니터링을 통하여 도시에서 발생하는 각종 사건·사고 및 본청 기능부서 지원업무에 대한 이벤트를 최대한 많이 발견할 수 있도록 관리한다.

상황실장은 상황발생 시 일사불란한 대응이 이루어질 수 있도록 평소 상황별 정기적인 모의훈련을 실시한다.

모니터요원은 CCTV 영상, 각종 U-센서, 비상호출 및 주민제보 등으로 생기는 각종 이벤트와 상황실 모니터링 중 의미 있는 상황을 발견할 경우, 지체 없이 통합관리시스템에 등록하여 상황실장의 빠른 판단을 이끌어낼 수 있도록 한다.

2) 상황관제 프로세스

도시통합운영센터 상황실의 상황관제 프로세스는 상황실장, 모니터요원 및 경찰 등 상황실 파견근무 인원 등이 인지 또는 발견한 이벤트를 담당 처리 조직 또는 기관에 신속하게 전파할 수 있도록 상호간 유기적인 정보교환 프로세스가 이루어지도록 하는 것이다.

모니터요원은 도시상황 모니터링 중 유의한 상황이벤트를 발견한 경우, 상황실 내에 구두전파와 동시에 이를 통합관리시스템에 신속히 등록함으로써 상황판(관제화면)을 통하여 상황실장 등 상황실 인원이 이벤트 내용을 공유할 수 있게 한다.

상황실장은 상황대처 매뉴얼 및 평소 모의훈련 경험을 활용하여 담당처리 조직 또는 기관을 정하여 상황정보를 신속히 전달한다. 도시통합운영센터에 파견 나온 관계공무원이나 유관기관의 공무원은 이벤트 내용이 소관업무에 해당될 경우, 소관부서의 대응 프로세스에 따라 직접 조치할 수도 있다.

모니터요원은 해당 이벤트 처리상황을 지속적으로 관찰하고, 필요 시 추

[그림 5-19] 상황관제 프로세스

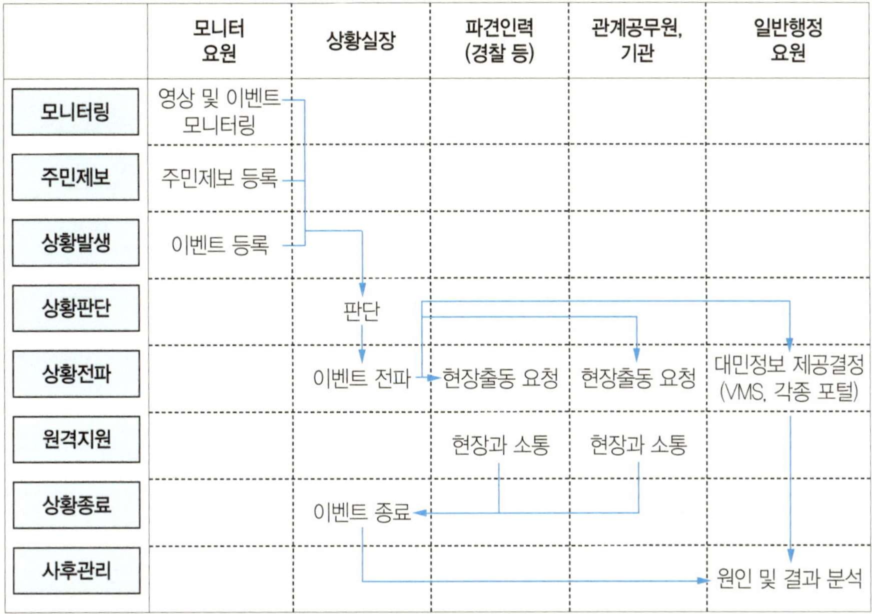

모니터 요원
상황실장
파견인력 (경찰 등)
관계공무원, 기관
일반행정 요원
모니터링
영상 및 이벤트 모니터링
주민제보
주민제보 등록
상황발생
이벤트 등록
상황판단
판단
상황전파
이벤트 전파
현장출동 요청
현장출동 요청
대민정보 제공결정 (VMS, 각종 포털)
원격지원
현장과 소통
현장과 소통
상황종료
이벤트 종료
사후관리
원인 및 결과 분석

가 이벤트 생성 등 변경상황에 대응하며, 상황이 종료된 경우에는 상황실장에게 보고하고, 상황정보 생성부터 종료까지 전체 업무처리 내용에 대한 통합관리시스템 로그정보 확인과 마감작업을 수행한다.

도시통합운영센터의 행정요원과 상황실장은 정기적으로 발생된 상황 및 이벤트에 대하여 발생 지역, 내용 등 이벤트별 특성 요인(시간, 성별, 연령대 등)을 분석하고, 향후 활용할 수 있는 기본정보를 정리한다.

3) 상황관제 업무 체계화 방안

상황관제(Situation Control)는 일이 되어가는 과정이나 형편을 뜻하는 '상황(狀況)'과 관리하여 통제한다는 의미의 '관제(管制)'의 복합어로서, 여기에서는 상황실 근무자가 도시에서 발생하는 많은 사건·사고 또는 비정상적인 일들을 능동적으로 발견하고 이를 원래의 정상적인 상태로 신속하게 환원시키는 일을 '매개(媒介)'하는 것으로 정의할 수 있다.

'매개'란 행위의 직접적인 주체자 입장보다는 둘 사이에 관계를 맺어주는 중재자 관계를 의미하는 것으로서, 상황관제 측면 도시통합운영센터의 매개 업무는 '재난 및 안전관리 기본법' 등 관련 법령에 따라 긴급구조기관으로 활동하는 소방본부, 소방서 등의 신속한 대응을 지원하는 지원기관 성격을 갖고 있는 것을 말한다.

즉, 도시통합운영센터 상황실은 1)도시에서 발생하는 각종 상황을 빠짐없이 인식·수집하고, 2)이를 관계기관에서 신속하게 조치할 수 있도록 가능한 빨리 전파하는 것을 기본적인 업무로 해야 한다.

이러한 2가지 기본업무의 적정 수행을 위해 필요한 도시통합운영센터 상황실의 상황관제 업무 체계화 방안을 살펴보면 [표 5-13]와 같다.

도시통합운영센터는 지자체의 특성 및 거주민 관심사를 적극 반영하여 상황실에서 수용할 수 있는 관제범위를 명확히 하고, 실제 상황 발생 시 신속히 대응하고 전파할 수 있도록 평소 상황대응 모의훈련을 실시해야 한다. 또한 통합운영센터의 전체 프로세스를 대상으로 상황별 인식(수집), 대응, 전파 및 종료 단계에 대한 운영매뉴얼을 만들어 유지 관리하여야 한다. 운영매뉴얼을 통한 모니터요원의 지속적 교육으로 이벤트 상황의 발견 및 처리 방법과 범조직(Cross Functional) 측면의 관제업무를 수행할 수 있도록 한다.

센터(상황실)의 상황관제 영역 명확화는 센터의 업무범위를 정하는 것이다. 도시통합운영센터의 경우에는 '유비쿼터스도시서비스 분류 체계 및 예시'에

[표 5-13] 상황관제 업무 체계화 방안

구분	내용	비고
센터(상황실)의 상황관제 영역 명확화	– 센터(상황실)에서 수용할 수 있는 관제 범위 명확화 – 지자체 특성 및 거주민 관심사 반영 – 관계기관 및 부처 협의 결과 반영	센터 설립 목적 고려, 11개 서비스 영역 Tip 기준 도출
정기적인 상황대응 모의훈련 실시	– 실제 상황 발생 시 적용할 수 있는 신속 대응·전파 프로세스 마련 – 본청 관련부서 및 관계 행정기관 참여	
상황관제 매뉴얼 활용 및 현행화 관리	– 상황별 인식(수집) 대응, 전파 및 종료 단계 전체 프로세스를 대상으로 매뉴얼 작성·활용 – 실제 운영자가 활용할 수 있는 수준 – 상황관제 실업무에 활용되는 매뉴얼 운영 및 유지 관리	비상연락망 현행화
모니터요원의 지속적인 교육 관리	– 상황이벤트 발굴 방법 – 지자체, 관계기관 지원 측면, 범 조직(Cross Functional) 측면 접근을 위한 업무 습득 – 이벤트 발굴에 대한 성과 관리	경험 축적, 지속적 Upgrade
상황인지 방법 자동화	– 지능형 CCTV 활용 – 오작동 최소화	시스템 안정화 필요

Tip 센터 설립 목적 고려, 11개 서비스 영역

유비쿼터스도시 건설사업 업무처리지침, 부록「유비쿼터스도시서비스 분류체계 및 예시」참조

구분	서비스 명
행정	현장행정지원, 도시경관관리, 원격민원행정, 생활편의, 시민참여
교통	교통관리 최적화, 전자지불처리, 교통정보유통 활성화, 차량여행자 부가정보 제공, 대중교통
보건의료·복지	건강관리서비스, 병원정보화서비스, 원격의료서비스, U-보건관리서비스, U-보건소서비스, 가족안심서비스, 장애인지원서비스, 다문화가정지원, 출산 및 보육지원
환경	오염관리서비스, 폐기물관리서비스, 친환경서비스, 에너지효율화서비스, 신·재생에너지서비스
방범·방재	구조구급, 개인안심, 공공안전, 기관안전, 화재관리, 자연재해관리, 사고관리, 종합재해관리
시설물 관리	도로시설물관리, 건물관리서비스, 하천시설물관리, 부대시설물관리, 지하공급시설물관리, 데이터관리 및 제공
교육	U-유치원서비스, U-캠퍼스서비스, U-교실서비스, 원격교육서비스, U-도서관서비스, 장애인학습지원
문화관광·스포츠	문화시설관리, 문화공간체험, 문화정보안내, U-관광정보안내, U-공원, U-놀이터, U-리조트, U-스포츠
물류	생산이력추적관리, U-물류관리, U-운송, U-배송, 유통이력추적조회, U-매장, U-쇼핑
근로고용	교통정보서비스, U-Work서비스, 산업활동지원, 산업안전관리
기타	홈매니지먼트서비스, 외부연계서비스, 단지관리서비스, U-아티팩트(artifact)서비스, U-테마거리서비스

제시된 228개 단위 서비스를 기준으로 보통 교통, 방범·방재, 시설물관리, 환경 등 분야의 서비스가 제공되며, CCTV 통합관제센터의 경우는 CCTV가 주로 활용되는 방범·방재, 시설물관리 또는 교통 등 분야의 서비스가 제공되고 있다. 이러한 유사센터의 운영사례를 반영하여 지자체에서는 우선 센터에서 제공할 수 있는 서비스 유형 및 내용을 먼저 명확히 정의해야 하며, 이에 따라 관계기관 또는 본청의 관계부서와 최적의 상황관제 서비스 제공을 위해 필요한 업무 프로세스를 협의할 수 있다.

정기적인 상황대응 모의훈련은 상황실에서 수집 또는 발견하는 도시의 각종 이벤트 유형별로 상황 접수 또는 발견 시점부터 처리(전파), 모니터링 및 상황종료 전체 프로세스에 대한 최적의 대응 프로세스를 확립하고, 이에 따른 반복 훈련으로 예기치 않은 상황 시에도 매뉴얼에 따라 침착하게 대처할 수 있도록 하기 위함이다. 이러한 모의훈련은 실제 도시에서 발생할 수 있는 다양한 상황이벤트를 반영하고, 훈련내용에 따라서는 본청의 관련부서 및 경찰, 소방 등 관계기관도 참여하여 진행할 수 있도록 하여야 한다.

상황관제 매뉴얼 활용 및 현행화 관리는 상황대응 모의훈련과 연계하여 특정 상황 발생 시 이에 최적화된 대응 프로세스를 확립하고, 반복 훈련을 통하여 실제 상황 발생 시 활용할 수 있는지 여부를 검증한 후에 이를 문서화하는 과정이 지속적으로 반복되는 활동이다. 이렇게 관리되는 매뉴얼은 상황관제 인원 또는 모니터요원의 교육자료로 활용되고, 관제 또는 모니터링 효율이 제고될 수 있는 새로운 기법 또는 방안이 도출될 경우에는 이를 피드백할 수 있는 체계를 유지해야 한다.

상황인지 방법 자동화는, 모니터요원이 CCTV 영상을 육안으로 모니터링하면서 24시간 상황 감시를 하는 것은 한계가 있으므로, 도시에 설치된 다양한 센서를 통한 이상신호 감지 또는 다양한 유형의 객체 인식, 소리 인식 등 지능형 CCTV 활용과 같은 자동화 설비의 의존도가 높아지고 있으나, 일부 상황실에서는 빈번한 오작동을 이유로 이의 활용에 소극적인 것을 볼 수 있다. 그러나, 일부 오작동이 일어나는 것은 오류율이 최소화되도록 관련 시스템을 지속적으로 개선하여 모니터요원의 육안 감시 비중을 줄여야 한다.

나. 모니터링 방안

상황관제 프로세스 중 도시에서 발생하는 각종 사건·사고 등 상황이벤트를 발견하는 모니터요원은 상황실을 상황실답게 운영하는 데 가장 중요한 역할을 담당한다. 이는 U-서비스, 외부기관 연계를 통한 이벤트 접수 또는 지능형 CCTV를 통한 이벤트 발생이 아직은 제한적으로 이루어진다고 볼 때, 모니터요원을 통한 이벤트 발생 빈도 및 전파 건수는 해당 센터(상황실)의 지자체 및 관계기관 기여도를 좌우하고, 결과적으로 거주민의 삶의 질 향상에 기여하는 요인이 되기 때문이다.

1) 모니터링과 모니터요원의 역할

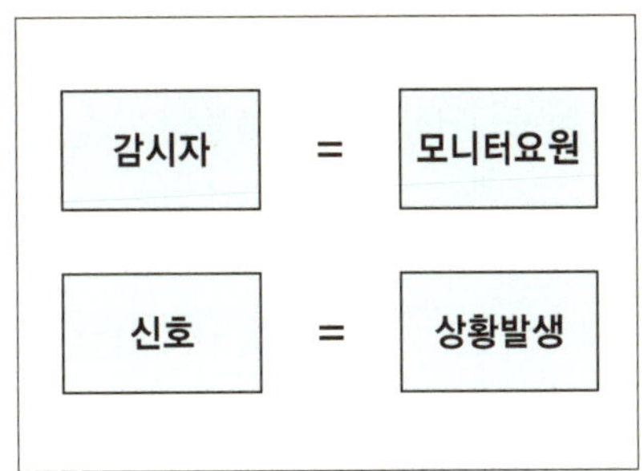

모니터링은 근본적으로 감시 혹은 경계 임무의 성격을 띈다. 그러나 직무에서 감시자의 기능은 어떤 행동이나 반응을 요하는 상황이나 사건을 식별하기 위해서 도시에서 발생하는 각종 사

건·사고, 위해 요인 및 징조에 주의를 기울이는 것이다. 감시자의 주 요건은 대응활동을 필요로 하는 모든 사건을 정확하게 식별하는 것이다. 이런 사건과 관련된 입력은 여러 가지 표시장치(다이얼, 계기, CRT, 기타 시각적 표시장치나 청각적 신호)에 의해서 감시자에게 제시되거나, 또는 직접 관찰·탐지될 수도 있다. 그것이 무엇이든지간에 사건의 징후를 통상 이벤트라고 하며 이벤트가 발생하면 감시자는 통상 모종의 행동을 취한다. 감시작업의 성능은 통상 1)관련 징후나 사건·사고를 탐지하지 못하거나, 2)허위 탐지, 3)반응 지연 등과 같이 감시 작업 성능에서도 모니터요원별로 개인차가 발생할 수 있다.

출처: http://www.newswire.co.kr/newsRead.php?no=476887

도시통합운영센터의 상황실은 안전, 방범, 교통, 재난 등의 다양한 U-서비스에 대해 통합 모니터링이 이루어질 수 있도록 시스템이 제공되는 곳이다. 모니터요원은 이러한 시스템 환경에서 도시생활의 편안함을 증대하고 체계적인 도시관리와 시민의 안전과 복지를 향상시킬 수 있게 하는 역할을 담당한다.

2) 모니터링 효과 증대 방안

상황실 모니터링 효과를 증대하기 위해서는 기상 및 현장 재난정보 등을 각종 자동화 센서와 연계시키고, 무엇보다도 SNS 등을 통한 시민의 적극 참여를 유도하는 것이 필요하다. 또한 도시통합운영센터의 일원화된 상황실 모니터링을 통해 지자체의 주요 관심 상황을 한눈에 파악하고, 경찰서, 소방서, 군부대 등 유관기관간의 연계체계를 구축하여 범죄발생, 산불, 하천범람 등 각종 재난·재해 발생 시 효율적으로 대체할 수 있게 한다. 이는 긴급 상황이 발생할 경우 CCTV를 통합 활용하여 투망감시, 순환감시 등으로 신속한 대

[표 5-14] 모니터요원의 상황 인지 사례

		CCTV	지능형 CCTV	도움벨	센서 수집	시민 제보	관계기관 시스템 연계	자체 발생
안전 (6)	도움벨 상황			●				
	안전주의 상황	●				●		
	어린이안전 상황	●				●	●	●
	노약자응급 상황	●				●	●	●
	안전계도 상황	●				●		
	정기모의훈련 상황							●
방범 (2)	범죄의심 상황	●	●			●		
	범인의심 상황	●	●			●		
교통 (6)	돌발 상황	●				●	●	●
	불법주정차 계도	●				●	●	●
	정체 상황	●			●	●	●	●
	관심차량 발견	●	●				●	●
	응급차량출동 상황	●					●	●
	도로통제 상황						●	
재난 (7)	침수 상황	●			●		●	●
	화재 상황	●				●	●	●
	수위경보 상황	●	●		●		●	
	산사태경보 상황	●			●		●	
	정전 상황	●				●	●	●
	폭발 상황	●				●	●	●
	상수도누수 상황	●			●	●	●	●

처가 가능하게 함으로써 상황대처 효율성을 높여 신속한 사건해결 및 범죄예방 효과를 제공한다.

3) 도시상황 모니터링 수단

모니터요원이 이벤트를 인지하는 방법은 CCTV 모니터링, 지능형 CCTV, 도움벨, 센서 수집 연계, 시민제보, 관계기관시스템 연계, 자체발생 등으로 나누어 볼 수 있으며, 이를 안전, 방범, 교통, 재난 등의 21개 이벤트 유형과 연계하면 [표 5-14]과 같다.

[표 5-14]에서 보면 모니터요원이 활용하는 주요 모니터링 수단은 CCTV 영상임을 알 수 있다.

4) CCTV 모니터링 요령

모니터요원이 효율적인 CCTV 모니터링을 수행하기 위해서는 모니터링 대상에 대하여 선택과 집중을 해야 한다. 평상시와 기상이변, 범죄발생 시 등에 따라 집중 모니터링 대상을 선정해서 관리할 필요가 있다. 안전 및 방범 분야 모니터요원이 활용하는 모니터링 요령 사례를 예시하면 아래와 같다.

U-City 통합운영센터 상황실에서는 안전·방범 분야 이외에도 교통, 재난, 행정, 환경 등 지자체별 관심영역으로 식별한 관제영역에 대하여 실무에 활용할 수 있는 모니터링 요령을 개발하여 활용할 필요가 있다.

모니터링 요령 예시

① 모니터링 대상의 선택과 집중

– 평상시(시간대별) 모니터링 대상 선정

예) •등/하교 시간대 : 통학로 주변, 놀이터, 어린이공원 등
•주간 : 외출 등으로 빈집이 많이 발생하는 주택밀집지역 및 주·정차 위반이 많은 지역
•야간/심야 시간대 : 주택가 밀집지역, 상가, 골목길
•공사장 주변 : 안전사고 요인

② 특정범죄(오토바이 날치기, 편의점 강·절도, 침입절도) 발생 시

– 우범지역을 중심으로 오토바이, 주택가, 현금다액취급업소 등 모니터링

③ 기상청의 특보 발령 시

– 호우주의보 발령 시 : 하천범람 및 둔치주차장에 대한 집중 모니터링

– 태풍주의보 발령 시 : 도로와 건물의 간판, 지붕, 하수구 맨홀 등에 대한 집중 모니터링

– 건조주의보 발령 시 : 산불감시 모니터링

– 폭설주의보, 한파 발령 시 : 도로결빙, 노약자의 이동 등 모니터링

5) 모니터요원의 성과지표 개발 운영

계속적으로 변화하는 환경에 맞춰 도시통합운영센터의 시스템을 수정·보완하고, 업무연계를 활성화하더라도 이를 활용하는 모니터요원의 충실도가 낮다면 소용 없으므로 모니터요원의 업무 집중도가 가장 중요하다. 따라서 도시통합운영센터는 모니터요원의 업무 집중도를 높일 수 있는 방향을 지속적으로 모색해야 한다.

모니터요원의 업무 집중도를 높이는 방법의 일환으로 성과지표를 개발하

[표 5-15] 모니터요원의 성과 평가 사례

<table>
<tr><th colspan="3">발견내용</th><th>점수
(검거/발견)</th><th>비고</th></tr>
<tr><td colspan="3">살인·유괴·납치 용의자 발견</td><td>50/20</td><td></td></tr>
<tr><td colspan="3">강도·강간·방화 용의자 발견</td><td>30/10</td><td></td></tr>
<tr><td colspan="3">절도 용의자 발견 : 침입·치기/단순</td><td>20/5</td><td></td></tr>
<tr><td colspan="3">중요 수배자 발견(경찰서 지정)</td><td>10/5</td><td></td></tr>
<tr><td colspan="3">이상행동</td><td>5</td><td></td></tr>
<tr><td colspan="3">도난차량 발견</td><td>5</td><td></td></tr>
<tr><td colspan="3">재물 손괴, 폭행, 기타 형사범</td><td>3</td><td></td></tr>
<tr><td colspan="3">주취자 등</td><td>2</td><td></td></tr>
<tr><td colspan="3">주취자, 행려자 등 발견</td><td>1</td><td></td></tr>
<tr><td colspan="3">불법주정차 차량 단속</td><td>0.1</td><td></td></tr>
<tr><td colspan="3">쓰레기 무단투기 발견</td><td>0.5</td><td></td></tr>
<tr><td colspan="3">중요시설 무단접근자 및 손괴행위 발견</td><td>5</td><td></td></tr>
<tr><td colspan="3">화재·산불·붕괴, 하천범람 등 재난상황 발견</td><td>5</td><td></td></tr>
<tr><td rowspan="5">가감점</td><td rowspan="3">가점</td><td>관서장 표창·감사장</td><td>5</td><td></td></tr>
<tr><td>번호판 가림차량 발견(주정차)</td><td>0.5</td><td>건당</td></tr>
<tr><td>단속사각지역 주차(주정차)</td><td>0.1</td><td>건당</td></tr>
<tr><td rowspan="2">감점</td><td>감독자 지시위반 등</td><td>10</td><td></td></tr>
<tr><td>불법 주정차 단속 오류 건수</td><td>0.05</td><td></td></tr>
</table>

고, 성과 운영계획을 세워 지속적으로 관리할 필요가 있다. 예를 들어 [표 5-15]와 같은 모니터요원의 성과평가 계획을 세워 관리할 수 있으며, 이는 센터운영정책에 따라 발견내용, 점수 등을 조정하여 활용할 수 있다.

4 도시통합운영센터의 정보보호

가. 정보보호의 개요

정보보호란 정보자산(물리적, 논리적)을 내·외부의 불법적인 행위(해킹, 크래킹 등) 또는 천재지변 등의 사고로부터 보호하는 모든 과정이나 행위를 의미한다.

즉, 정보보호의 3요소인 기밀성(Confidentiality:개인정보자산이 인가되지 않은 자

[그림 5-20] 정보보호의 3요소와 개인정보의 예

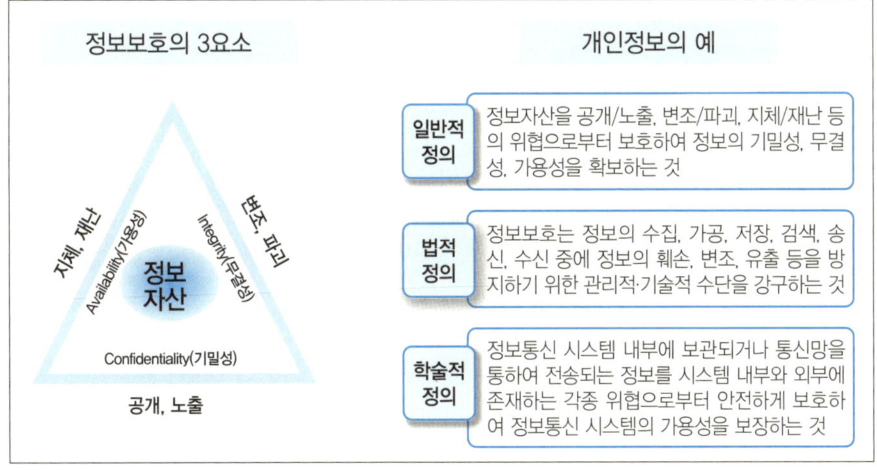

에게 유출 또는 공개되지 않는 정도), 무결성(Integrity: 정보자산이 파괴·변조되지 않고 정확히 완전하게 유지되는 정도), 가용성(Availability: 재난발생 시 완벽하고 신속히 복구함으로써 정보자산에 대한 접근 및 사용이 인가된 사용자에게 필요할 때 허용하는 정도)을 확보하여 정보자산을 공개·노출·변조·파괴·지체·재난 등의 위험으로부터 보호하는 것이다.

이와 같이 정보자산을 보호하기 위하여는 전사 차원의 실시간 보안관제시스템을 구축하여 모든 보안 위험요소에 대해 즉각적인 대응이 가능한 데이터 기반의 모니터링 체계를 구축·운영하고, 기존의 경계보안(Perimeter Defense Technology 중심) 환경뿐만 아니라 어플리케이션 레이어 및 데이터 레이어 등 각 Layer별 적합한 보안환경을 적용하여야 하며, M2M(Machine to Machine), IoT(Internet of Things), O2O(Online to Offline) 등 다변화되는 유비쿼터스 서비스 환경에 유연하고 신속하게 대처하기 위하여 정보자산에 대한 현황 및 변화 관리와 서비스·시스템·인프라·데이터 등 정보자원의 융·복합화에 따른 공유자원에 대한 효율적인 통제로 다양한 유형의 보안위협에 선제적으로 대처 가능한 보안체계 마련이 필요하다.

나. 도시통합운영센터 정보보호의 필요성

정보보호의 목적은 기관의 중요 정보가 성공적으로 사업수행에 기여하도록 보장하고, 개인의 안정적 업무기반을 해칠 수 있는 정보침해 위험을 제거하는 데 있다.

도시통합운영센터는 도시 내에 산재되어 있는 CCTV, 계측기(속도계, 유량계, 수위계, 수질계, 온도계, 압력계, 풍력계, 풍속계 등) 등 각종 센서를 통해 수집된

[그림 5-21] 정보보호의 목적

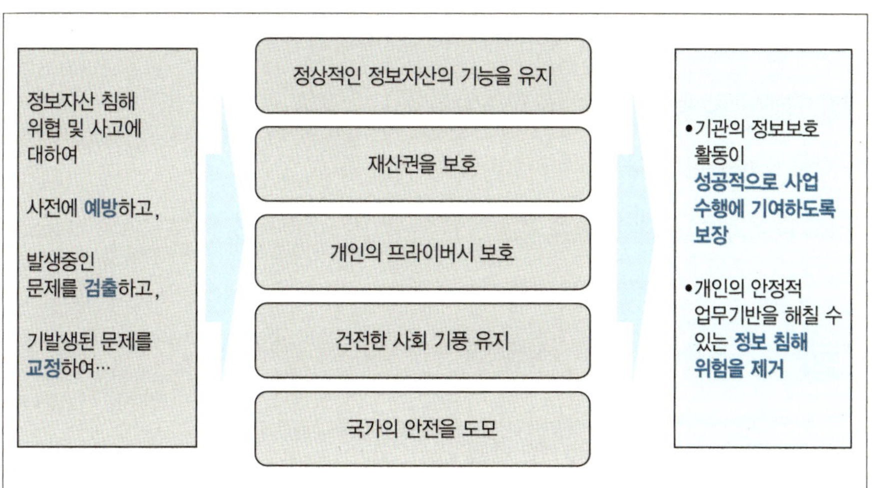

영상 및 계측 정보를 U-City 자가전기통신설비를 통해 도시통합운영센터 내부의 정보시스템으로 전송한다. 또한 도시정보를 수집·저장·분석·가공하여 이용 및 제공하는 유비쿼터스도시의 핵심기반시설로서, 행정정보통신망 내의 각종 행정정보시스템과 유기적인 정보연계로 도시전체를 통합하여 관제하는 U-City의 허브이다. 따라서 「전자정부법」, 「보안업무규정」, 「정보통신보안업무규정」, 「국가정보보안기본지침」, 「국가사이버안전관리규정」, 「개인정보보호법」, 「위치정보의 보호 및 이용 등에 관한 법률」, 「정보통신기반보호법」 등 그 밖에 정보보호 관련 법령 및 지침·가이드·매뉴얼 등을 준용한 보안관리 체계를 마련하여 이행하여야 한다.

도시통합운영센터는 「유비쿼터스도시의 건설 등에 관한 법률」 제22조 및 「동법 시행령」 제24조, 「정보통신기반보호법」 제8조 등에 의해 '행정자치부 소관 주요정보통신기반시설'로 지정되므로, 「행정자치부 소관 주요정보통신기반시설 보호지침」을 준용하여 도시통합운영센터 및 U-서비스들을 전자적 침해행위로부터 보호하기 위한 관리적·물리적·기술적인 전사적 정보보호체계를 마련하고 지속적으로 보안취약점에 대한 보완조치를 이행하여 도시정보를 보호하여야 한다. Tip

도시통합운영센터에 대한 주요정보통신기반시설 지정은 국토교통부가 지

Tip 도시통합운영센터의 주요정보통신기반시설 지정 근거법률

[유비쿼터스도시의 건설 등에 관한 법률]

제22조(유비쿼터스도시기반시설의 보호) ①행정자치부장관은「정보통신기반 보호법」제8조에 따른 기준 및 절차 등에 따라 해당 지방자치단체의 장과 협의하여 유비쿼터스도시기반시설 중 대통령령으로 정하는 시설을 주요 정보통신기반시설로 지정하여야 한다.

[유비쿼터스도시의 건설 등에 관한 법률 시행령]

제24조(유비쿼터스도시기반시설의 보호) 법 제22조 제1항에서 "대통령령으로 정하는 시설"이란 제4조에 따른 유비쿼터스도시 통합운영센터를 말한다.

[정보통신기반 보호법]

제8조(주요정보통신기반시설의 지정 등) ① 중앙행정기관의 장은 소관분야의 정보통신기반시설 중 다음 각호의 사항을 고려하여 전자적 침해행위로부터의 보호가 필요하다고 인정되는 정보통신기반시설을 주요정보통신기반시설로 지정할 수 있다.

1. 당해 정보통신기반시설을 관리하는 기관이 수행하는 업무의 국가사회적 중요성
2. 제1호의 규정에 의한 기관이 수행하는 업무의 정보통신기반시설에 대한 의존도
3. 다른 정보통신기반시설과의 상호연계성
4. 침해사고가 발생할 경우 국가안전보장과 경제사회에 미치는 피해규모 및 범위
5. 침해사고의 발생가능성 또는 그 복구의 용이성

〈중략〉

⑥중앙행정기관의 장은 제1항 및 제3항의 규정에 의하여 주요정보통신기반시설을 지정 또는 지정 취소한 때에는 이를 고시하여야 한다. 다만, 국가안전보장을 위하여 필요한 경우에는 위원회의 심의를 받아 이를 고시하지 아니할 수 있다.

⑦주요정보통신기반시설의 지정 및 지정취소 등에 관하여 필요한 사항은 이를 대통령령으로 정한다.

정고시한 도시통합운영센터를 대상으로 행정자치부에서 센터 내 구축·운영 중인 U-서비스 단위로 매년 추가로 지정·고시하여 기반시설보안 관리대상 범위를 점진적으로 확대해나가고 있다. 현재는 전자적 침해로 인한 시스템 장애 발생 시 사회혼란과 시민들의 생활안전에 미치는 파급 정도를 고려하여 U-교통(교통신호제어서비스), U-방범(방범CCTV관제서비스) 등 2개 U-서비스에 대하여 주요정보통신기반시설로 지정하고 있으나, 향후 점진적으로 확대하여 지정할 계획이다.

주요정보통신기반시설로 지정된 도시통합운영센터에 대하여는 행정자치부에서 매년 도시통합운영센터에서 제출한 보안취약점 분석평가에 따른 '보호대책서'를 승인하고, 이에 대한 이행실태를 정기적으로 점검함으로써 기반시설보안 관리체계를 강화하고 있다. 정부는 2014년 12월 발생한 한국수력원자력 해킹사고를 계기로 범정부적 차원의 국가 기반시설에 대한 정보보호 관리체계 강화에 더욱 더 박차를 가할 것으로 보인다.

따라서 도시통합운영센터 건립 또는 U-서비스 구축 초기단계인 계획(USP: U-City Strategic Planning) 설계단계(기본설계 및 실시설계)에서부터 주요정보통신기반시설 보안지침과 각종 정보보호 관련 법령을 준수하여, 도시통합운영센터의 효율적인 보안관리를 고려한 물리적 공간계획, U-서비스 관련 정보시스템·정보통신망·정보보호시스템의 보안성 검토, 정보보호 시스템의 보안적합성 검증, 기반시설 제어망과 타 정보통신망과의 혼용을 원천적으로 차단하기 위한 물리적 또는 논리적 망분리 구축 등을 엄밀히 고려하여야 한다.

다. 도시통합운영센터의 정보보호체계 구성방안

각종 센서·서비스 및 인프라 등을 융·복합하여 도시정보를 이용·제공하는 도시통합운영센터의 정보보호를 위해서는 기관 단위의 전사적 정보보호체계가 필요하다. 이를 위해 정보보호대상인 정보자산(물리적, 논리적)에 대한 정확한 범위설정과 발생 가능한 모든 보안위협에 대한 체계적인 분석이 필요하다.

따라서 도시통합운영센터는 행정자치부 소관 주요정보통신기반시설로써, 「정보통신보안업무규정」은 물론 「행정자치부 소관 주요정보통신기반시설 보호지침」 등을 준용하여, 도시통합운영센터, U-서비스, 데이터베이스, 센서, 정보통신망 등에 대한 총괄적인 정보보호체계를 마련하고 이행·관리하여야 한다.

[그림 5-22] 도시통합운영센터 보안위협의 유형

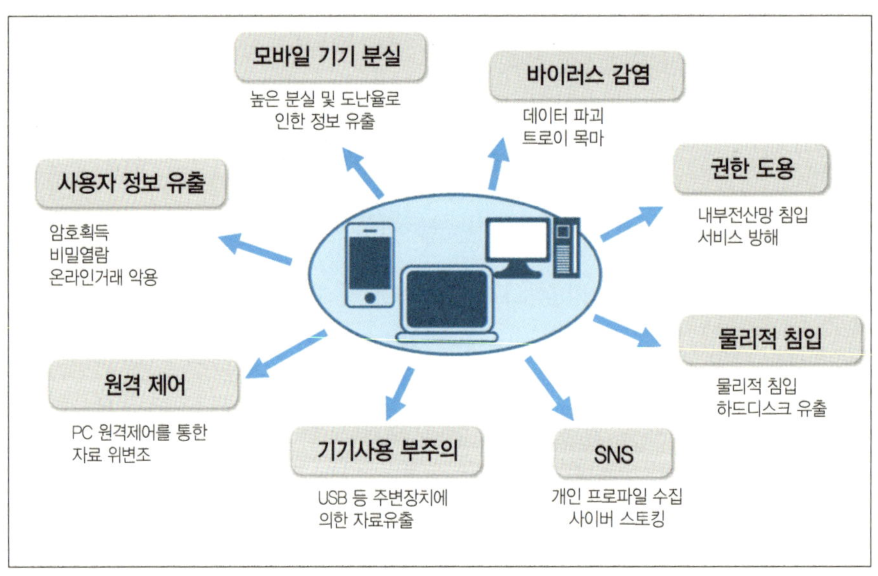

[그림 5-23] 전사적 도시통합운영센터 정보보호체계 구성(안)

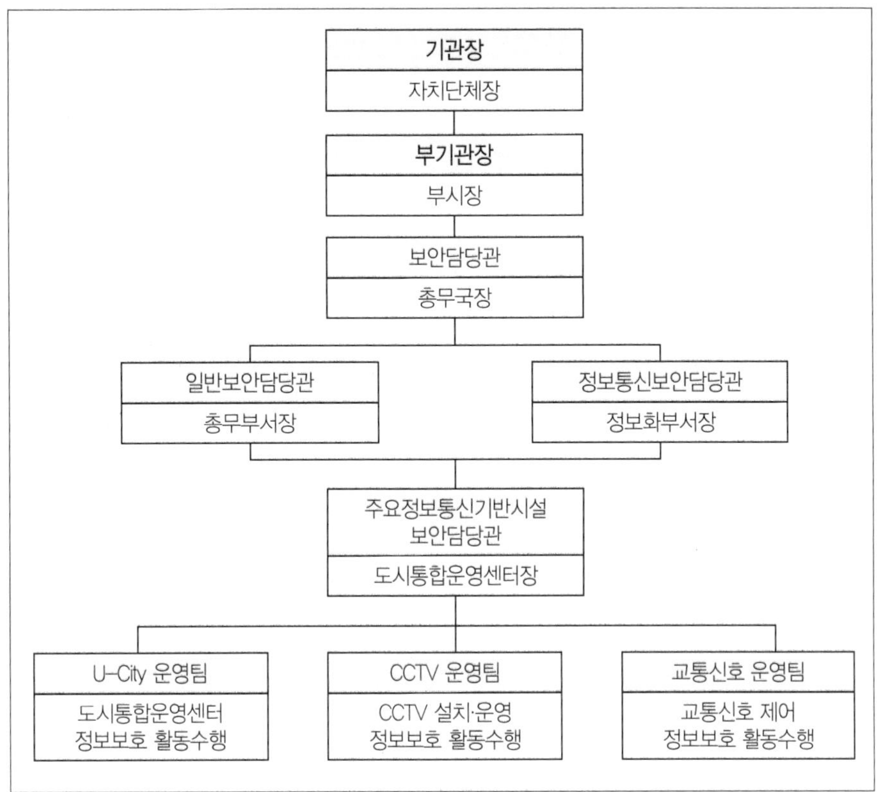

구분	정보보호 책임 및 역할	
정보화부서장	역할	정보통신보안 관리감독
	책임	정보통신분야 정보보호 총괄관리
도시통합운영센터장	역할	도시통합운영센터(기반시설) 보안활동 총괄책임자
	책임	도시통합운영센터(기반시설) 정보보호 총괄책임
U-City 운영팀	역할	도시통합운영센터(기반시설) 정보보호 관리·감독
	책임	도시통합운영센터(기반시설) 정보보호 총괄관리
CCTV 운영팀	역할	CCTV통합관제서비스 정보보호 활동수행
	책임	CCTV통합관제시스템 보안체계 구축·운영
교통신호 운영팀	역할	교통신호제어서비스 정보보호 활동수행
	책임	교통신호제어시스템 보안체계 구축·운영

1) 도시통합운영센터의 정보보호체계 및 관리

기관단위의 정보보호체계는 「보안업무규정」에 의한 '보안담당관' 총괄책임하에 총무부서의 일반보안관리체계와 「정보통신보안업무규정」에 의한 정보화부서의 '정보통신보안담당관' 중심의 정보통신보안관리체계로 이원화 구성하여 일반보안과 정보통신보안 관리부서간 상호 협력하여 전사적 보안업무를 총괄하여 수행하고 있다.

기관 내 다수 존재 가능한 정보통신기반시설에 대한 보안관리체계는 정보화부서의 '정보통신보안담당관'의 하부조직으로 구성하여 각 정보통신기반시설 보안관리자로 하여금 기관단위의 「정보통신보안지침」과 「주요 정보통신기반시설 보안지침」을 모두 준용하도록 하고, '정보통신보안담당관' 책임하에 기관 내 각 정보통신기반시설에 대한 보안취약점을 종합적으로 분석·평가하고 도출된 각 정보통신기반시설별 보안취약점에 대한 보호대책서는 해당기반시설 관리부서에서 수립하도록 한다. '정보통신보안담당관'은 각 정보통신기반시설 관리부서에서 수립한 보호대책서상의 취약점 개선을 위한 세부추진사항에 대한 이행 여부를 지속적으로 지도 점검하여 기반시설에 대한 정보보호체계를 확충해나가야 한다.

① 정보보호책임자 지정

지방자치단체는 5급·5급 상당 이상 공무원, 광역단체는 4급·4급 상당 이상 공무원을 '정보보호책임자'로 지정하여, 도시통합운영센터('주요정보통신기반시설'을 포함)의 정보보호 업무를 총괄 수행하여야 한다.

도시통합운영센터의 '정보보호책임자'는 기관의 '정보통신보안담당관' 및

'일반보안담당관'의 지휘와 통제를 받을 수 있도록 하위조직으로 구성하여, 기관단위의 일관된 정보보호체계를 수용하여 구성하도록 한다.

② 전담조직의 구성

도시통합운영센터의 정보보호 업무를 수행하기 위하여 정보보호책임자 소속하에 별도의 정보보호 전담조직을 구성·운영할 수 있다.

주요정보통신기반시설은 U-서비스 단위로 지정되므로, 기관 또는 센터 내 다수의 기반시설에 대한 효율적인 보안관리를 위해 별도의 정보보호 전담조직을 구성하여, 정보보호 전담조직에서는 보안취약점 분석·평가 및 이행실태 점검 등을 전담하고, 기반시설로 지정된 U-서비스 운영관리부서에서는 보안취약점에 대한 보호대책서를 수립하고 세부추진일정에 따라 취약점을 개선함으로써 체계화된 정보보호업무의 정립이 필요하다.

③ 인적자원에 대한 보안관리

도시통합운영센터, 상황실, U-서비스 등을 관리·운용하는 업무종사자(외부용역인력, 계약직, 내부인력 포함)로 하여금 다음 각 호의 사항을 준수하도록 하여야 한다.

㉠ 정보보호 책임에 관한 사항

㉡ 비밀유지 및 비밀서약에 관한 사항

㉢ 정보보호관련 법령 및 지침 등의 준수에 관한 사항

㉣ 정보보호관련 지침 및 보호조치 위반에 따른 보안위약금 부과 및 징계에 관한 사항

④ **보호업무 등의 위탁**

도시통합운영센터, 상황실, U-서비스 등의 관리·운용 또는 주요정보통신기반시설 보안취약점 분석·평가 등 보호에 관한 업무를 전문기관 또는 업체에 위탁할 수 있으며, 위탁하는 때에는 해당 기관 또는 업체의 위탁업무 수행에 참여하는 종사자에게 「정보통신기반 보호법」 제27조에 따른 비밀유지의무를 준수하도록 '비밀유지서약서' 징구, 업무관련 자료의 안전한 보존 및 폐기 등 필요한 조치를 하여야 한다.

⑤ **정보보호 교육 및 모의훈련 실시**

보안사고의 원인을 분석해보면 인적자원에 의한 사고발생률이 가장 높은 것으로 파악되고 있다. 따라서 도시통합운영센터, 상황실, U-서비스 등을 관리·운용하는 내·외부 업무종사자를 대상으로 해당 시설의 보호를 위하여 정보보호 교육과 침해사고 모의훈련을 매년 1회 이상 실시하여야 한다. 특히, 주요정보통신기반시설 보호를 위한 중요한 절차·방법·담당인력 등의 변경이 있거나 침해사고 발생 또는 징후가 발견되었을 경우에는 정보보호 교육·훈련을 실시하여야 한다.

각 기반시설 U-서비스별 침해사고 유형분석과 그에 대한 침해사고 대응매뉴얼 및 비상대응체계를 준비하여 실전에 보다 신속하고 적절하게 대응할 수 있도록 반복적인 사전 모의훈련 등을 통하여 보완 개선해나가야 한다.

2) 정보보호대책 수립 및 이행

① 보안취약점 분석 및 평가

「정보통신기반보호법」 제9조, 동법 시행령 제17조 및 제18조에 따라 주요 정보통신기반시설에 대한 보안취약점 분석·평가를 매년 전문기관에 위탁하여 기반시설에 대한 보안취약점을 객관적으로 점검하도록 한다.

「주요정보통신기반시설」로 신규 지정된 경우에는 최초로 수행하는 취약점 분석·평가는 행정자치부에서 지원하고 있으나 2차년도부터는 자체 예산을 확보하여 추진하여야 한다. 물론 행정자치부에서 정한 '취약점 분석·평가 체크리스트'를 기준으로 기관 내에서 자체적으로 취약점 분석·평가를 추진하여도 무방하나, 객관적이고 정확한 취약점 도출과 개선방안 강구를 위하여 전문기관에 위탁하는 것이 훨씬 효율적이다.

취약점 분석·평가는 행정자치부에서 정한 취약점 분석·평가 기준, 범위, 항목, 절차, 방법 및 이전에 실시한 취약점 분석·평가의 결과 등을 고려하여 실시해야 하며, 추진시기는 행정자치부에 보호대책서를 제출하는 기한(매년 8월)을 고려하여 상반기 내에 추진하여야 한다.

② 보호대책의 수립

「정보통신기반보호법」 제5조 제1항에 따라 매년 보안취약점 분석·평가에서 발견된 보안취약점에 대한 보호대책서를 수립하여 매년 8월말까지 행정자치부 장관에게 제출하여야 한다.

보호대책은 보안취약점 개선에 필요한 소요예산과 소요시간 등을 고려하여 단기·중기·장기로 조치단계를 구분하여, 취약점 개선을 위해 투입되는 비용과 시간을 기준으로 저비용·단기간 → 고비용·장시간 소요되는 취약점 항목 순으로 개선해나갈 수 있도록 우선순위를 고려하여 조치계획을 수립하도록 한다.

③ 보호대책 이행

기반시설 보안취약점 개선을 위한 보호대책서의 조치계획에 따라 단계적으로 취약점 개선에 수반되는 소요예산을 확보하여 보호대책을 이행하도록 한다. 또한, 취약점 항목별 관리번호를 부여한 관리대장을 작성함으로써 취약점 개선이 누락되지 않도록 보호대책 이행에 따른 조치이력을 체계적으로 관리하도록 한다.

④ 이행점검

매년 전년도 보호대책서를 기준으로 행정자치부에서 기반시설보안 관리실태 및 이행실적에 대하여 점검을 실시한다. 따라서 보안취약점 Check List를 기준으로 이행실태를 자체 점검하여, 취약점에 대해 지속적으로 보완 조치하도록 한다.

⑤ 자체점검 및 수시점검

정기적인 취약점 분석·평가 이외에 보안이슈 발생 등 추가로 필요하다고 판단되는 경우에 기반시설에 대한 자체점검을 실시하도록 한다. 자체점검 및 수시점검은 취약점 분석·평가 기준 및 절차에 따라 실시하며, 점검 기간, 대상, 방법, 결과 등 점검에 관한 제반사항을 기록·관리하여야 한다.

⑥ 보완조치

주요 정보통신기반시설 보호를 위해 수립된 각종 보호조치, 절차, 방법 등의 재검토 및 수정·보완, 시설·장비의 개축·보수·설치, 그 밖에 취약점 분석·평가 또는 점검 결과를 반영하여 보완 조치하여야 한다.

3) 침해사고에 대한 대응 및 복구

① 연락체계 구축

도시통합운영센터, U-서비스, 정보통신망, 기반설비 등에 대한 전자적 침해사고 발생 시 유관기관 협조를 통한 신속 대응을 위하여 비상연락체계를 구축하여야 한다.

비상연락체계에는 침해사고 발생 시 대응복구에 참여해야 하는 필수요원인 도시통합운영센터의 기반설비 및 U-서비스별 전산·통신·운영 담당자, 시스템별 유지관리용역업체의 수행인력 등 실무자와 대외적 협조가 필요한 소방서, 경찰서, 한국전력공사, 통신사 등 유관기관, 그 밖에 국가 기반시설보안에 대한 지휘·통제를 위하여 행정자치부 정보보호책임관과 한국지역정보개발원의 자치단체 정보공유·분석센터, 한국인터넷진흥원 등이 포함되도록 한다. 지방자치단체의 경우에는 해당 광역자치단체 정보보호실무책임관도 포함한다.

② 침해사고의 통지

침해사고가 발생하여 도시통합운영센터 주요정보통신기반시설이 교란·마비 또는 파괴된 사실을 인지한 때에는 행정자치부와 관계 행정기관, 수사기관, 한국인터넷진흥원에 그 사실을 통지하여야 한다.

침해사고의 통지에는 침해사고발생 일시 및 시설, 침해사고로 인한 피해 내역 및 조치현황, 기타 신속한 대응·복구를 위하여 필요한 사항 등을 포함한다.

③ 침해사고 대응조치

전자적 침해사고 발생·징후를 보고받거나 인지한 때에는 즉시 행정자치부에 보고하고, 침해사고대응팀 구성 등 필요한 응급조치를 취하여야 한다. 다만, 주요정보통신기반시설의 교란, 마비 또는 마비가 일어나지 아니하는 등 경미한 침해사고의 발생·징후는 조치하고 이를 사후 보고할 수 있다.

도시통합운영센터에 대한 전자적 침해사고 발생에 따른 대응절차 및 방법 등 침해사고 대응체계를 수립하여야 한다.

④ 침해사고 복구조치

도시통합운영센터에 대한 침해사고에 대한 복구조치를 위하여 필요한 조직, 자원, 외부기관과의 협력 등을 포함하는 복구지원체계를 구축하고 복구절차 및 방법에 대하여 필요한 사항을 정하도록 한다.

침해사고가 발생한 때에는 해당 시스템의 복구 및 보호에 필요한 조치를 신속히 취하여야 한다. 필요 시 행정자치부 또는 한국인터넷진흥원에 지원을 요청할 수 있다.

4) 기술적 보호조치

① 침해사고 예방조치

도시통합운영센터를 침해사고로부터 보호하기 위하여 다음 각 호의 사항을 고려하여야 한다.

㉠ 시스템·네트워크 관리 및 보호에 관한 대책

㉡ 정보보호시스템 설치·운용에 관한 대책

㉢ 전산자료에 대한 백업 및 소산 조치

㉣ 악성코드 방지 대책

㉤ 접근통제에 관한 대책

㉥ 그 밖에 침해사고 예방을 위해 필요한 사항

② 정보통신망 보안관리

U-City 정보통신망(자가망 및 임대망 포함)은 주요정보통신기반시설의 보호를 위하여 타 정보통신망(행정망 및 인터넷망)과 분리·운영하고, 인터넷 연결이 차단된 관리자 PC를 통한 시스템 관리기능 접속 및 비인가 접속차단 등의 기술적 통제수단을 강구해야 한다. 특히 주요정보통신기반시설 지정대상인 교통신호제어망, 방범CCTV 서비스망 등은 U-City 정보통신망 내에서도 물리적 또는 논리적 망분리로 폐쇄망으로 구축하여 운영하여야 한다.

주요정보통신기반시설 관련 서버, 단말기, 네트워크, 보안장비 등에 불필요한 서비스 및 사용자 계정 등을 제거하고 유지 보수를 위한 외부업체의 원격관리를 금하여야 하며, 시스템별 사용자 접근, 사용내역 등 로그자료는 6개월 이상 보관한다.

③ 제어시스템 보안관리

U-교통의 교통신호제어시스템, U-방범의 방범CCTV 관제시스템 등 도시통합운영센터 주요정보통신기반시설 제어시스템의 보호를 위하여 기반시설 제어망은 행정망·인터넷망·제어망 외의 다른 U-서비스망 등 모든 타 정보통신망과 분리된 폐쇄망으로 구성하여 운영한다. 다만, 업무시스템과의 연결이 불가피할 경우 해당구간에 침입차단시스템(Firewall)을 설치하는 등 제어시스템 내부로의 전자적 침입을 차단하는 기술적 보안대책을 강구하여야 한다.

제어시스템 관련 서버 및 단말기에 대하여 USB, CD, DVD 등 보조기억매체의 사용통제, 보안패치 적용, 바이러스 백신 설치 및 정기 업데이트 등 악성코드 감염 및 자료유출 방지대책을 마련·시행하여야 한다.

특히, 제어망 내에 USB메모리를 통해 악성코드를 감염시켜 제어시스템을 파괴하는 '스턱스넷(Stuxnet)'과 같은 유형의 사이버 공격을 차단하기 위하여 제어시스템 단말기는 타 통신망과의 망간 혼용을 금하고, 제어망 내 보안 USB 관리시스템을 구축하여 인가된 보안 USB메모리만을 사용함으로써 외부 USB메모리를 통한 악성코드 감염을 방지하도록 한다. 특히, 통과차량번호, CCTV영상정보 등 수사자료를 제공하기 위한 목적으로 제어망 내에서의 외부 USB메모리 사용을 금하고, 제어망과 분리된 외부기관 자료제공 전용 단말기를 설치하여 외부 USB메모리는 사용 전 포맷하여 자료를 제공하도록 한다.

④ 외부 용역사업 보안관리

외부업체와 계약하여 정보화사업, 정보보호사업, 보안컨설팅사업, 정보화 시스템 위탁운영 등 정보화용역사업을 추진하는 경우 사업계획에 보안대책을 수립·반영하고, 「국가·공공기관 용역업체 보안관리 가이드라인(국가정보원)」을 참고하여 다음 각 호의 사항을 계약서에 명시하여, 외부 용역사업에 대한 보안대책을 마련하여야 한다.

㉠ 참여인력 보안서약서 징구, 보안교육 및 점검

㉡ 중요 정보 취급에 대한 비밀유지서약

㉢ 보안준수 사항 및 위반 시 손해배상 책임

㉣ 정보시스템 접근권한에 대한 승인절차 준수

㉤ 제공자료에 대한 보안대책

㉥ 개발시스템과 운영시스템의 물리적 분리 운영

[그림 5-24] 정보화 용역사업 프로세스

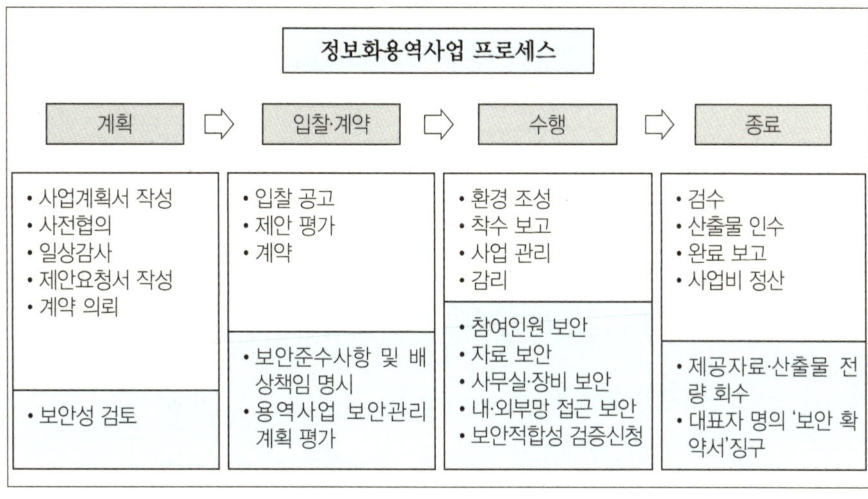

ⓢ 장비 무단 반출·입 확인 및 개발시스템 인터넷 차단

ⓞ 보안관리에 대한 감사권한 등

라. 도시통합운영센터의 보안취약점 개선방안

U-City사업 추진 시 실시설계 단계에서 사업수행자(시행사)로 하여금 국가정보원의 '보안성 검토' 이행을 의무화하여, U-서비스·통신망·현장센서·기반설비·전산장비·통신장비·정보보호시스템 등 전반적인 시스템 및 도시통합운영센터 구성(안)에 대한 보안성을 사전 검토하고, 구축(공사)단계에서 보안취약점을 개선 조치하여 준공 이후 이관받도록 한다.

특히, 보안성검토에서의 핵심사항인 서비스 및 DB 연계를 위한 행정망, 인터넷망, U-City 자가망, 제어망 등 망과 망간의 접점발생을 최소화하고, 부득이하게 망간 연계 시에는 철저한 보안대책을 강구하여야 한다. 또한 IoT 기반 서비스 환경에서의 모바일, 온라인화에 따른 무선 정보통신망 혼용 시에는 VPN을 활용한 전송구간 암호화 및 단말인증 등 보안시스템을 구축·운영하여야 한다. 모든 정보보호제품에 대하여는 CC(Common Criteria) 인증 및 국정원 보안적합성 검증을 필한 제품으로 설계 반영하여 구축되도록 한다.

도시통합운영센터 주요정보통신기반시설 보안취약점 분석·평가에 따른 보안취약점은 물리적·기술적·관리적 3개 분야로 분류하고, 각 분야에 대한 보안취약점 개선을 위한 소요예산과 소요기간에 따른 단기·중기·장기로 조치 구분한 조치계획을 수립하여 보호대책을 마련하고 지속적으로 보안취약점을 개선해나가도록 한다.

보안취약점의 각 항목별로 관리번호를 부여한 '보안취약점 관리대장'을 작

성하여 취약점에 대한 조치이력을 추적·관리하도록 한다.

도시통합운영센터 기반시설 취약점 분석·평가 점검항목은 관리적 점검항목 114개, 물리적 점검항목 26개, 기술적 점검항목이 313개 등 총 453개 항목으로 구성(부록 참조)되어 있다. 점검항목이 가장 많은 기술적 점검항목은 서버(유닉스, 윈도우), 보안장비, 네트워크장비, 제어시스템, PC, DB, 웹 등으로 분류하여 세부적인 각 장비별 기술적 특성을 고려하여 취약점을 정밀하게 점검한다.

주요정보통신기반시설인 도시통합운영센터의 보안취약점은 '행정자치부 소관 주요정보통신기반시설 보안취약점 분석·평가 항목(Check List)'을 기준으로 개별 취약점 점검항목을 종합적으로 분석하고 관리적·물리적·기술적 3가지 분야로 분류하여 기관의 전사적 관점에서 개선방안을 면밀히 모색하여야 한다.

1) U-City사업 보안성 사전검토

① 정보통신 보안성 검토

U-City사업 추진 시 행정자치부 정보통신보안 업무시책과 상충할 소지가 있는지에 대하여 면밀히 검토하고 자체 보안대책을 강구하여 국정원장에게 보안성 검토를 의뢰하여야 한다.

자체 보안대책에는 관리적·물리적·기술적 보안대책과 정보보호시스템 도입 운용 계획, 기관간 망 연계 시 보안관리 협의사항, 재난복구 계획 또는 상시 운용계획 등이 반영되어야 한다. 특히 망간 연계에 따른 접점이 발생하는 경우에는 이에 대한 보안대책을 상세히 제시하여야 한다.

보안성 검토결과 도출된 보안취약점에 대하여는 사업수행자(시행사)로 하여금 완벽히 보완하여 준공처리한 이후 이관받도록 한다.

특히, 보안성 검토 이후 설계내역에 변동사항이 발생한 경우에는 변경사항에 대한 보안성 검토를 추가로 이행하여, 보안취약점을 사전 예방하도록 한다.

② 정보보호시스템의 도입·운용

방화벽, IP-Scan, 접근제어시스템 등 모든 정보보호제품 도입 시에는 정보보호시스템 평가·인증 지침 및 공통평가기준(CC)에 의해 인증받은 제품, 국정원장이 그와 동등한 효력이 있다고 인정한 제품, 행정기관의 장이 자체 개발하거나 외부업체 등에 의뢰하여 개발한 제품에 한하여 「정보통신보안업무규정」 별지 제18호 '정보보호제품 자체 점검결과'를 참조한 보안기능 구현 여부 및 업체 기술지원 가능 여부 등을 점검하고, 선정된 제품에 대하여 국정원에 안전성 확보를 위한 보안적합성 검증을 거쳐 보안적합성 검증결과 도출된 취약점을 제거한 후 운용한다.

2) 관리적 보안취약점 개선방안

① 정보보호정책 수립 및 지속적 검토·보완

기관 자체의 보안규정 및 기반시설보안지침을 수립하여, 매년 검토하여 '규정(지침) 검토결과 보고서' 및 새로운 보안이슈사항을 반영하여 규정 및 지침을 보완하도록 한다. 기관 내 다수의 기반시설이 존재하는 경우에는 전체 기반시설에 대한 총괄적인 기반시설보안지침을 마련하여 기반시설에 대한 일관된 정보보호정책 기준을 수립하도록 한다.

기관단위의 보안규정 및 기반시설보안지침을 기준으로 현행(As-Is) 정보보호 실태를 면밀히 분석하여 기관의 실정에 최적화된 정보보호 목표(To-Be) 달성을 위한 중장기(3년 이상) 정보보호계획을 수립하여 체계적인 정보보호 활동이 유지되도록 한다. 또는 정보화전략계획(ISP) 및 유비쿼터스도시계획 수립시 중장기 정보보호계획을 반영함으로써 정보화사업 및 U-City사업 추진과 정보보호체계가 조화를 이루도록 한다.

이와 같은 중장기 정보보호계획과 매년 실시하는 보안취약점 분석·평가 결과 도출된 보안취약점에 대한 보호대책을 지속적으로 이행하기 위하여, 「정보통신보안규정」에 의하여 매년 실시하고 있는 '연도별 정보보안업무 세부추진계획'에 도시통합운영센터 기반시설보안에 대한 세부추진계획을 반영하고 연도말 당해연도 정보보안업무 세부추진계획 추진결과를 심사 분석·평가하여 기관 단위의 정보보안 관리측면에서 총괄적으로 보안취약점을 개선해나가도록 한다.

② **정보보호조직**

도시통합운영센터 내 팀(계)단위의 보안 전담조직 구성 또는 보안담당자(업무분장에 명시)를 지정하여 정보보호 업무를 체계적으로 수행하도록 한다. 정보화부서에 정보보호업무 전담조직이 있는 경우에는 도시통합운영센터의 기반시설보안업무도 정보보호 전담조직에서 수용하여 기관단위의 전사적 관점에서 총괄적인 정보보호체계를 구축하여 추진하도록 한다.

또한, 기관에 보안관련 전문가를 포함한 정보보호위원회를 구성하여 정보보호 관련 주요 의사결정을 수행함으로써, 정보보호체계의 객관성과 전문성을 확보하도록 운영한다.

③ 인적·외부자 보안

도시통합운영센터에는 경찰관, 위탁운영업체, 모니터링요원 등 많은 외부 인력이 상주하여 24시간×365일 근무하고 있으며, 그 밖에도 유지관리용역 업체의 엔지니어, 수사자료 조회 및 반출을 위해 방문하는 경찰관, 센터 견학자 등 외부자의 출입이 빈번하다. 이에 따라 보안사고 원인의 가장 많은 비중을 차지하고 있는 사람에 의한 보안취약점이 크게 부각되고 있다.

따라서 계약직, 임시직, 외부용역수행인력 등 상주인력 또는 상시출입자에 대한 계약 시 신원조회 및 적격심사 이행과 비밀유지서약서를 작성하고 주기적으로 갱신하도록 하며, 센터 내 모든 인력에 대한 '정보보호 직무기술서'를 작성하고 정보보안정책 불이행 시 징계규정을 명시하여 정보보호인식을 각인시키도록 한다.

또한, 개인별 업무분장에 따라 도시통합운영센터·CCTV상황실·전산실 등 물리적 공간에 대한 출입권한과 정보화시스템에 대한 시스템별·기능별·DB별 세부적인 접근권한을 부여·삭제하는 절차를 수립하여 이행하도록 한다. 특히, 고용계약 만료 시 자산반납 및 접근권한 삭제가 즉각적으로 이뤄지도록 절차 수립과 이행이 매우 필요하다.

④ 자산분류

도시통합운영센터 내 보유하고 있는 시설, 장비, 인력 등에 대해 보안관점에서 자산분류기준을 마련하여 보안등급과 중요도에 따라 분류하고 관리하여야 한다. 또한 자산의 등급별 보호 및 접근제한 절차를 마련하여 이행한다.

⑤ 매체관리

각종 미디어 장치를 통한 도시통합운영센터 정보시스템 내에 악성코드 감염 또는 내부정보의 유출을 방지하기 위하여, 미디어 장치에 대한 사용 및 반출·입에 대한 관리절차를 마련하고 인가되지 않은 매체가 내부시스템에서 무단으로 사용되지 않도록 다각적인 대책방안을 수립하여 관리한다.

특히, 기반시설 제어망 내에서 수사자료 제공 등을 위한 외부 USB메모리 사용에 대한 철저한 보안대책을 강구하여야 한다. 즉, 기반시설 시스템 서버, 운영단말PC 등에 USB포트락 및 키보드&마우스포트락 설치, USB메모리 자동실행 차단 환경설정, 보안USB관리시스템 구축으로 비인가 매체제어, 자료제공 전용PC 지정운영 등의 보안적용과 부득이 외부 USB를 사용해야만 하는 경우에는 사용전 포맷조치 또는 바이러스 체크 등을 수행한다.

또한, PC 및 복합기를 불용 처리하는 경우에는 저장장치의 완전 삭제 후 불용처리하고, 기기 수리를 위한 외부 반출 시에는 하드디스크 및 내장형 메모리 내 저장된 자료유출 방지를 위한 안전조치를 취하도록 한다.

⑥ 교육 및 훈련

도시통합운영센터의 내부직원과 외부 용역수행인력 등 모든 인적자원에 대한 정보보호교육을 정기적으로 실시하고, 사이버안전센터 공지 및 보안업데이트 사항, 보안취약점 조치 요령 등을 공지하여 정보보호인식을 제고시켜야 한다.

특히, 모니터링요원, 정보시스템 위탁운영 및 유지관리 인력 등에 대한 보안준수 사항 숙지 및 정보보호교육을 실시하여 외부인력에 대한 보안위험에 적극적으로 대처하도록 한다.

⑦ 접근통제

U-서비스 시스템별, 기능별, DB별 접근통제 방법 및 범위 등을 정의한 접근통제정책을 수립하고 주기적으로 검토하여 취약점 개선을 위해 보완하도록 한다.

무선랜(WiFi) 무단사용 여부, 비인가 무선중계기(AP) 설치 여부, 우회 정보통신망 사용차단 여부 등을 정기적으로 점검하여, 기반시설 제어망과 외부망과의 접점발생에 따른 보안취약점이 발생되지 않도록 지속적으로 관리하여야 한다.

행정정보통신망, 인터넷망, U-City자가전기통신설비, 외주용역업체 상주인력 네트워크 등은 각각 분리하여 사용하여야 하며, U-City자가전기통신설비 내에서도 기반시설 제어망 등 서비스 중요도에 따라 네트워크를 물리적·논리적으로 분리·운영하여, 망간 혼용에 따른 보안취약점이 발생하지 않도록 전사적 통신망 구성에 보안성을 면밀히 검토하여야 한다.

⑧ 운영관리

정보시스템, 정보통신망, 정보보호시스템 등 모든 정보화시스템은 도입전에 보안성 검토, 기존 시스템과의 호환성 검토, 정보보호제품의 CC인증 및 보안적합성 검증 등을 실시하여 도입 이후 운영단계에서의 보안취약점이 발생하지 않도록 한다.

또한 시스템 개발 및 테스트 설비는 운영설비와 분리하여 운영시스템의 안전성을 보장하고, 정보통신망 구성도, 보호대책서, IP관리대장 등은 대외비 이상으로 비밀관리기록부에 등재하여 관리하도록 한다.

서버 및 운영단말PC에 바이러스 백신프로그램을 설치하고 정기 업데이트 등 효율적인 패치작업를 위한 패치관리시스템(PMS)을 운영함에 있어서 On-Line 자동패치는 지양하고, 수동으로 패치파일을 업로드하는 Off-Line 수동패치로 PMS를 통한 시스템 내 악성코드 유포를 방지하도록 한다.

시스템 및 데이터베이스에 대한 백업정책과 소산정책을 마련하여 수행하며, 정보시스템의 변동사항에 대한 이력관리를 위하여 소스코드에 대한 지속적인 형상관리를 실시하도록 한다.

시스템관리자는 원격접속을 지양하고 전용터미널을 지정하여 운영함으로써, 네트워크를 통한 시스템 접근통제를 강화하도록 한다.

그 밖에 시스템의 보안 중점점검사항에 대하여는 매월 '사이버보안진단의 날'을 정하여 점검하고 취약점에 대하여 즉각적으로 조치하도록 한다.

⑨ 사고대응

DDoS 등 침해사고 발생 시 신속한 보고 및 긴급대응을 위한 사고대응체계를 마련하고, 침해사고에 대한 주기적인 모의훈련과 정기교육을 실시하여 침해사고 대응절차 및 방법을 숙지하도록 한다.

시스템에 부정접근 및 보안사고를 지속적으로 모니터링하며, 침해사고 발생 시 사고 유형·범위·영향 등을 포함한 보안사고 분석결과를 기록하고 재발 방지 대책을 수립하여 시행하도록 한다.

3) 물리적 보안취약점 개선방안

① 접근통제

도시통합운영센터는 주요정보통신기반시설로써 보호구역을 지정하여 출입통제에 대한 정책과 절차를 수립하고 이에 따라 센터의 출입을 통제하여야 한다. 즉, 전산실, 통신실, CCTV상황실, 배전실, 외부의 통신노드 등 보안이 요구되는 구역은 출입통제구역으로 지정하여 사전에 해당 구역에 대한 출입권한을 승인받은 사람에 한하여 출입할 수 있도록 지문 등 바이오인식 또는 출입카드 시스템을 활용하여 출입통제하고, 그 로그를 1년 이상 보관하도록 한다. 특히 출입통제구역 내로의 입·출 시간을 확인할 수 있도록 출입문 안·밖 양쪽에 센서를 부착하여 운영하도록 한다.

또한 출입통제구역 내에서도 주요시스템에 대하여는 별도의 출입통제를 실시하거나 이중 보호장치를 설치하여 시스템 단위의 물리적 보안대책을 강구하도록 한다.

그 밖에 외부인의 접근이 용이한 복도에 위치한 MDF실 및 외부의 현장시설물 함체 등 각 통신실에는 시건장치를 하되 마스터키 사용을 금하고, 여유 통신포트를 차단하여 센터 내부 시스템으로의 접근통제를 강화하도록 한다.

② 감시통제

도시통합운영센터 출입구, 전산실 및 통신장비실 내부에 출입자의 동선을 파악하기 위하여 사각지대 없이 CCTV를 설치하여 실시간 모니터링을 통해 미승인된 구역의 출입을 감시 통제하여야 한다. CCTV 중계·관제서버, 관리용PC, 정보통신망 등에 대한 보안대책을 수립하여 이행하도록 한다.

센터 내 상주인력은 상시 신분증을 패용하도록 하고 외부인은 방문 시 출입증을 발급하여, 센터 내 상주·비상주하는 모든 인력에 대한 출입권한은 업무분장 및 출입목적에 필요한 최소한의 구역 내로 한정하여 출입통제시스템 등에 반영하여 물리적으로 출입을 통제하도록 한다. 보다 정확한 동선파악이 필요한 경우에는 출입증에 위치정보수집이 가능한 칩을 부착하여 시스템적으로 관리하도록 하며, 이러한 출입 및 이동경로에 대한 기록은 1년 이상 보관하도록 한다.

유지관리용역인력 등 외부인의 출입통제구역 출입 시에는 반드시 담당공무원이 동행하여 외부인의 동선과 작업내역을 상시 감시·통제하여야 한다.

③ 전력보호

도시통합운영센터에 안정적인 전원공급을 위해 이중 전원공급, 전력공급 중단 시 자체 동력장치인 비상발전기, 무정전 전원장치(UPS) 등의 전원공급설비를 갖춰야 한다. 특히 비상발전기, UPS 등은 센터 내 설비 확장성을 고려하여 충분한 가용량을 확보하도록 한다.

전원선 및 통신선은 도청 및 손상을 방지하기 위하여 지중으로 설치하고, 누전 및 누수 등으로 인한 사고예방을 위하여 누전차단기 또는 누전경보기, 누수탐지기 등을 설치하여 운영하도록 한다.

④ **환경통제**

도시통합운영센터의 위치선정 및 건축설계 시 물리적, 환경적 위험이 적은 곳에 위치하고 건물구조에 안정성을 확보하도록 한다. 센터 내 공간설계 시 각 실별·층별 보안등급을 고려하여 배치하고, 물리적 중요도에 따라 제한구역, 통제구역 등으로 분류·지정하여 다단계 보호대책을 수립하도록 한다.

따라서, 저층→고층, 출입구→내부 안쪽으로 보안등급 요구 정도에 따라 실공간을 배치하되, 외부 방문객의 이동경로를 고려한 외부인 출입통제를 고려하도록 한다. 즉, 접견실, 견학실 등은 출입구 근처, 전산실은 최고층·안쪽, 방재실은 침수방지를 고려하여 지상 1층에 배치하도록 한다.

특히, 가장 높은 보안등급이 요구되는 전산실은 천장 및 창문을 통한 외부 침입이 불가능하도록 천장과 창문을 봉쇄하고, 항온항습기 고장 시 전산장비 장애발생을 방지하기 위하여 전산실 온·습도를 FMS에 연계하여 일정 온도 이상 상승 시 관리자에게 SMS 상황전파 기능을 갖추도록 한다.

4) 기술적 보안취약점 개선방안

도시통합운영센터 내에는 다수의 U-서비스 제공을 위한 상당히 많은 수의 서버·보안·통신 장비, 제어시스템, PC, 데이터베이스(DB), 웹(Web) 등이 운영되고 있으나, 기존 행정정보시스템과는 달리 체계적인 정보보호시스템이 구축되어 있지 않아, 이에 대한 기술적 보안취약점 개선이 시급한 실정이다.

① 계정관리

모든 시스템에 대한 사용자 계정은 1인 1계정 부여로 사용자 계정의 공동 사용을 금하고, 계정 및 패스워드 오류 시 일정시간 잠금 임계값을 설정하여 타인의 계정을 도용하지 못하도록 한다.

root계정 원격접속 차단, 일반사용자 계정의 'su' 명령어 제한, root 이외의 UID '0' 금지로 root계정 외의 시스템접근을 차단하고, 윈도우즈 장비에서 Administrator 등 기본계정은 반드시 다른 이름으로 변경하여 사용하도록 한다.

패스워드에 대한 복잡성·최소길이·사용기간·분기별 변경주기 등을 설정하도록 한다. 패스워드 파일은 암호화하여 보호하도록 한다.

② 파일 및 디렉토리 관리

root 홈, 패스 디렉토리 권한 및 패스 설정, 파일 및 디렉토리 소유자 설정, 사용자, 시스템 시작파일/환경파일 소유자, 권한설정과 접속 IP 및 포트 제한 등으로 시스템 접근권한 관리에 철저하도록 한다.

③ 서비스관리

서비스 원격접속 및 비인가자 접속 차단, DDoS공격에 취약한 서비스 비활성화 등으로 해커에 의한 시스템 악용을 방지하기 위하여 서비스 단위의 보호를 강화하여야 한다.

윈도우즈 장비에서 공유권한 및 사용자그룹을 설정하고, 하드디스크 기본 공유 및 불필요한 서비스는 제거하도록 한다. 그 밖에 IIS 보안설정을 점검하여 보안 적용하도록 한다.

④ **패치관리**

바이러스 백신의 최신 보안패치, 시스템 업데이트 벤더 권고사항을 지속적으로 적용하여 보안취약점을 개선하도록 한다.

⑤ **로그관리**

모든 시스템의 로그는 수시로 모니터링하고 정기적으로 검토·보고하며, 보안정책에 따른 시스템 로깅을 설정하도록 한다.

다수의 시스템에 대한 효율적이고 체계화된 로그분석을 위해 '통합로그관리시스템'을 구축·운영하여 전자적 침해로부터 내부 시스템을 선제적으로 보호하도록 한다.

⑥ **보안관리**

윈도우즈 장비는 백신 프로그램을 설치하여 정기적으로 최신버전으로 업데이트하도록 한다. 단, PMS(Patch Management System)를 통한 패치관리 시 외부망과의 온라인 자동패치파일 다운로드 방식은 내부망과 외부망과의 접점에 의한 침입경로가 발생 가능하므로, 시스템관리자가 수동으로 패치파일을 다운로드하여 PMS 서버에 수동으로 업로드하여 내부망에 일괄 배포하는 방식으로 운영하여, PMS가 사이버공격에 역이용되는 사례가 발생되지 않도록 주의한다.

⑦ 보안장비 관리

보안장비의 Default 계정 및 패스워드는 반드시 변경하여 사용하고, 보안장비에 원격접근을 통제하며, 기관의 보안정책을 적용하고 변경사항을 즉각적으로 시스템에 반영하여 일관된 보안정책이 이행되도록 한다.

또한 로그데이터에 대한 지속적인 모니터링과 분석으로 공격유형 변화에 따른 유해트래픽 차단정책을 설정하여 반영하도록 한다.

⑧ 네트워크 관리

암호화된 패스워드의 복잡성 설정을 통한 계정관리, Telnet(VTY) 접근관리, SNMP(Simple Network Management Protocol) 서비스 보안성, DDoS 공격 등 네트워크 보안취약점 사전점검으로 통신망에 대한 사이버침입을 원천적으로 차단하도록 한다.

⑨ 제어시스템 관리

제어시스템의 사용자계정은 시스템 접근권한정책을 마련하여 사용자별 1인 1계정 부여로 단일계정의 공동사용을 금하고, 소스코드 내에 계정 및 패스워드를 하드코딩하지 않도록 하여 시스템접근을 통제하도록 한다.

제어시스템의 내부망은 제어시스템 이외의 외부망과 물리적(논리적)으로 분리하여 구축하고, 자료연계 시 White List 기반 침입차단시스템의 일방향 보안환경을 구축하여 제어시스템 내부로의 침입을 근복적으로 차단한다. 따라서 제어망과 무선망·외부망과의 연결을 제한하고 이를 정기적으로 점검하여 제어망에 대한 안전성을 유지해야 한다.

USB메모리를 이용한 스턱스넷(Stuxnet)과 같은 악성코드 전파를 방지하기 위하여 제어시스템에서의 외부 USB메모리 사용을 통제하도록 한다.

⑩ PC 관리

PC의 부팅 – 윈도우 로그인 – 화면보호기 등 3단계 암호를 설정하고 주기적으로 변경하도록 한다.

특히 운영단말PC의 공유폴더 제거 또는 암호설정, 불필요한 서비스 제거, 상용 메신저 및 이메일 차단, 바이러스 백신 설치 및 주기적 업데이트 실시로 제어시스템 내 악성코드 감염과 내부정보의 유출을 예방하도록 한다.

⑪ 데이터베이스 관리

데이터베이스 계정 및 패스워드 보안관리, 원격DB서버 접속제한 및 비인가자 시스템테이블 접근차단 등 DB접근제어관리, 최신 보안패치, DB 로그 관리 등으로 데이터베이스의 위·변조 및 외부유출을 방지하도록 한다.

'DB접근제어관리시스템' 및 '로그관리시스템' 등의 정보보호시스템을 도입하여 보다 효율적인 데이터베이스 관리체계를 갖추도록 한다.

⑫ 웹(Web) 관리

웹서비스는 인터넷망에 노출되어 불특정다수가 사용하므로 전자적 침해에 가장 취약한 분야이다. 따라서 웹서비스 구축단계에서 소스코드상의 보안 취약점 개선을 위한 시큐어코딩, 전송구간 암호화를 위한 보안SSL, DB 암호화, 인증기반 로그인 등 '전자정부서비스 웹취약점 표준 점검항목'에 대해 보

[표 5-16] 전자정부서비스 웹취약점 표준 점검내역

No.	코드	점검내역	설명	조치영역
1	OC	운영체제 명령 실행	• 웹서버에 존재하는 명령어 실행 가능 함수 인자를 조작하여 특정 명령어 실행이 가능한 취약점	소스코드
2	S	SQL 인젝션	• 입력 폼에 악의적인 쿼리문을 삽입하여 DB 정보, 타 사용자 권한 획득이 가능한 취약점	소스코드
3	XI	XPath 인젝션	• XPath 쿼리문 구조를 임의로 변경하여 DB 정보 열람, 타 사용자 권한 획득이 가능한 취약점	소스코드
4	D	디렉토리 인덱싱	• 본 페이지의 파일이 존재하지 않을 때 자동적으로 디렉토리 리스트를 출력하는 취약점	서버
5	IL	정보누출	• 개발자의 부주의, 디폴트로 설정된 에러 페이지 등 웹 어플리케이션에서 민감한 정보가 노출되는 취약점	소스코드
6	CS	악성콘텐츠	• 정상적인 컨텐츠 대신에 악성 컨텐츠를 주입하여 사용자에게 악의적인 영향을 미치는 취약점	소스코드
7	XS	크로스사이트 스크립트(XSS)	• 웹사이트를 통해 다른 최종 사용자의 클라이언트에서 임의의 스크립트가 실행되는 취약점	소스코드
8	BF	약한 문자열 강도(브루트포스)	• 비밀번호 조합규칙(영문, 숫자, 특수문자 등)이 충분하지 않아 추측 가능한 취약점	소스코드
9	IN	불충분한 인증 및 인가	• 웹어플리케이션에서 사용자 인증 및 접근제한 미흡으로 불법 접근 및 조작이 가능한 취약점	소스코드
10	PR	취약한 패스워드 복구	• 취약한 패스워드 복구로직을 통해 다른 사용자의 패스워드를 획득, 변경할 수 있는 취약점	소스코드
11	SM	불충분한 세션 관리	• 단순 숫자 증가 방법 등의 취약한 특정 세션의 ID를 예측하여 세션을 가로채거나 중복 접속을 허용하는 경우 타 사용자의 세션을 획득하여 권한 획득할 수 있는 취약점	소스코드
12	CF	크로스사이트 리퀘스트 변조 (CSRF)	• 로그온한 사용자 브라우저로 하여금 사용자의 세션 쿠키와 기타 인증정보를 포함하는 위조된 HTTP 요청을 취약한 웹어플리케이션에 전송하는 취약점	소스코드
13	AU	자동화공격	• 정해진 프로세스에 자동화된 공격을 수행함으로써 수많은 프로세스가 진행되는 취약점	소스코드
14	FU	파일업로드	• 파일업로드 기능을 이용하여 시스템 명령어를 실행할 수 있는 파일을 업로드하는 취약점	소스코드
15	FD	경로추적 및 파일다운로드	• 다운로드 함수 인자를 조작하여 서버에 존재하는 파일다운로드 가능한 취약점	소스코드
16	AE	관리자페이지 노출	• 단순한 관리자 페이지 이름, 설정, 설계상 오류 등 관리자 메뉴에 직접 접근할 수 있는 취약점	서버

17	PL	위치공개	• 임시파일, 백업파일 등에 접근이 가능하여 핵심정보가 노출될 수 있는 취약점	서버
18	SN	데이터 평문전송	• 서버와 클라이언트 간 통신 시 암호화하여 전송을 하지 않아 중요 정보 등이 노출되는 취약점	서버 소스코드
19	CC	쿠키변조	• 보호되지 않는 쿠키를 사용하여 값 변조를 통한 사용자 위장 및 권한 상승 등이 가능한 취약점	소스코드
20	MS	웹서비스 메소드 설정 공격	• PUT, DELETE 등의 메소드를 악용하여 악성 파일(웹쉘) 업로드가 가능한 취약점	서버
21	UP	URL/파라미터 변조	• URL, 파라미터의 값을 검증하지 않아 특정 사용자의 권한 획득이 가능한 취약점	소스코드

안성을 확보한 국정원 보안성 검토 절차이행으로 보안취약점을 서비스 개시 이전에 개선하도록 한다. 또한 정기적인 웹취약점 점검과 웹호환성·웹접근성을 고려하여 서비스 UI와 보안성을 확보하도록 한다.

또한, 제어시스템과 웹서비스 연계 시에는 인터넷망에서 제어망 내부로의 침입차단을 위한 일방향 방화벽, VPN 등 접근단계별 정보보호시스템 구축과 실시간 모니터링체제 운영과 지능화되고 다변화되는 사이버침해에 대비한 주기적인 보안취약점 분석·평가를 통한 보호대책을 마련하여 이를 보완해 나가야 한다.

5 도시통합운영센터의 개인정보보호

가. 개인정보의 개요

개인정보란 살아 있는 개인에 관한 정보로서 성명, 주민등록번호 및 영상 등을 통하여 특정 개인을 타인과 식별할 수 있는 정보(해당 정보만으로는 특정 개인을 알아볼 수 없더라도 다른 정보와 쉽게 결합하여 알아볼 수 있는 것을 포함)를 의미한

[그림 5-25] 개인정보의 예

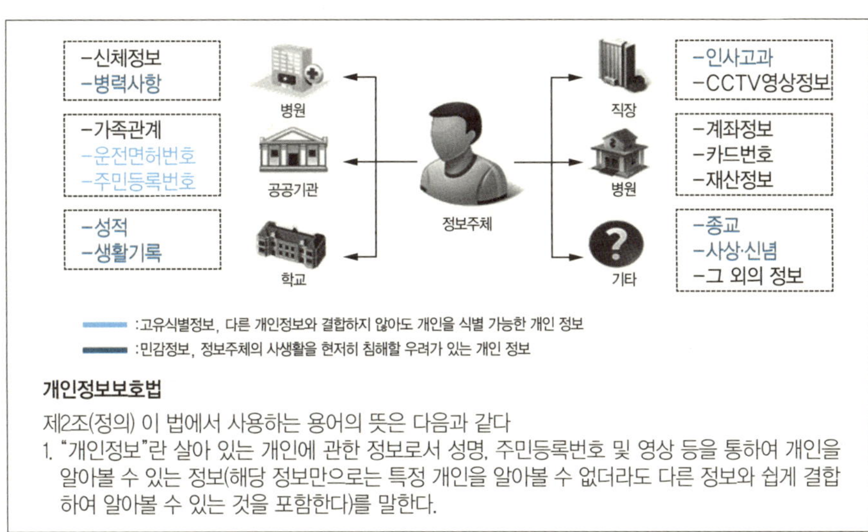

개인정보보호법

제2조(정의) 이 법에서 사용하는 용어의 뜻은 다음과 같다

1. "개인정보"란 살아 있는 개인에 관한 정보로서 성명, 주민등록번호 및 영상 등을 통하여 개인을 알아볼 수 있는 정보(해당 정보만으로는 특정 개인을 알아볼 수 없더라도 다른 정보와 쉽게 결합하여 알아볼 수 있는 것을 포함한다)를 말한다.

다. 따라서 개인과 관련된 일체의 정보는 모두 개인정보에 해당된다.

최근 정부3.0 기반 정보의 개방·공유, SNS 및 IoT 활성화, 각종 정보화산업 발달에 따라 개인정보는 단순히 개인을 확인하기 위한 정보에서 부가가치를 창출하는 핵심자원으로 더욱더 중요시되고 있다. 이에 따라 개인정보 무단유·노출로 인한 개인의 프라이버시 침해, 개인정보의 도용 또는 위·변조에 의한 사기 등 그 사회적 위험성도 상대적으로 증대되어 개인정보보호에 대한 필요성이 대두되고 있다.

특히, 도시통합운영센터 내에 보유하고 있는 '차량의 위치정보' 및 각종 'CCTV영상정보'는 범죄수사의 결정적 단서로써 범죄해결에 중요한 역할을 하고 있음에 따라, CCTV영상정보 유출로 인한 개인의 프라이버시 침해, 악의적 목적으로 영상정보DB 훼손 또는 CCTV 제어권 무단획득에 의한 임의조작 등으로 범죄증거 인멸 또는 범죄악용 등에 따른 사회적 문제를 예방하기 위하여 행정자치부에서는 방범CCTV관제시스템을 주요정보통신기반시설로 지정하여 개인정보보호를 위한 관리를 강화하고 있다. 따라서 「공공기관 CCTV 관리 가이드라인」을 준용하여 CCTV설치를 위한 계획단계에서부터 CCTV를 통한 개인화상정보의 수집, 보유, 상황실 모니터링, 이용 및 타기관 제공, 파기 등 전 생애주기(Life Cycle)에 대한 물리적·기술적·관리적 관점에서 철저히 관리하여야 한다.

나. 개인정보보호의 원칙준수

개인정보는 정보주체인 국민 개개인의 소유이므로 개인정보처리자인 공공기관 및 민간기업에서의 개인정보의 활용은 원칙적으로 기본권의 제한이라는

[표 5-17] 개인정보보호의 8원칙

원칙	주요 내용
처리목적의 명확화, 필요 최소 범위 수집	개인정보의 처리목적을 명확히 하고 그 목적에 필요한 범위에서 최소한의 개인정보만을 적법하고 정당하게 수집하여야 한다
목적 범위 내 처리, 목적 외 처리 금지	개인정보의 처리목적에 필요한 범위에서 적합하게 개인정보를 처리하고, 목적 외 용도로 활용하여서는 아니된다
개인정보의 정확성·완전성·최신성 보장	개인정보의 처리 목적에 필요한 범위에서 개인정보의 정확성, 완전성 및 최신성이 보장되도록 하여야 한다
정보주체의 권리가 침해되지 않도록 개인정보의 안전관리	개인정보의 처리방법 및 종류 등에 따라 정보주체의 권리가 침해받을 가능성과 그 위험 정도를 고려하여 개인정보를 안전하게 관리하여야 한다
처리방침 공개와 열람청구권 등 정보주체 권리 보장	개인정보 처리방침 등 개인정보의 처리에 관한 사항을 공개하여야 하며, 열람청구권 등 정보주체의 권리를 보장하여야 한다
사생활 침해 최소화	정보주체의 사생활 침해를 최소화하는 방법으로 개인정보를 처리하여야 한다
가능한 익명처리	개인정보의 익명처리가 가능한 경우에는 익명에 의하여 처리될 수 있도록 하여야 한다
개인정보처리자의 법령 준수 등 책임과 의무 실천	개인정보보호법에 명시된 책임과 의무를 준수하고 실천함으로써 정보주체의 신뢰를 얻기 위하여 노력하여야 한다

측면에서 이루어지므로, 국민의 기본권 침해의 소지가 없는 한도 내에서 허용하여야 한다.

따라서 개인정보 처리 시에는 개인정보보호법에 따라 정보주체가 자신의 개인정보 공개와 이용에 스스로 결정할 수 있는 권리(자신에 관한 정보가 언제 누구에게 어느 범위까지 알려지고 또 이용되도록 할 것인지를 그 정보주체가 스스로 결정할 권리)인 '개인정보 자기결정권'을 보장할 수 있도록 처리함으로써, 개인정보가 내부자의 고의나 관리 부주의 또는 외부의 공격으로 인해 유출·훼손되지 않도록 안전하게 관리되어야 한다.

그러나, 불특정다수를 대상으로 개인정보를 수집하고 처리하는 U-서비스 분야에서는 정보주체에게 특정 사항을 고지하거나 직접 동의를 얻는 등의 현행 개인정보보호법의 적용이 현실적으로 어려우며 오히려 개인정보보호법이 U-서비스 활성화에 장애요인이 될 수도 있으나, 개인정보보호원칙 준수하에 시스템을 구축하고 서비스를 이용·제공하도록 하여야 한다.

다. 개인정보 처리단계별 준수사항

개인정보의 보호관리를 위해서는 개인정보의 수집에서 파기에 이르기까지 개인정보 생애주기(Life-Cycle)에 대한 각 처리단계별로 관리적, 기술적, 물리적 요소에 대해 적절한 보호조치를 하여야 한다.

1) 수집단계

정보주체의 개인정보를 취득하는 단계로, 개인정보를 수집하기 위하여는 「개인정보보호법」 제15조에 의거하여 정보주체의 동의가 있거나 법령 등에서 정하는 개인정보 수집에 대한 명확한 근거가 있어야 한다.

2014년도 개정된 개인정보보호법에서는 법령상 근거가 없는 경우 원칙적으로 주민등록번호 처리를 금지하고 있어, 기 보유하고 있는 주민등록번호 중 법령상 근거가 없는 경우에는 법 시행 후 2년 이내(2016.8.6.까지) 파기하여야 한다. 이에 따라, 법적 근거가 없는 경우 주민등록번호 대체수단을 도입하여야 한다. 단, 정보주체 또는 제3자의 급박한 생명, 신체, 재산이익을 위해 명백히 필요하다고 인정되는 경우에는 예외로 한다.

따라서, 개인정보의 하나인 화상정보를 수집하는 CCTV를 설치하기 전에 「공공기관 CCTV 관리 가이드라인」 제7조에 명시한 사전의견수렴(행정예고, 설명회, 공청회 등) 방법 중 적절한 방법을 선택하여 관련 전문가 및 이해관계인의 의견을 수렴하여야 한다. CCTV 설치 및 위치선정 등을 위한 의견수렴 방법으로는 일반적으로 관할 경찰서의 범죄발생 위험지역 통계자료와 행정예고 또는 지역주민 대상의 공청회·설명회 등의 개최를 통한 이해관계자 의견을 반영하도록 설치하며, CCTV설치장소에는 설치목적, 촬영범위, 촬영시간, 관리주체 등을 표시한 안내판을 눈에 잘 띄는 곳에 부착하여야 한다.

[그림 5-26] 개인정보의 처리단계별 관리업무

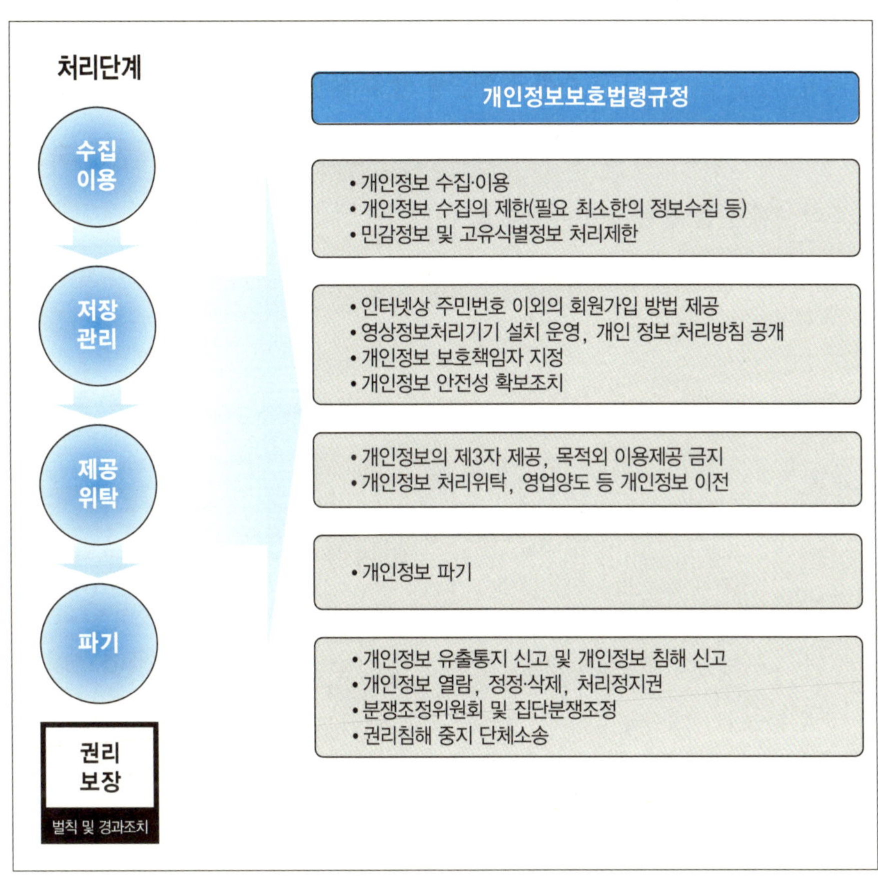

2) 보유단계

수집한 개인정보는 DB, 전산파일, 종이문서 등의 형태로 저장 및 이용할 수 있으며, 이런 개인정보가 분실·도난·유출·변조 또는 훼손되지 않도록 「개인정보의 안전성 확보조치 기준 고시」 등 관련 법, 지침, 규정 등에 따라 관리적, 기술적, 물리적 보호조치를 통해 안전하게 보관하여야 한다.

특히, 보유 중인 주민번호, 여권번호, 운전면허번호, 외국인등록번호 등의 고유식별정보와 비밀번호, 바이오정보 등 주요개인정보 DB는 국가정보원(IT 보안인증사무국) 검증대상 암호알고리즘을 적용하여 암호화 저장 및 전송함으로써 해킹에 의한 정보유출을 방지하도록 한다. 또한, 업무용 개인PC에 보관 중인 개인정보가 포함된 전산파일에 대하여도 문서도구 자체 암호화, 암호 유티리티 등을 이용한 암호화, DRM을 이용한 암호화, 디스크 암호화 등 암호화 솔루션을 활용하여 저장하도록 한다.

개인정보 문서 및 저장매체(USB메모리, 외장형 하드디스크, 백업테이프) 등 개인

[표 5-18] 개인정보 안전성 확보조치를 위한 주요내용

구분	주요 내용
관리적 보호조치	- 내부 관리계획(개인정보를 안전하기 처리하기 위한 내부규정·지침)의 수립 및 시행 - 내부관리계획에 포함할 사항. 개인정보 보호책임자의 지정에 관한 사항. 개인정보 보호책임자 및 개인정보취급자의 역할 및 책임에 관한 사항. 개인정보의 안전성 확보에 필요한 조치에 관한 사항. 개인정보취급자에 대한 교육에 관한 사항. 그 밖에 개인정보 보호를 위하여 필요한 사항 - 내부관리계획 수립 및 운영 방법. 유출통지처리 및 피해구제 절차, 담당자 명시. 취급자 PC에 고유실별정보가 저장되지 않도록 조치. 저장이 필요한 경우 암호화하도록 수립하여 운영. 정보주체 이외로부터 수집하는 개인정보 관리방안 수립. 정보주체의 요구에 대한 수집출처 고지 절차 수립 및 처리 담당자를 지정하여 운영. 개인정보 불필요 여부 점검, 파기 절차, 방법 수립 및 관련 담당자를 지정하여 운영. 개인정보를 처리하는 임직원, 파견 및 시간제 근로자, 수탁업체 관리·감독 절차, 방법, 담당자 역할, 점검항목 등 체계 수립·운영. 내부관리계획, 개인정보보호방침에 보호책임자 공개

〈개인정보 내부관리계획 목차 예시〉

제1장 총칙 제1조(목적) 제2조(적용범위) 제3조(용어정의) 제2장 내부관리 개획의 수립 및 시행 제4조(내부관리계획의 수립 및 승인) 제5조(내부관리계획의 공표) 제3장 개인정보보호책임자의 의무와 책임 제6조(개인정보보호책임자의 지정 제7조(개인정보보호책임자의 의무와 책임) 제8조(개인정보취급자의 범위 및 의무와 책임)	제4장 개인정보의 처리단계별 기술적·관리적 안전 조치 제9조(개인정보취급자 접근 권한 관리 및 인증) 제10조(접근통제) 제11조(개인정보의 암호화) 제12조(접근기록의 위변조 방지) 제13조(보안프로그램의 설치 및 운영) 제14조(물리적 접근제한) 제5장 개인정보보호 교육 제6장 개인정보 침해대응 및 피해규제

기술적 보호조치

- 개인정보에 대한 접근통제의 제한조치

접근통제 및 불법유출 시도 탐지 시스템 설치·운영

• 침입차단시스템(Firewall), 침입방지시스템(IPS)
• 웹방화벽, Secure OS, 네트워크장비 ACL 기능 이용
• IDC, 클라우스 서비스에서 제공하는 보안서비스 활용

업무용 컴퓨터만을 이용해 개인정보 처리 시, O/S 및 보안프로그램의 접근통제기능 이용
외부 접속 시 가상사설망(VPN) 또는 전용선 등 안전한 접속수단 이용
홈페이지 취약점 방지 조치
P2P 사용 및 공유 설정 금지(필요 시 최소 폴더단위 공유 및 공유폴더 내 개인정보 파일 저장금지)

〈접근통제시스템 구성 예시〉

- 개인정보에 대한 접근권한의 제한조치

업무수행에 필요한 최소한의 범위로 차등 부여

예) 개인정보보호책임자 : 전체권한(읽기/쓰기/변경) 부여
개인정보취급자 : 읽기권한만 제공

접근권한 부여, 변경, 말소 내역 기록 및 최소 3년간 보관
개인정보취급자별 사용자 계정 발급 및 계정 공유금지
개인정보취급자 변경 시 개인정보처리시스템 접근권한 변경 또는 말소
비밀번호 안전성 확보(영문자+숫자+특수문자 혼합 10자리 이상 등)
비밀번호 유효기간 설정 및 6개월마다 주기적 변경

- 개인정보를 안전하게 저장·전송할 수 있는 암호화 기술의 적용 또는 이에 상응하는 조치

암호화 대상 : 고유식별정보, 비밀번호, 바이오정보

암호화 기준 :

전송시	고유식별정보, 비밀번호, 바이오 정보		암호화
저장시	비밀번호		일방향 암호화
	바이오 정보		양방향 암호화
	고유 식별 정보	인터넷, DMZ 구간	암호화
		내부망	영향평가, 위험도 분석결과에 따른 암호화
		업무용 PC	암호화(상용암호화, 소프트웨어, 안전한 암호와 알고리즘

전송 암호화 방법

〈웹서버 – 클라이언트〉
- SSL방식 : 서버 인증서를 설치하여 보안서버 사용하는 방식(SSL/TLS)
- 응용프로그램 방식 : 웹브라우저에 보안 프로그램 설치

〈개인정보처리시스템 – 개인정보처리시스템〉
- VPN(가상사설망) 구축 : IPSec VPN, SSL VPN, SSH VPN

〈개인정보취급자–개인정보취급자〉
- 이메일 암호화 : 이메일 내용 전체를 암호화(PGP, S/MIMIE)
- 이메일 첨부문서 암호화

저장 암호화 방법

〈개인정보처리시스템 암호화〉
- 응용프로그램 자체 암호화
  ⇒ 암·복호화 모듈이 API 라이브러리 형태로 각 어플리케이션 서버에 설치
  ⇒ 응용프로그램에서 암·복호화 모듈 호출
- DB서버 암호화
  ⇒ 암·복호화 모듈을 DB 서버에 설치
  ⇒ DB서버에서 암·복호화 모듈 호출
- DBMS 자체 암호화
  ⇒ DB서버의 DBMS 커널이 자체적으로 암·복호화 기능 수행
- DBMS 암호화 기능 호출
  ⇒ 응용프로그램에서 DBMS 커널이 제공하는 암·복호화 API 호출
- 운영체제(O/S) 암호화
  ⇒ OS에서 제공하는 물리적인 입·출력을 이용한 암·복호화

〈업무용 컴퓨터 암호화〉
- 문서도구 자체 암호화
  ⇒ 문서도구의 자체 암호화 기능을 이용한 개인정보 파일 암호화
  예) 한컴오피스, MS오피스 등에 비밀번호 설정

	• 암호 유틸리티를 이용한 암호화 ⇒ OS에서 제공하는 파일 암호 유틸리티를 이용한 개인정보 파일 암호화 ⇒ 파일 암호 전용 유틸리티를 이용한 개인정보 파일 암호화 • DRM을 이용한 암호화 ⇒ 권한 있는 사용자만 암호화된 데이터에 접근 가능한 문서 암호화 • 디스크 암호화 ⇒ 디스크에 데이터를 기록할 때 자동으로 암호화 및 읽을 때 자동으로 복호화 ⇒ 상용 디스크 암호도구를 이용한 암호화 ⇒ OS에서 제공하는 디스크 암호 기능을 이용한 암호화 예) 윈도우의 EPS, BitLocker 등 – 개인정보 침해사고의 발생에 대응하기 위한 접속기록의 최 조 방지를 위한 조치 – 개인정보에 대한 보안프로그램의 설치 및 갱신. 백신 등 보안프로그램 설치, 자동 또는 일 1회 이상 업데이트
물리적 보호조치	– 개인정보의 안전한 보관을 위한 보관시설의 마련 개인정보 물리적 보관장소에 대한 출입통제절차 – 잠금장치의 설치 등

정보가 포함된 자료는 잠금장치가 있는 안전한 장소에 보관하여, 물리적 접근방지를 위한 출입통제 절차를 수립 및 운영하여야 한다.

3) 이용 및 제공단계

직접 수집하거나 타 기관으로부터 제공받아 보유한 개인정보를 목적에 맞게 업무에 활용(이용)하거나 보유한 개인정보를 제3자에게 제공하는 단계로, 개인정보의 이용·제공은 개인정보파일의 수집목적에 적합하여야 한다. 도시통합운영센터 내에 보유하는 각종 CCTV영상정보, 차량위치정보 등은 검찰·경찰의 범죄수사, 법원심리, 지방자치단체 체납징수 등 개인정보파일 보유목적 외로 이용·제공하거나 시스템간 연계하고 있으며, 앞으로 U-서비스간 융·복합화 및 빅데이터 활성화로 인한 개인정보의 이용·제공은 확대될 것이다.

따라서, 개인정보를 제3자에게 제공하는 경우에는 반드시 행정적 절차를

[그림 5-27] 개인정보 안전성 확보조치 개요도

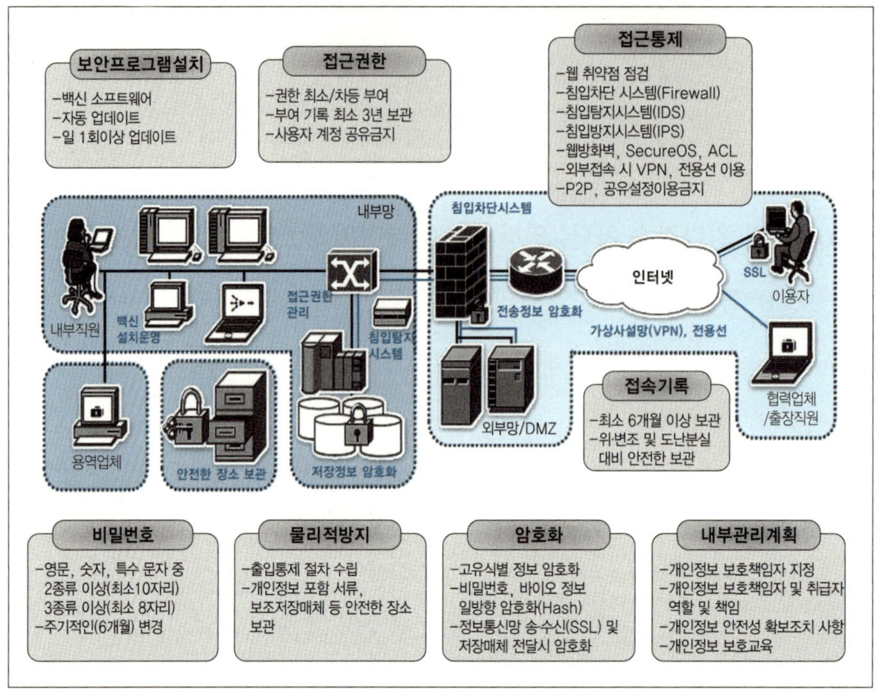

준수하여야 하며, 특히 개인정보를 목적 외의 용도로 제3자에게 제공하는 경우 개인정보를 제공받는 자에게 이용목적, 이용방법, 이용기간, 이용형태 등을 제한하거나, 안전성 확보를 위한 구체적 조치를 마련하도록 문서로 요청하여야 한다.([표 5-19] 참조) 경찰의 사건해결을 위한 수사자료 확보를 위해 CCTV영상정보 및 차량의 위치정보 등을 열람하거나 보조기억매체에 저장하여 반출하는 경우에는 '보안서약서'를 징구하고, '제한구역 출입자 대장', '개인정보 열람 및 제공대장'에 기록하고 이러한 개인정보취급자의 접속기록은 최소 6개월 이상 보관하되 접속기록이 위·변조, 도난, 분실되지 않도록 안전하게 보호 관리하여야 한다.

[표 5-19] 개인정보의 제3자 제공에 따른 수행절차

구분	주요 내용
제공 요청 문서접수	- 개인정보 제공의 요청은 반드시 문서로 접수
제공의 타당성 검토	- 제공 요청의 근거를 확인하여 개인정보의 제공 가능 여부 확인
개인정보 제공	- 개인정보는 안전한 방법으로 제공 • 전자적 형태로 제공 시 : 파일 암호 설정 보안메일 또는 보안USB 등으로 전달 • 종이문서 형태로 제공 시 : 정보유출이 불가능한 방법으로 전달 - 개인영상정보는 본인의 동의를 원칙으로 하고, 타인의 영상은 모자이크 처리하여 식별 불가능한 상태로, 최소한의 정보만 제공
제공에 따른 기록 관리	- 개인정보 제공에 따른 기록관리 수행. • 개인정보를 수집목적 내 제공하는 경우 : 개인정보 제공사실 기록 관리 • 개인정보를 수집목적 외 제공하는 경우 : 「개인정보 목적 외 이용·제공 대장」 작성
홈페이지 공개	- 개인정보 제공 사실을 홈페이지에 공개 • 개인정보 수집목적 내 제공의 경우 개인정보 처리방침에 제공사실 기재. • 개인정보 수집목적 외 제공의 경우 제공 발생일로부터 10일 이상 30일 이내 홈페이지 게시

특히, CCTV상황실 모니터링을 외주용역하는 경우에는, 모니터링요원에 의한 CCTV영상정보 무단반출과 USB메모리를 통한 CCTV관제시스템의 악성코드 감염을 방지하기 위하여, CCTV모니터링 단말PC 본체에 USB포트락 설치로 개인USB메모리 사용을 차단하고, 상황실 내에서의 스마트폰카메라 사용을 통제하도록 한다.

4) 파기단계

개인정보의 수집 및 제공 등에 의해 보유목적이 달성되거나, 보유기간이 경과된 개인정보 또는 개인정보파일을 파기하는 단계로, 개인정보 생애주기 중 가장 관리가 소홀하기 쉬운 단계이다. 즉, 목적달성 또는 보유기간 경과 이후에도 개인정보를 삭제하지 않고 그대로 보유하고 있는 경우가 있다.

[표 5-20] 개인정보 보유형태별 파기방법

구분	주요 내용
문서	– 기록물, 인쇄물, 서면인 경우 : 파쇄 또는 소각 – 원형으로 매각할 경우 제지공장 용해작업 현장 확인 – 직접 파쇄조치 후 매각(분쇄 또는 소각처리)
개인PC	– 전자적 파일 형태인 경우 : 복원이 불가능한 방법으로 영구 삭제. 컴퓨터 등의 불용 처분, 매각 시 저장내용 완전 삭제(로우 레벨 포맷)
DB	– 전자적 파일 형태인 경우 : 복원이 불가능한 방법으로 영구 삭제. 재생 불가능한 기술적 방법으로 파기 – 그 밖의 기록매체인 경우 : 파쇄 또는 소각

CCTV영상정보는 정해진 보유기간(권고 보유기간 30일)이 지나면 자동삭제되도록 시스템적으로 관리하고 있으나, 응용프로그램의 DB 및 오피스 등 각종 문서도구로 작성된 문서파일의 경우에는 개인정보취급자가 체계적으로 관리하여야 한다. 특히, 개인정보가 포함되어 수기로 작성한 대장류, 문서 등에 대하여도 동일한 기준으로 관리하여야 한다.

라. CCTV 설치 및 운영 가이드라인 주요항목

영상정보처리기기를 설치·운영 시 공공기관은 개인의 사생활이 침해되지 않도록 'CCTV 설치기준'을 마련하여 영상정보처리기기를 최소한으로 설치·운영하여야 하며, 다음의 원칙이 구현될 수 있도록 적용·운영하여야 한다.

1) 영상정보처리기기 설치·운영 제한 및 필요 최소한 촬영범위 준수

공개된 장소에서의 영상정보처리기기 설치는 원칙적으로 금지되고 있으며, 법 제25조에서 정한 사유에 해당하는 경우에만 설치가능하다. 영상정보처리기기는 개인의 사생활 침해 우려가 높으므로 정보주체의 눈에 잘 띄는 곳에 설치하고, 최소 수집원칙에 따라 최소한의 범위(촬영자료, 촬영각도 및 시간) 내에서 개인정보를 수집하도록 한다.

영상정보처리기기 설치·운영 허용

1. 법령에서 구체적으로 허용하고 있는 경우
2. 범죄의 예방 및 수사를 위하여 필요한 경우
3. 시설안전 및 화재예방을 위하여 필요한 경우
4. 교통단속을 위하여 필요한 경우
5. 교통정보의 수집·분석 및 제공을 위하여 필요한 경우

2) 영상정보처리기기 임의조작 및 녹음 금지

영상정보처리기기에는 어떤 목적으로든 녹음기능 사용을 금하고, 설치목적과 다른 목적으로 임의조작하거나 다른 곳을 비추어서는 아니된다.

3) 설치 시 의견수렴 및 안내판 설치를 통한 설치사실 공지

공공기관에서 영상정보처리기기 설치, 설치목적 변경, 추가설치, 통합관리 시에는 관계 전문가 및 이해관계인의 의견을 수렴하여 반영하여야 한다. 단, 동일목적 내 단순 추가설치하는 경우에는 의견수렴을 하지 않을 수 있다. 기존 영상정보처리기기의 설치목적 변경 및 통합관리를 위한 목적사항 추가 시 안내판에 추가설치 목적 및 통합관리에 관한 내용을 기재하여야 한다.

〈영상정보처리기기 설치 시 의견수렴 방법〉

1.「행정절차법」에 따른 행정예고의 실시 또는 의견청취(공청회 등)
2. 해당 영상정보처리기기의 설치로 직접 영향을 받는 지역 주민 등을 대상으로 하는 설명회·설문조사 또는 여론조사

영상정보처리기기 설치 시 정보주체가 손쉽게 인식할 있도록 안내판을 설치하여야 한다. 특히, 외국인이 자주 이용하는 장소인 경우에는 한국어와 외국어로 병기하도록 한다. 또한 영상정보처리기기의 설치·운영을 위탁한 경우에는 위탁자의 관리책임자와 수탁관리자를 함께 기재하여야 한다.

안내판에 기재하여야 할 사항

1. 설치 목적 및 장소
2. 촬영 범위 및 시간
3. 관리책임자의 성명(또는 직책) 및 연락처
4. (영상정보처리기기 설치·운영을 위탁한 경우) 수탁관리자 성명(또는 직책)·업체명 및 연락처

또한, 영상정보처리기기 관련 지침의 준수 여부에 대한 자체점검을 실시하여 매년 3월 31일까지 그 결과를 행정자치부장관에게 통보하고 개인정보보호종합지원시스템(http://intra.privacy.go.kr)에 등록한다.

4) 영상정보처리기기 운영·관리 방침 수립·공개 및 책임자 지정운영

영상정보처리기기 운영·관리 방침을 수립하고 인터넷 홈페이지에 게재하여 정보주체에게 공개한다.

영상정보처리기기 운영·관리 방침 예시

1. 영상정보처리기기의 설치 근거 및 설치 목적
2. 영상정보처리기기의 설치 대수, 설치 위치 및 촬영 범위
3. 관리책임자, 담당부서 및 영상정보에 대한 접근권한이 있는 사람
4. 영상정보의 촬영시간, 보관기간, 보관장소 및 처리방법
5. 영상정보 확인 방법 및 장소
6. 정보주체의 영상정보 열람 등 요구에 대한 조치
7. 영상정보 보호를 위한 기술적·관리적 및 물리적 조치
8. 그 밖에 영상정보처리기기의 설치·운영 및 관리에 필요한 사항

기관 내 지정되어 있는 개인정보 보호책임자는 개인영상정보 관리책임자의 업무를 수행하여야 하다.

개인정보 관리책임자의 업무

1. 개인영상정보 보호 계획의 수립 및 시행
2. 개인영상정보 처리 실태 및 관행의 정기적인 조사 및 개선
3. 개인영상정보 처리와 관련한 불만의 처리 및 피해구제
4. 개인영상정보 유출 및 오용·남용 방지를 위한 내부통제시스템의 구축
5. 개인영상정보 보호교육 계획 수립 및 시행
6. 개인영상정보 파일의 보호 및 파기에 대한 관리·감독
7. 그 밖에 개인영상정보의 보호를 위하여 필요한 업무

5) 영상정보의 목적 외 이용·제공 제한 및 보관·파기 철저

공공기관은 원칙적으로 수집목적을 넘어서 개인영상정보를 이용하거나 제3자에게 제공할 수 없으며, 다음의 예외사유에 해당하는 경우에 한하여 목적 외 이용·제공이 가능하다.

개인영상정보 목적 외 이용·제3자 제공 제한의 예외

1. 정보주체의 별도의 동의를 얻은 경우
2. 다른 법률에 특별한 규정이 있는 경우
3. 정보주체 또는 그 법정대리인이 의사표시를 할 수 없는 상태에 있거나 주소불명 등으로 사전동의를 받을 수 없는 경우로서 명백히 정보주체 또는 제3자의 급박한 생명, 신체, 재산의 이익을 위하여 필요하다고 인정되는 경우
4. 통계작성 및 학술연구 등의 목적을 위하여 필요한 경우로서 특정 개인을 알아볼 수 없는 형태로 개인영상정보를 제공하는 경우
5. 개인영상정보를 목적 외의 용도로 이용하거나 이를 제3자에게 제공하지 아니하면 다른 법률에서 정하는 소관 업무를 수행할 수 없는 경우로서 보호위원회의 심의·의결을 거친 경우
6. 조약, 그 밖의 국제협정의 이행을 위하여 외국정부 또는 국제기구에 제공하기 위하여 필요한 경우
7. 범죄의 수사와 공소의 제기 및 유지를 위하여 필요한 경우
8. 법원의 재판업무 수행을 위하여 필요한 경우
9. 형(刑) 및 감호, 보호처분의 집행을 위하여 필요한 경우

※ 단, 5~9호는 공공기관의 목적 외 이용·제공 시에만 적용

개인영상정보를 제공받고자 하는 기관은 명칭/취급자, 목적/사유, 근거, 기간(파기예정 일자 포함), 제공형태를 모두 기재한 문서(전자문서 포함)로 신청한다.

1. 요청기관의 명칭 및 요청 일자
2. 요청의 법적 근거
   - 「개인정보보호법」 제18조 제2항 제2호 및 「민사집행법」 제74조 등
3. 이용목적 및 이용기간
4. 파기일시 및 파기방법
   - 다른 법령에 따라 보관해야 하는 경우에는 그 근거를 명시
   - 파기예정 일자 산정이 곤란한 경우 30일 이내로 명시

5. 요청하는 개인영상정보의 내용 예)영상촬영 일시, ○○장면

6. 요청하는 개인영상정보의 형태 예)전자파일, 영상출력물 등

7. 제공요청 방법 예)이메일, 저장매체(USB 등)를 통한 직접(또는 우편) 제공, 영상출력물의 직접(또는 우편) 제공 등

8. 해당 업무 책임자 성명 및 연락처

개인영상정보를 수집목적 외로 이용하거나 제3자에게 제공하는 경우에는 다음의 사항을 기록하고 관리하여야 하며, 파기 등 개인영상정보의 안전성 확보를 위하여 필요한 조치를 하도록 요청하여야 한다.

1. 개인영상정보 파일의 명칭 및 생성기간(녹화된 기간)

2. 이용하거나 제공받은 공공기관의 명칭 및 취급자(소속/직급/성명/연락처)

3. 이용 또는 제공의 목적

4. 법령상 이용 또는 제공근거가 있는 경우 그 근거

5. 이용 또는 제공의 기간이 정하여져 있는 경우에는 그 기간 (제공의 경우 파기예정 일자를 반드시 포함)

6. 이용 또는 제공의 형태

7. 제공한 이후 파기 여부 등 그 결과와 처리일자

8. 안전성 확보를 위하여 필요한 조치를 요청한 경우 그 내용 및 결과

개인영상정보 제공 시 준수사항 및 절차

□ 준수사항

- 문서(전자문서 포함)로 명확한 목적 명시와 필요한 최소한의 자료 요청 및 제공
- 제공받은 자는 제공받은 목적 범위 내에서 이용과 안전한 관리
- 제공한 기관은 제공 사실에 대해 인터넷 등 공개 및 기록·관리
- 목적 달성 등 불필요하게 된 경우, 즉시 파기 및 파기사실 통보

□ 요청·제공 절차

정보주체/경찰 등		공공기관(개인정보처리자)		
사유발생	신청서 제출 (공문 제출)	본인 여부, 신청서 확인	영상 유무, 3자 포함 확인	마스킹 등 처리 후 제공

- **(신청)** 정보주체 또는 수사관서에서 신청서 또는 공문으로 요청
- **(접수·확인)** 본인 여부, 신청서 내용 확인 및 해당 영상 유무 파악
- **(내용 검토)** 제3자 영상 포함 및 타인의 사생활 침해 등 검토
- **(열람·제공)** 영상화면의 현장 열람 또는 영상파일/출력물 등 제공, 필요시 제3자의 영상 모자이크 또는 마스킹 처리 후 제공
- **(안전 관리)** 제공받은 자는 제공받은 목적 범위 내 이용 및 안전한 관리
- **(파기)** 제공받은 자는 제공목적 달성한 후 즉시 파기 및 통보

개인영상정보를 목적 외의 용도로 제공하는 기관은 제공사실을 제공한 날로부터 30일 이내에 "제공한 날짜·법적 근거·목적·개인정보의 항목"을 관보 게재 또는 홈페이지에 10일 이상 공개한다.

개인영상정보를 제공받은 기관은 개인영상정보의 안전성 확보를 위하여 필요한 조치와 안전한 관리를 위해 노력하여야 하며, 보유기간 만료, 목적 달성 등의 경우 제공받은 개인영상정보를 지체 없이 파기하고 그 결과와 처리 일자를 제공한 기관에 통보하여야 한다. 또한, 파기예정 일자가 도래할 경우 파기기간 연장을 문서(전자문서 포함)로 다시 요청하여야 한다. 다른 법령의 특

별한 규정에 따라 사건기록 등 기록물에 포함하여 보존하여야 하는 경우에는 그 내용을 회신하여야 하고, 건별 통보가 곤란할 경우 제공하는 기관과 사전에 협의하여 분기 이내의 단위기간을 정해 일괄적으로 회신할 수 있다.

개인영상정보를 제공한 기관은 제공 이후 파기 등 결과회신 여부를 분기 이내 단위기간을 정하여 정기적으로 점검하여야 하며, 제공받은 기관이 파기 등 결과와 처리일자를 회신하여 오면 이를 개인영상정보 관리대장에 기록하고 관리하여야 한다. 또한 미회신이 있는 경우 회신을 독려하고 필요한 관련 조치를 취하여야 한다.

영상정보처리기기에 의하여 수집된 영상정보는 보유기간(30일)이 만료된 후 지체 없이(보유기간 종료일로부터 5일 이내) 삭제한다.

개인영상정보 파기 시 다음 사항을 기록하고 관리한다.

1. 파기하는 개인영상정보 파일의 명칭
2. 개인영상정보 파기일시(사전에 파기시기 등을 정한 자동삭제의 경우에는 파기주기 및 자동삭제 여부에 대한 확인시기)
3. 개인영상정보 파기담당자

영상정보의 파기 시 출력물과 전자형태 등 존재형태에 따라 복구 또는 재생이 불가능한 방법으로 파기해야 한다. 다른 법령에 따라 파기하지 아니하고 보존해야 하는 영상정보는 다른 영상정보와 분리하여 저장·관리한다.

6) 영상정보처리기기의 설치·운영 위탁 시 관리·감독 철저

공공기관이 영상정보처리기기 설치·운영에 관한 사무를 위탁하는 경우에는 다음의 내용이 포함된 문서로 하여야 한다.

1. 위탁업무 수행 목적 외 개인정보의 처리 금지에 관한 사항
2. 개인정보의 기술적·관리적 보호조치에 관한 사항
3. 위탁하는 사무의 목적 및 범위
4. 재위탁 제한에 관한 사항
5. 영상정보에 대한 접근 제한 등 안전성 확보 조치에 관한 사항
6. 영상정보의 관리 현황 점검에 관한 사항
7. 위탁받는 자가 준수하여야 할 의무를 위반한 경우의 손해배상 등 책임에 관한 사항

업무를 위탁한 공공기관은 인터넷 홈페이지에 수탁자와 위탁하는 업무의 내용을 지속적으로 게재하여야 한다. 다만, 인터넷 홈페이지에 공개가 불가능한 경우에는 다음 어느 하나의 방법으로 공개한다.

1. 위탁자의 사업장 등의 보기 쉬운 장소에 게시
2. 일반 일간신문, 일반 주간신문 또는 인터넷신문에 게재
3. 연 2회 이상 발행하여 정보주체에게 배포하는 간행물·소식지·홍보지 또는 청구서 등에 지속적으로 게재
4. 위탁자와 정보주체가 작성한 계약서 등에 실어 정보주체에게 발급

또한, 업무를 위탁한 공공기관은 개인영상정보가 분실·도난·유출·변조 또는 훼손되지 않도록 수탁자를 교육하고, 수탁자가 개인영상정보를 안전하게 처리하는지를 감독하여야 하며, 수탁자는 위탁받은 업무범위를 초과하여 개인영상정보를 이용하거나 제3자에게 제공하여서는 아니 된다.

7) 정보주체의 자기영상정보 열람권 보장

공공기관의 장은 정보주체에게 영상정보의 존재확인 및 열람·삭제를 요청받은 경우 지체 없이 필요한 조치를 취하여야 한다. 다만, 정보주체의 개인영상정보 열람 등 요구가 다음 각 호의 사항에 해당하는 경우 요구를 거부할 수 있다. 이때에는 거부사유를 10일 이내에 서면으로 정보주체에게 통지한다.

개인영상정보 열람 등의 청구를 거부할 수 있는 사유

1. 범죄수사·공소유지·재판수행에 중대한 지장을 초래하는 경우
2. 개인영상정보의 보관기간이 경과하여 파기한 경우
3. 기타 정보주체의 열람 등 요구를 거부할 만한 정당한 사유가 존재하는 경우(ex. 개인영상정보 열람으로 인하여 다른 사람의 사생활이나 정당한 이익을 침해할 우려가 큰 경우)

열람 등 조치를 취하는 때에는 정보주체 이외의 자를 명백히 알아볼 수 있거나 정보주체 이외의 자의 사생활 침해 우려가 있는 경우, 해당되는 정보주체 이외의 자의 개인영상정보를 알아볼 수 없도록 모자이크 처리 등 보호조치를 취하도록 한다.

공공기관은 정보주체가 개인영상정보에 대한 열람 등 요구를 한 경우 그에 대한 조치사항과 내용을 기록·관리한다.

정보주체의 개인영상정보 열람 등 요구 시 기록사항

1. 개인영상정보 열람 등을 요구한 정보주체의 성명 및 연락처
2. 정보주체가 열람 등을 요구한 개인영상정보 파일의 명칭 및 내용
3. 개인영상정보 열람 등의 목적
4. 개인영상정보 열람 등을 거부한 경우 그 거부의 구체적 사유
5. 정보주체에게 개인영상정보 사본을 제공한 경우 해당 영상정보의 내용과 제공한 사유

8) 개인영상정보의 안전성 확보조치 및 자체점검 현황 등록

공공기관의 장은 영상정보가 분실·도난·유출·변조 또는 훼손되지 아니하도록 안전성 확보에 필요한 조치를 취하여야 한다.

개인영상정보에 대한 안전성 확보조치

1. 개인영상정보의 안전한 처리를 위한 내부 관리계획의 수립·시행
   ① 개인영상정보 관리책임자 지정
   ② 개인영상정보 관리책임자 및 취급자의 역할 및 책임에 관한 사항
   ③ 안전성 확보조치에 관한 사항
   ④ 개인영상정보 취급자 교육
   ⑤ 그 밖에 개인영상정보의 안전성 확보에 필요한 조치에 관한 사항
2. 개인영상정보에 대한 접근통제 및 접근권한의 제한 조치
3. 개인영상정보를 안전하게 저장·전송할 수 있는 기술의 적용
   (네트워크 카메라의 경우 안전한 전송을 위한 암호화 조치, 개인영상정보 파일에 대한 비밀번호 설정 등)
   ※ 괄호 안의 내용은 안전한 저장·전송 방법의 예시를 든 것이며, 상황에 맞게 적절한 안전조치 기술을 적용하면 된다.
4. 처리기록의 보관 및 위조·변조 방지를 위한 조치
5. 개인영상정보의 안전한 물리적 보관을 위한 보관시설 마련 또는 잠금장치 설치

공공기관의 장이 영상정보처리기기를 설치·운영하는 경우에는 표준개인정보보호지침의 준수 여부에 대한 자체점검을 실시하여 다음 해 3월 31일까지 그 결과를 개인정보보호종합지원시스템(http://intra.privacy.go.kr)에 등록한다.

자체점검 시 고려사항

1. 영상정보처리기기의 운영·관리 방침에 열거된 사항
2. 관리책임자의 업무수행 현황
3. 영상정보처리기기의 설치 및 운영현황
4. 개인영상정보 수집 및 이용·제공·파기 현황
5. 위탁 및 수탁자에 대한 관리·감독 현황
6. 정보주체의 권리행사에 대한 조치 현황
7. 기술적·관리적·물리적 조치 현황
8. 영상정보처리기기 설치·운영의 필요성 지속 여부 등

공공기관의 장은 제1항과 3항에 따른 영상정보처리기기 설치·운영에 대한 자체점검을 완료한 후에는 그 결과를 홈페이지 등에 공개한다.

마. 도시통합운영센터의 개인정보보호를 위한 개선방안

첨단 IT 및 ICT를 융·복합하여 각종 도시문제의 해결과 도시민의 생활편의 제공 및 삶의 질 향상을 위하여 체계적인 도시관리를 추구하는 U-City를 조성함에 있어 U-City 산업육성과 개인정보보호는 동전의 양면과도 같다. U-City 활성화를 위해서는 개인정보의 수집 및 활용이 수반되어야 하나, 현행 개인정보보호법을 준수하며 U-City 사업을 추진하기에는 많은 어려움이 있기 때문이다. 그러나 U-City 산업발전을 위하여 개인정보보호는 반드시 뒷받침되어야 한다.

정부3.0 기반의 공공데이터 개방 및 공유, 빅데이터, 사물인터넷(IoT), 모바일 앱, 소셜네트워크서비스(SNS), 웨어러블 컴퓨팅(Wareable Computing), 스마트 미디어 등의 활성화로 기업의 타켓 마켓팅 전략화 또는 사이버 범죄 대

상 확보를 위해 개인정보 수집도 대량화·가속화되어가는 추세이다. 특히, 사물인터넷 환경에서는 개인정보 수집에 대한 사전동의는 상당히 어려울 뿐더러, 정보주체 또한 본인의 개인정보를 통제하기 어려운 실정이다.

U-City통합운영센터에서는 U-City 건설사업과 개별목적에 따라 다수의 CCTV를 설치하고, 다양한 목적으로 설치된 CCTV를 통합하여 관제 운영하고 있다. CCTV영상정보가 범죄 및 사건/사고 해결을 위한 결정적인 증거자료로 그 활용도가 높아짐에 따라 CCTV를 통합관제하는 U-City통합운영센터가 도시민의 안전을 지키는 파수꾼으로써 그 역할이 한층 더 중요시되고 있다. 그러나 CCTV는 범죄로부터 도시민의 안전을 지킨다는 긍정적 측면과 개인의 프라이버시 침해라는 부정적 측면의 양면적 특성을 갖고 있다.

따라서 U-서비스 추진 시 정보화의 순기능 이외 개인정보 유·노출에 따른 개인의 프라이버시 침해 또는 물질적 피해 등 역기능까지 고려하여 개인정보보호를 위한 적극적인 조치를 취하여야 한다.

개인정보보호를 위한 개선사항으로 가장 중요한 것은 불필요한 개인정보 수집을 자제하고 최소한의 범위 내에서 수집하여야 하며, 수집된 개인정보보호를 위한 관리적·물리적·기술적 부문에 대해 체계적인 정보보호시스템 구축과 내부관리계획을 수립하여 이행·점검함으로써 지속적으로 개선·보완하여야 한다.

얼마 전 개인정보보호위원회에서 구로구의 CCTV관제센터 영상의 경찰서 상황실과 실시간 연동관제 가능 여부 질의에 대한 결정을 보면 다음과 같다.

개인정보보호위원회

결 정

의안번호	제2014-19-20호
의 안 명	CCTV관제센터 영상의 경찰서 상황실과 실시간 연동관제 가능 여부 질의 건
신 청 인	서울특별시 구로구청장
의결연월일	2014. 9. 29.

주 문

구로구는 CCTV관제센터 내 범죄예방용 영상정보처리기기 영상을 평상시에 경찰서 상황실에 실시간 제공하여서는 아니 된다. 다만, 재난재해 또는 범죄 발생 등 긴급상황이 발생하여『개인정보 보호법』제18조 제2항 제3호 또는 제7호에 해당되는 경우, 정보주체 또는 제3자의 이익을 부당하게 침해할 우려가 있을 때를 제외하고, 구로구는 경찰서 상황실에 영상을 실시간 제공할 우려가 있으며, 경찰이 경찰서 상황실에서 관제센터에 저장된 영상을 검색하는 것은 가능하나 경찰서 상황실에서의 영상정보처리기기 조작은 허용되지 아니한다.

또한, 개인정보가 부가가치 창출을 위한 중요자원으로 부각됨에 따라 전자적 침해 또는 보안사고 원인의 가장 높은 비중을 차지하는 인적자원에 의한 개인정보 유출을 선제적으로 예방하기 위한 정보보호시스템 구축과 모니터링요원 및 외부용역인력 등 개인정보 취급자에 대한 지속적인 개인정보보호 교육 등이 병행되어야 한다.

끝으로, 행정정보시스템은 재난재해에 대비하여 백업(Backup)·복구(Recovery) 체계를 구축하여 운영하고 있는 반면에 대부분의 CCTV영상정보처리시스템 분야에서는 CCTV 수량 및 해상도 증가로 인한 대용량 영상정보DB에 대한 백업체계를 갖추지 못함으로써 전자적 침해 또는 물리적 손상 등에 의한 DB 파손 시 복구방안이 전무한 실정이다. 따라서 CCTV영상정보의 중요도 및 활용가치를 고려하여 빅데이터인 CCTV영상정보에 대한 저비용·고효율의 백업체계 마련이 시급하다. 그러한 문제점 해결방안으로는 기 구축되어 있는 U-City 통신인프라를 활용한 Private Cloud를 구축하여, 수평적 용량증설(Scale Out)이 용이한 저가의 대용량 2차 저장장치(Disk, Tape 등)로 데이터의 중요도 및 활용빈도를 고려하여 Archiving함으로써, 대용량 CCTV영상정보 백업·복구에 소요되는 TCO 절감효과를 기대할 수 있다. 특히, CCTV영상정보는 개인정보 침해방지를 위해 암호화하여 안전성을 확보하고, 수사기관 등 외부 제공 시 원본Data의 무결성(Chain of Custody) 및 진본성(Authenticity)을 보증할 수 있도록 시스템화하여야 한다.

그 밖에 IT 및 ICT 발달에 따른 신기술 접목 시 개인정보보호를 위하여 정보통신보안 및 개인정보보호 관련 법규, 지침, 가이드라인 등을 준수하여 개인정보의 수집에서 파기까지에 이르는 전 생애주기(Life Cycle)에 걸쳐 개인정보보호에 철저를 기하여야 한다.

6 U-City 수준 진단 방안

가. U-City 수준 진단 개요

제2차 유비쿼터스도시 종합계획(2014~2018년)에 따르면 U-City의 지속적 확산 및 U-City 구축사업의 내실강화 차원에서 U-City 인증 및 등급제도 시행을 계획하고 있다. 또한 U-City 기술 및 R&D 성과물 보급을 확대할 계획이다. 여기에서는 이러한 국토교통부의 U-City 분야 정책방향을 감안하여 U-City 인증 및 등급제도에 활용할 수 있도록 통합관리시스템 및 U-City 기술을 적용한 U-City간 또는 U-City 내 연계·통합 수준을 반영한 U-City 수준 진단 방안을 살펴본다.

'U-City 연계·통합 수준'이란 도시통합운영센터에서 도시 내 또는 도시간에 U-City 도시정보를 교환하고 공유할 수 있도록 연계·통합 환경 구성 여부와 도시정보 교환량 및 교환정도 등 측정인자에 대한 평가를 통하여 정해진 등급으로 판정한 결과를 말한다. 수준판단을 위한 측정항목은 표준준수도, 체계·통합 환경 구성수준, 도시정보 연계·통합 정의수준, 도시정보 연계·통합 활용수준 등을 대상으로 할 수 있다. 수준등급은 각 측정항목의 값을 평균하여 1~5등급으로 정한다.

- '표준준수도'는 현재 U-City 표준화 포럼을 통해 연계·통합을 위해 제정된 단체표준으로 [표 5-21]와 같이 정보 교환 및 데이터 교환 등의 표준이 마련되어 있으므로 이를 기준으로 준수 여부 및 준수 정도를 측정하게 된다.

[표 5-21] 연계·통합 관련 U-City 단체표준

표준번호	표준 명	제정일자
USF-ST-2005	U-City 환경에서의 통합운영센터간 정보교환	2013-01-18
USF-ST-2006	도시통합운영센터 플랫폼 데이터 교환	2013-01-18
USF-ST-2015	상호운용성을 위한 개방형 통신프로토콜 등록	2013-01-18

- '체계·통합 환경 구성수준'은 도시정보 교환을 위해 국가표준 U-City 통합관리시스템을 도입하였는지, 통합플랫폼의 5대 통합관리기능 활용이 가능한지 등을 점검함으로써 환경 구성수준을 측정한다.
- '도시정보 연계·통합 정의수준'은 교환 또는 제공할 도시정보의 정의와 정의된 도시정보의 건수를 점검함으로써 도시정보 정의수준을 측정한다.
- '도시정보 연계·통합 활용수준'은 도시정보 연계·통합 정의서와 비교하여 실제 도시정보를 교환 또는 제공하는 것으로 활용수준을 측정한다.

나. U-City 연계·통합 유형 정의

도시통합운영센터의 도시정보 연계·통합은 정보시스템 활용정도에 따라 전체 7개 연계·통합 인터페이스 대상에 따른 유형으로 분류한다. 도시간의

[그림 5-28] 정보시스템 연계·통합 유형 분류

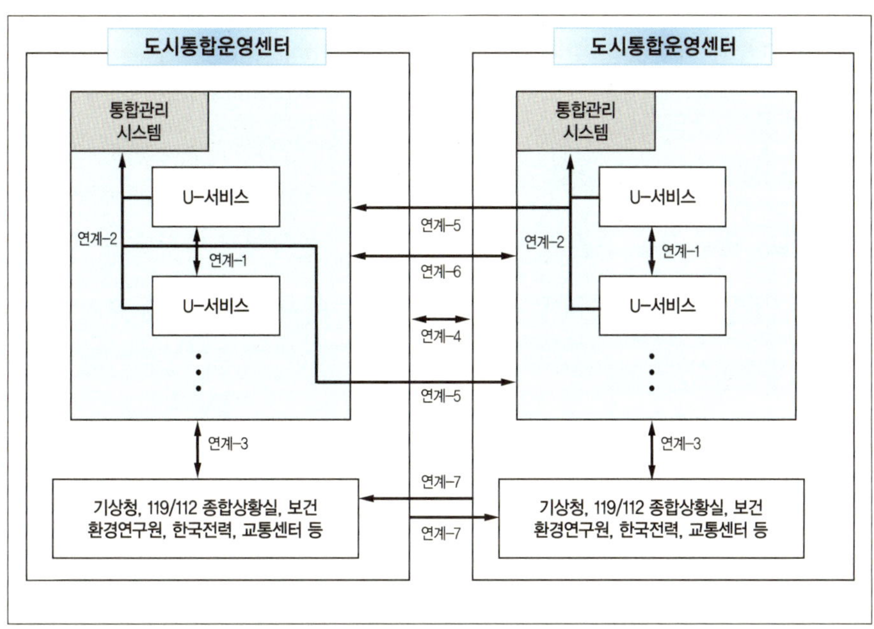

[표 5-22] 정보시스템 연계·통합 유형 정의

연계 유형	연계·통합 유형	측정 지표	연계 설명
연계-1	도시 내 U-서비스간 연계	1	도시통합운영센터 내의 서비스간 데이터 연계·통합
연계-2	도시 내 U-서비스와 통합관리시스템 간 연계	1	도시통합운영센터 내의 서비스와 통합관리시스템과의 데이터 연계·통합
연계-3	도시와 유관기관/유관시스템 정보 연계	3	도시통합운영센터와 유관기관의 시스템과의 데이터 연계·통합
연계-4	도시간 U-서비스 연계	3	도시통합운영센터와 센터 U-서비스 데이터 연계·통합
연계-5	도시간 U-서비스와 통합관리시스템 간 연계	5	도시통합운영센터간 U-서비스와 통합관리시스템 간 데이터 연계·통합
연계-6	도시간 통합관리시스템 간 연계	5	도시통합운영센터와 센터통합관리시스템 간 데이터 연계·통합
연계-7	도시간 유관기관/유관시스템 정보연계	5	도시통합운영센터간 유관기관/유관시스템 정보연계

도시정보 연계·통합이 증가하면 U-City 성숙수준이 높아지도록 측정지표를 산정하였다.

다. U-City 연계·통합 수준 정의

U-City 연계·통합 수준은 지자체의 U-City 활용역량 향상을 목적으로, U-City 운영 및 활용 내용에 대하여 역량수준에 따라 차등화할 수 있는 기준으로 활용한다.

U-City 연계·통합 수준 측정은 U-City의 도시정보 연계·통합 강화를 통한 업무 효율성 향상, 지자체간 도시정보화 일관성 확보 및 협업능력 향상을 목표로 한다. 이를 위해 측정기준은 명확하고 구체화되어야 하며 설명 및 예시를 통하여 측정결과에 대한 신뢰도를 보장할 수 있어야 한다.

이러한 U-City 연계·통합 수준 측정 사례로서, 여기서는 U-City 도시정보 연계·통합 영역을 대상으로 측정항목은 5개 수준(1~5단계)으로 구분하여 측정기준에 의해 판단하는 방식을 제안하였다. 각 단계는 측정항목별 역량

[표 5-23] U-City 연계·통합 수준별 정의

단계	단계 설명
1. 준비	U-City 계획에 따라 도시정보 연계·통합 준비됨
2. 정의	1단계 수준이 충족되고, 연계·통합 도시정보가 정의됨
3. 관리	2단계 수준이 충족되고, 연계·통합 도시정보 교환을 위한 통합관리시스템의 연계모듈이 도입되어 U-City 내에 도시정보가 교환되고 있음
4. 완성	3단계 수준이 충족되고, U-City간에 도시정보가 교환되고 있으며, 유관기관 시스템과도 정보가 교환되고 있음
5. 최적화	4단계 수준이 충족되고, U-City 내, U-City간에 도시정보의 연계·통합이 최적의 상태로 유지되고 있음

[그림 5-29] U-City 연계·통합 수준간 관계

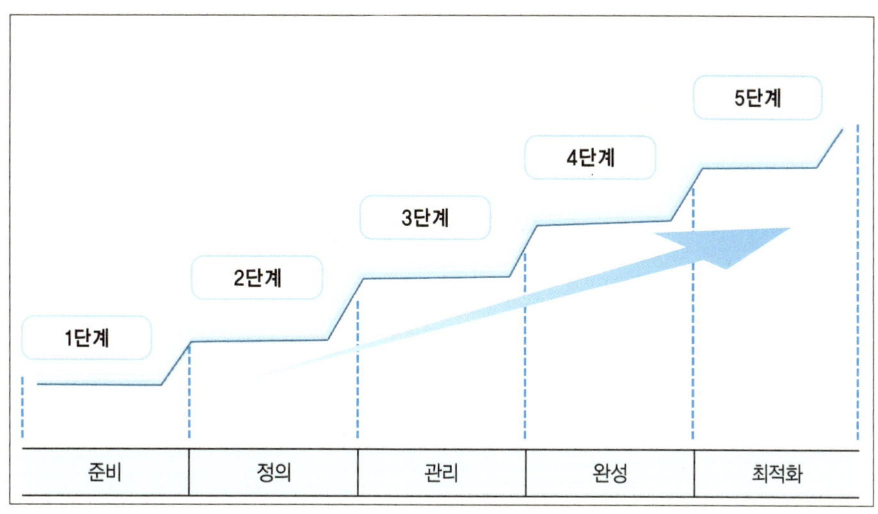

수준을 의미한다.

U-City 연계·통합 수준의 측정방법은 세부 측정 및 점검 방법을 통해 측정 또는 점검자가 수준판정을 하게 된다. 측정은 단계별 측정기준 부합 여부를 확인하는 질의로 이루어지며 각 측정 질의항목별 근거자료를 통해 만족 여부를 판단하게 된다.

라. U-City 연계·통합 수준 측정방법

도시 연계·통합은 U-서비스 및 시스템 간 상호 운용성을 확보할 수 있어야 하며, 이를 위해 연계·통합 관련 표준을 준수하여야 한다. 현재 모든 연계·통합 유형을 지원하기 위한 표준은 신규 제정 및 보완이 필요하다. 이를 위해 U-City 표준화 포럼을 통해 미비한 연계·통합 표준을 제·개정하는 것이 시급한 실정이다.

[표 5-24] 표준준수도 측정방법

측정질의		측정기준	판단기준	근거자료
1	연계·통합 도시정보 표준을 준수하도록 계획이 마련되었나?	- U-City 계획에 표준 영역 명시	- U-City 계획에 표준영역이 명시되었는지 여부	- U-City 계획서
2	연계·통합 도시정보 교환 표준을 준수토록 발주 시방서에 반영되었는가?	- 발주 시방서에 연계·통합 표준 명시	- 발주 시방서에 연계·통합 표준 명시 여부	- 제안요청서, 시방서
3	연계·통합 도시정보 교환 표준을 준수토록 도시내 연계·통합이 되었는가?	- 도시 내 연계·통합 시정보를 정의하고 구현되었는가?	- 인터페이스 정의서 및 통합시험 결과서에 도시정보 연계·통합의 설계구현 여부	- 인터페이스 정의서 및 통합시험 결과서
4	연계·통합 도시정보 표준을 준수토록 도시간 연계·통합이 되었는가?	- 도시간 연계·통합 도시정보를 정의하고 구현되었는가?	- 인터페이스 정의서 및 통합시험 결과서에 도시정보 연계·통합의 설계구현 여부	- 인터페이스 정의서 및 통합시험 결과서
5	연계·통합 도시정보 표준을 준수토록 내외부 연계가 최적화되었는가?	- 도시정보로 정의된 모든 항목이 구현되고 활용되고 있는가?	- 도시정보교환 현황이 집계되고 관리되는지 여부	- 도시정보 교환 현황 및 관리보고서

연계·통합 환경 구성수준 측정방법은 외부연계와 내부연계를 위한 인프라, 국가 도시통합관리시스템, 통합 데이터베이스 등 연계·통합 환경이 구축되었는지를 점검한다. 또한 시설물(CCTV, 계측센서 등) 데이터 및 영상정보가 상호 공유되고 연동될 수 있도록 환경이 마련되었는지를 점검한다.

[표 5-25] 체계·통합 환경 구성수준 측정방법

측정질의		측정기준	판단기준	근거자료
1	연계·통합 도시정보 환경을 구축하도록 계획이 마련되었나?	– U-City 계획에 연계를 위한 인프라 영역 명시	–U-City 계획에 연계를 위한 인프라 환경 구성의 반영 여부	–U-City계획서
2	연계·통합 도시정보 교환을 위한 센터 내부 연계 환경을 구축토록 발주시방서에 반영되었는가?	–발주 시방서에 연계·통합 환경 명시	–발주 시방서에 연계·통합환경 명시	–제안요청서, 시방서
3	도시 내 센터 내부 연계 환경이 구축되었는가?	–도시 내 연계·통합 도시정보를 교환을 위한 환경이 구축되었는가?	–도시 내 연계·통합 도시정보 교환을 위한 환경 구축 여부	–인프라 설치 확인서, 통합시험결과서
4	도시 내 센터간 연계 환경이 구축되었는가?	–도시간 연계·통합 도시정보 교환을 위한 환경이 구축되었는가?	–도시간 연계·통합 도시정보 교환을 위한 환경 구축 여부	–인프라 설치 확인서, 연계시험결과서
5	연계·통합 도시정보 내외부 연계를 위한 인프라 환경이 최적화되었는가?	–도시정보를 교환하기 위한 인프라 환경의 관리운영 여부	–연계·통합 인프라 운영 및 관리 여부	–연계·통합 인프라 현화 및, 운영보고서

도시정보 연계·통합 정의수준 측정방법은 도시 내 연계·통합과 도시간 연계·통합을 위한 정의작업의 수준을 평가한다.

[표 5-26] 도시정보 연계·통합 정의수준 측정방법

측정질의		측정기준	판단기준	근거자료
1	연계·통합 도시정보가 정의되도록 계획이 마련되었나?	- U-City 계획에 연계·통합 도시정보 정의 계획 명시	- U-City 계획에 연계를 위한 도시정보의 정의를 계획에 반영 여부	- U-City 계획서
2	연계·통합 도시정보 교환을 위한 센터 내부 연계 정의서가 설계되도록 발주 시방서에 반영되었는가?	- 발주 시방서에 연계·통합할 도시정보 정의작업 명시	- 발주 시방서에 연계·통합할 도시정보의 정의 여부	- 제안요청서, 시방서
3	도시 내 센터 내부 연계 도시정보가 정의되었는가?	- 도시 내 연계·통합 도시정보 교환정보가 정의되었는가?	- 도시 내 연계·통합 도시정보 연계·통합 정의가 되었는가?	- 인터페이스 정의서, 연계시험 결과서
4	도시간 센터 내부 연계 도시정보가 정의되었는가?	- 도시간 연계·통합 도시정보 교환정보가 정의되었는가?	- 도시간 연계·통합 도시정보 연계·통합 정의가 되었는가?	- 인터페이스 정의서, 연계시험 결과서
5	도시정보 내외부 연계·통합을 위한 정의서가 관리되고 최적화되었는가?	- 도시정보를 교환하기 위한 연계·통합을 위한 정의서의 관리 운영 여부	- 연계·통합을 위한 정의서 관리 여부	- 도시정보 내외부 연계·통합 정의서

도시정보 연계·통합 활용수준 측정방법은 주로 정의된 도시정보가 서비스와 통합관리시스템의 연계·통합 환경을 통해 구현하여 활용되고 있는지를 측정한다. 향후 활용현황을 정량화할 수 있도록 도시 내 및 도시간 도시정보 연계 및 통합 현황보고서를 마련하여 근거자료로 제시하여야 한다.

[표 5-27] 도시정보 연계·통합 활용수준 측정방법

측정질의		측정기준	판단기준	근거자료
1	연계·통합 도시정보 활용을 위한 계획이 마련되었나?	- U-City 계획에 연계·통합을 통한 도시정보 활용에 대한 계획 명시	- U-City 계획에 통합·연계를 통한 도시정보 활용계획의 반영 여부	- U-City 계획서
2	센터 내부 연계를 통해 도시정보가 활용되도록 설계에 반영되었는가?	- 발주 시방서에 연계·통합한 도시정보 활용 방안 작업 명시	- 발주 시방서에 연계·통합하여 활용할 도시정보의 활용내용 반영 여부	- 제안요청서, 시방서
3	도시 내 센터 내부 연계 도시정보를 활용조직이 활용하고 있는가?	- 도시 내 센터 내부 연계를 통해 도시정보가 활용되고 있는지 확인	- 도시 내 연계·통합으로 도시정보가 연계·통합되어 활용되고 있는가?	- 도시 내 도시정보 연계 및 통합 현황보고서
4	도시 내 센터간 연계 도시정보를 활용 조직이 활용하고 있는가?	- 도시 내 센터간 연계를 통해 도시정보가 활용되고 있는지 확인	- 도시간 연계·통합으로 도시정보가 연계·통합되어 활용되고 있는가?	- 도시간 도시정보 연계 및 통합 현황보고서
5	도시정보 내외부 연계·통합을 통해 도시정보가 관리되고 최적화되었는가?	- 연계·통합을 위한 도시정보의 관리운영 여부	- 연계·통합을 위한 도시정보 관리 여부	- 도시정보 내외부 연계·통합 운영보고서

마. U-City 수준 진단 요소

앞에서는 U-City 수준 진단 방안으로 정보시스템의 활용정도를 반영한 연계·통합 수준을 제시하였으나, 이는 U-City(도시통합운영센터)의 적정운영을 위해 필요한 기술(정보시스템)요소를 사례로 한 것이며, 이외에도 운영 조직·인원 측면에서 조직의 진화정도 및 학습도 등 능력을 평가할 수 있고, 또한 업무프로세스에서 이벤트 정의 매뉴얼의 구비 및 현행화 정도 등을 추가로 고려할 수 있다.

부록

- 유비쿼터스도시기반시설 관리·운영 지침(국토해양부)
- 유비쿼터스도시 건설사업 업무처리 지침 중 유비쿼터스도시서비스 분류체계 및 예시
- 지방자치단체 영상정보처리기기 통합관제센터 구축 및 운영규정
- 기반시설 취약점 분석·평가 점검항목(총 453개)

유비쿼터스도시기반시설 관리·운영 지침

제정 국토해양부 고시 제2009~440호

일부개정 국토해양부 고시 제2012~430호

일부개정 국토교통부 고시 제2013~000호

국토교통부

목차

제1장 총칙

제1절 지침의 목적 및 의의

1-1-1. 「유비쿼터스도시기반시설 관리·운영 지침」(이하 "지침"이라 한다)은 「유비쿼터스도시의 건설 등에 관한 법률」(이하 "법"이라 한다)과 동법 시행령(이하 "영"이라 한다)에 따라 유비쿼터스도시기반시설의 관리·운영에 필요한 가이드라인을 제시하고, 유비쿼터스도시서비스가 원활히 제공될 수 있도록 하는 데 목적이 있다.

1-1-2. 유비쿼터스도시기반시설은 법 제2조 제3호 가목의 기반시설을 "지능화된 공공시설", 나목의 기반시설을 "정보통신망", 다목의 기반시설을 "운영센터"로 각각 정의하며, 본 지침에서는 유비쿼터스도시기반시설을 물리적 위치에 따라 센터시설과 현장시설로 구분하여 관리·운영 업무를 정의한다.

1-1-3. 유비쿼터스도시기반시설 관리·운영이란 유비쿼터스도시기반시설을 통하여 유비쿼터스도시서비스를 제공하고 각 유비쿼터스도시기반시설에 대한 유지관리를 수행함을 의미한다.

1-1-4. 유비쿼터스도시건설사업을 추진하는 지방자치단체는 필요시 지역특성에 따라 본 지침의 내용을 반영한 조례를 제정하여 운용할 수 있다.

제2절 지침의 지위와 성격

1-2-1. 본 지침은 종합계획, 유비쿼터스도시계획 등 상위계획의 내용을 토대로 구체적인 유비쿼터스도시기반시설의 관리·운영 방안을 제시한다.

1-2-2. 유비쿼터스도시건설사업 후 지방자치단체는 필요시 법 제19조 제4항 및 영 제22조 제1항에 따라 유비쿼터스도시기반시설 관리·운영계획을 수립할 수 있으며, 수립 시에는 반드시 본 지침을 준수하여야 한다.

1-2-3. 유비쿼터스도시기반시설 관리·운영 계획은 유비쿼터스도시기반시설의 효율적인 운영전략 등을 제시하며, 유비쿼터스도시건설사업계획·실시계획과 조화를 이루어야 한다.

제3절 법적 근거

1-3-1. 법 제19조(유비쿼터스도시기반시설의 관리·운영 등)

④ 그 밖에 유비쿼터스도시기반시설의 효율적인 관리·운영 등을 위하여 필요한 사항은 대통령령으로 정한다.

1-3-2. 영 제22조(유비쿼터스도시기반시설의 관리·운영 등)

⑥ 유비쿼터스도시기반시설의 관리·운영 업무의 위탁과 관련한 기준 및 절차, 그 밖에 필요한 사항은 국토교통부장관이 관계 중앙행정기관의 장과 협의하여 정한다.

제2장 관리·운영 업무

제1절 개요

2-1-1. 지방자치단체가 수립하는 기반시설 관리·운영 계획에는 다음 각 항의 사항이 포함되어야 한다.

① 관리·운영조직 및 업무분장

② 센터시설 관리·운영

- 상황실 운영, 변경관리, 장애관리, 백업관리, 재해복구관리, 사용자지원관리, 센터시설물관리, 센터시설보안관리, 성능관리 등
- 장비 및 부품 확보 관련 사항
- 긴급사항 발생 시 조치계획

③ 현장시설 관리·운영

- 현장시설물관리, 현장시설보안관리 등
- 정기점검, 정밀점검, 긴급점검, 정밀안전진단 실시에 관한 사항
- 시공, 감리, 관리·운영 등 관련 설계도서의 보존에 관한 사항

④ 위탁운영

- 위탁운영, 서비스 수준관리, 계약관리 등

⑤ 예산관리

– 유비쿼터스도시기반시설별 관리·운영 비용 실적 및 예산

⑥ 기타

2-1-2. 유비쿼터스도시기반시설은 운영센터를 중심으로 정보통신망과 지능화된 공공시설이 통합관리될 수 있으므로, 물리적 위치에 따라 센터시설과 현장시설로 구분하여, 각각의 관리·운영 업무를 정의한다.

제2절 관리주체간의 역할분담

2-2-1. 유비쿼터스도시기반시설 관리주체 및 역할분담

(1) 관리업무의 효율성을 극대화하기 위하여 다른 법률에 관리청이 명확하게 정해지지 않은 유비쿼터스도시기반시설의 관리주체는 지방자치단체로 정한다.

(2) 협의의 관리주체는 지방자치단체이며, 광의의 관리주체는 관계행정기관, 관리·운영 업무 수탁기관, 주민, 최초 유비쿼터스도시기반시설구축사업자까지 포함되며, 각 기관은 유비쿼터스도시기반시설의 효율적인 관리·운영 및 기능향상을 위하여 상호 협력한다.

(3) 특별시장·광역시장·시장 또는 군수(이하 "시장·군수"라 한다)는 유비쿼터스도시기반시설의 관리·운영 계획을 관계행정기관 등과 협의하여 수립할 수 있다.

(4) 지방자치단체는 유비쿼터스도시기반시설에 관한 업무를 총괄하며, 법 제19조 제3항에 따라 유비쿼터스도시기반시설의 관리·운영에 관한 업무의 전부 또는 일부를 민간기관에 위탁할 수 있으며, 위탁에 따른 비용을 예산에 반영한다.

(5) 관계행정기관은 유비쿼터스도시서비스를 제공하는 기관으로 각 기관은 고유업무 수행 시 취득한 관리정보를 관리청에 즉시 통보하여, 정보가 적시에 연계적으로 활용될 수 있도록 협조한다.

(6) 유비쿼터스도시기반시설 유관기관 및 경찰서, 교육청, 소방서, 도로공사, 시설관리공단 등 관계행정기관은 유비쿼터스도시기반시설이 최적의 상태를 유지할 수 있도록 협조한다.

(7) 수탁기관은 유비쿼터스도시기반시설의 관리·운영에 관한 전문인력 및 조직을 보유하고 있는 기관으로 한정되며, 관리청과의 계약을 충실히 이행한다.

(8) 주민은 유비쿼터스도시서비스의 최종이용자임과 동시에 관리주체이므로 유비쿼터스도시서비스에 대한 이용자로서의 권리와 함께 유비쿼터스도시기반시설의 훼손 방지 등의 의무를 진다.

(9) 유비쿼터스도시기반시설을 구축한 도시개발사업자나 민간사업수행자는 이를 지방자치단체에 인계한 이후 계약에 따라 일정기간 동안 관리·운영을 지원할 책임을 지는 것을 원칙으로 하며, 관리청의 협조 요청 등에 대하여 적극적으로 임하여야 한다.

(10) 다만, 관련비용이 발생하면 사업자는 이를 관리청에 청구할 수 있다.

2-2-2. 관리주체간 협력체계

(1) 협력체계란 기반시설 관리청과 관계행정기관, 수탁기관, 주민, 최초 유비쿼터스도시기반시설구축 사업자 간의 협조관계를 의미한다.

(2) 유비쿼터스도시기반시설 유관기관 및 경찰서, 교육청, 소방서, 도

로공사, 시설관리공단 등 관계행정기관은 운영센터에 인력을 파견하여 공동으로 관리·운영하거나 업무연계 시 관리청과 상호 협력하여야 한다.

(3) 운영센터장은 운영센터의 업무를 총괄한다. 관계행정기관에서 운영센터에 배치한 인력은 운영센터의 효율적인 운영을 위한 운영센터장의 요구에 최대한 협조하여야 한다.

(4) 유비쿼터스도시기반시설 관리와 관련된 협의는 법 제24조에 따라 구성된 유비쿼터스도시사업협의회를 활용하되 필요시에는 협의회 내에 소위원회를 구성·운영할 수 있으며 관련 사항은 해당 지방자치단체의 조례로 정한다.

제3절 관리·운영 절차

2-3-1. 유비쿼터스도시기반시설의 관리·운영 절차는 운영센터, 정보통신망 및 지능화된 공공시설을 대상으로 물리적 위치에 따라 센터시설과 현장시설로 구분하여 수립한다.

2-3-2. 유비쿼터스도시기반시설의 관리·운영 절차는 관리·운영 과정에서의 고장이나 장애 등 여건 변화에 대응하도록 대책을 수립하는 것이므로 고장 점검에서 조치까지의 일련의 절차에 따라 대처하여야 한다.

2-3-3. 유비쿼터스도시기반시설 관리·운영 절차는 그림 1과 같다.

(1) 관리·운영 주체는 관리·운영 계획에 따라 센터시설과 현장시설별로 점검을 실시하며, 점검은 유비쿼터스도시기반시설별로 별도의 점검계획을 수립하여 실시한다.

(2) 점검결과에 따라 발견된 결함의 진행성 여부, 발생시기, 결함의 형태나 발생위치와 그 원인과 장애 추이를 정확히 평가·판정한다.

(3) 점검결과에 따른 평가·판정 후 적절한 대책을 수립하여야 한다.

[그림 1] 유비쿼터스도시기반시설의 관리·운영 절차

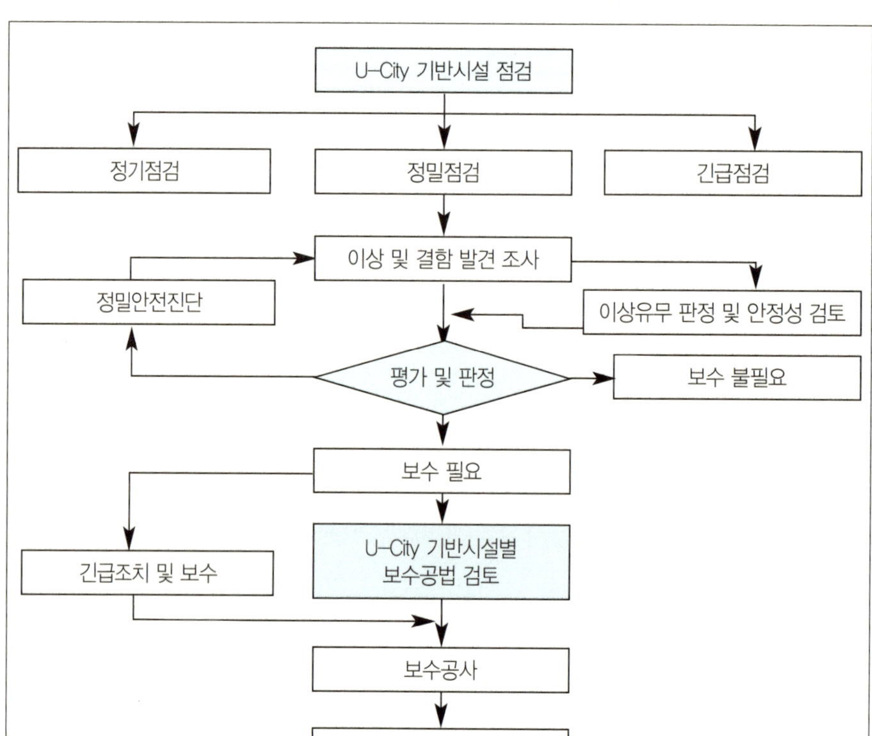

제4절 운영센터 조직 및 업무분장

2-4-1. 관리·운영 조직은 운영센터의 구축 및 운영 목표에 부합하도록 설계되어야 한다.

2-4-2. 운영센터 운영인력은 업무 기능 및 역할에 따라 지방자치단체 공무

원, 경찰, 소방서 등 관계행정기관 공무원과 필요시 민간기관 인력으로 구성할 수 있다.

2-4-3. 운영센터장은 운영센터의 업무를 총괄하며, 관계행정기관의 운영센터 파견인력과 협력하여 운영센터 업무를 수행한다.

2-4-4. 비용을 절감하고, 관리·운영의 효율화를 위하여 법 제19조 제3항에 따라 관련 업무에 대한 전문성을 보유한 민간기관에게 관리·운영 업

[표 1] 운영센터 중심의 유비쿼터스도시기반시설 업무 기능(예시)

구분		주요 업무내용
총괄·기획·행정관리		• 운영센터 운영 총괄 및 전략 기획업무 수행 • 운영센터 내 기술 표준화, 기술지원 및 교육 • 운영센터 홍보업무 • 총무, 인사 등 일반적인 행정업무 수행 • 위탁운영관리, 서비스 수준관리, 계약관리 업무 수행 • 예산관리 업무 수행
센터시설 관리·운영	상황실 운영	• 교통, 방범·방재, 환경정보 등의 상황 관제 • 운영센터 운영현황 관제 • 정보통신망 운영현황 관제 • 지능화된 공공시설 운영현황 관제
	변경관리·장애관리	• 신규 서비스 도입 등이 업무에 미치는 영향 평가, 안정적 변경 • 기술적 요인 등에 따른 장애 관리
	백업관리·재해복구관리	• 일정한 주기로 데이터를 보조기억장치 등에 복사 • 재해복구계획과 재해복구시스템으로 구성
	사용자지원관리	• 사용자 요구사항 수집·관리 • 사용자 교육
	센터시설물관리·센터시설보안관리	• 운영센터 내의 전기시설, 공조시설 및 소방시설 점검관리 • 운영센터 내의 정보통신망 및 통신장비 점검관리 • 예비장비 및 예비부품 확보관리 • 센터시설에 대한 관리적, 물리적, 기술적 보안관리
	성능관리	• 운영센터 내 운영하드웨어, 운영소프트웨어 성능관리 • 통신장비 성능관리 • 지능화된 공공시설 성능관리
현장시설 관리·운영	현장시설물관리·현장시설 보안관리	• 지능화된 공공시설 및 현장에 설치된 장비들에 대한 점검관리 • 현장 정보통신망 및 통신시설 점검관리 • 현장시설에 대한 물리적 보안관리

무를 위탁하는 방안을 검토할 수 있다.

2-4-5. 운영센터의 인력규모는 개발된 서비스의 규모와 활용도 등 지역 여건과 유비쿼터스도시 특성에 따라 상이할 수 있다.

[그림 2] 운영센터 중심의 유비쿼터스도시기반시설 운영인력 구성방안(예시)

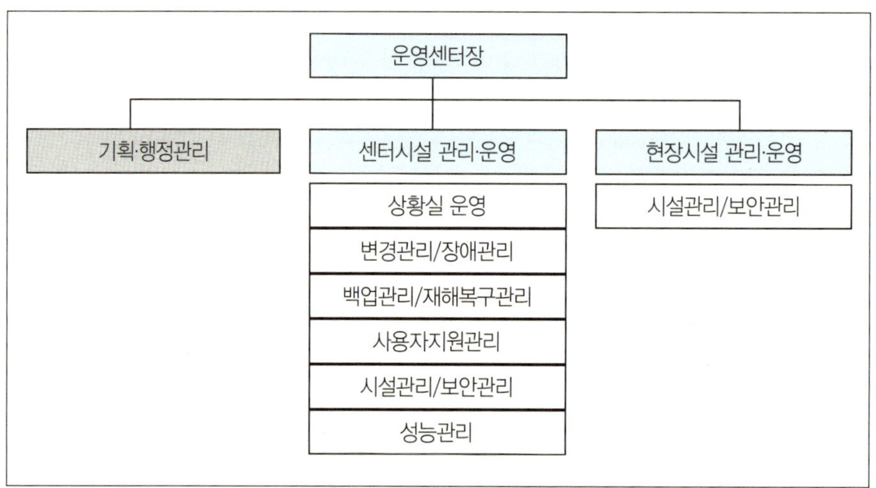

제5절 센터시설 관리·운영

2-5-1. 상황실 운영

(1) 상황실 운영은 운영센터에서 중앙집중식으로 현장의 지능화된 공공시설 및 정보통신망을 통한 교통, 방범·방재, 환경 등의 정보수집 상황 및 운영센터 자체의 운영현황을 관제하는 것을 의미한다.

(2) 유비쿼터스도시서비스 제공에 대한 현황 관제는 교통, 환경, 방범·방재 등에 대한 정보를 기반으로 상황에 대한 대응 조치를 하며, 위험정보에 대한 신속한 경보 조치 및 관계행정기관 통보, 상

황에 대한 정보 통계 및 분석을 통한 예상 대응 체계 마련을 하는 것이다.

(3) 운영센터 관제 관련 업무는 정보시스템의 가동 상황, 운영센터 출입구 관제 및 내부 통제구역 출입상황 관제 등과 같은 업무이다.

(4) 정보통신망의 운영현황 관제 업무는 운영센터 내의 통신장비와 분기국사 및 현장시설물용 통신장비 등을 포함한다.

(5) 지능화된 공공시설의 관제 업무는 분전함, 센서 등의 지능화된 공공시설의 장애 및 현황정보 감지 및 통지 등을 포함한다.

(6) 상황실에서의 현장설비에 대한 원격제어 및 관제기능의 업무는 장애복구 초기대응 방안이 되며, 이상 상황 발생 시 현장시설관리 업무와 연계하여 수행한다.

2-5-2. 변경관리

(1) 변경관리는 표준화된 방법과 절차를 사용하여, 새로운 유비쿼터스도시서비스의 도입, 운영센터, 정보통신망 및 지능화된 공공시설의 재설계 및 구성요소들에 대한 변경, 단위기술선정 검토 등이 업무에 미치는 영향을 검토하여 모든 변경이 효율적이고 성공적으로 처리되는지를 확인하는 것이다.

(2) 변경요청이 발생하면 변경 필요성과 변경에 따르는 영향간의 적절한 균형을 유지하여 위험 분석, 업무 연속성 평가, 변경의 영향, 필요한 자원 규모 등을 다각적으로 고려하여 변경승인을 결정해야 한다.

(3) 변경 및 릴리즈 작업이 발생하면 구성 요소의 변경 사항을 구성

관리에 제공하여 구성관리 데이터베이스에 기록관리하여야 한다.

(4) 변경 작업이 완료된 후에는 변경업무에 관련된 관리·운영요원들이 정상적인 변경 여부를 사전에 준비한 테스트 계획서에 따라 최종적으로 확인하여야 한다.

2-5-3. 장애관리

(1) 장애관리는 기술적 요인에 의한 장애와 운영자의 실수 또는 악성코드의 침투와 같은 인위적 요소 등에 의한 운영하드웨어, 운영소프트웨어 등의 장애를 관리하는 것을 의미한다.

(2) 장애관리 담당자는 장애의 예방 및 장애 발생 시 복구에 대한 다음과 같은 역할을 수행한다.

① 장애관리 계획

- 장애예방계획 수립
- 점검항목 도출
- 장애복구절차 계획 수립

② 예방점검

- 예방점검 전 필요시 자료백업 실시
- 예방점검 시 점검사항 파악, 외주업체 연락 및 협의
- 예방점검 및 결과 보고

③ 장애처리 및 복구

2-5-4. 백업관리

(1) 백업관리란 악성코드에 의한 데이터의 손실 또는 재해로 인한 장비의 훼손 등에 대비하여 일정한 주기로 데이터를 보조기억장치

등에 복사해두는 것을 의미한다.

(2) 백업시스템은 현재 시스템을 분석하여 업무에 적합한 백업시스템을 설계하고 구축하는 과정이 필요하며, 요구사항 분석, 백업대상 데이터 분석, 백업 및 복구 목표시간 설정, 백업주기 및 보관기간 결정, 백업자원 현황 파악, 백업시스템 설계, 백업시스템 구축의 단계로 수행한다.

(3) 백업시스템이 도입 후 최초 적용 시 정기적인 항목들인 백업주기, 보관기간, 방식, 데이터베이스 백업모드, 소산백업 여부 등을 결정하여야 하며, 운영 도중 변경사항이 발생하면 충분한 검토 및 승인을 통해 이를 반영하여야 한다.

(4) 복구훈련은 백업시스템 설치 직후 또는 정기적으로 실시하여야 한다.

(5) 백업된 데이터에 대한 무결성 확인을 위해 리스토어 작업을 통하여 백업된 데이터의 정상적 가동 여부를 점검하도록 한다.

2-5-5. 재해복구관리

(1) 재해복구관리란 유비쿼터스도시기반시설에 대하여 재해가 발생하는 경우를 대비하여, 이의 빠른 복구를 통해 업무에 대한 영향을 최소화하기 위한 재해복구계획과 이 계획의 원활한 수행을 지원하기 위하여 평상시에 확보하여 두는 인적·물적 자원 및 지속적인 관리체계가 통합된 재해복구시스템으로 구성된다.

(2) 재해복구관리는 그 투자대비 효과 측면에서 운영센터의 주요 장비와 운영센터에 연결되는 대규모의 정보통신망을 우선적으로 포

함하도록 한다.

(3) 재해복구시스템의 운영형태는 구축형태에 따라, 독자구축, 공동구축, 상호구축으로 구분되며, 운영주체에 따라 자체운영, 공동운영, 위탁운영으로 구분할 수 있다.

(4) 재해복구시스템의 복구수준별 유형에 따라 미러사이트, 핫사이트, 웜사이트, 콜드사이트로 구분된다. 이러한 유형 중 어떤 것이 선택되어야 하는지의 결정은 복구목표시간, 복구목표시점 및 업무시스템의 서비스 특성에 입각하여 이루어진다.

(5) 재해복구 전략 수립은 업무영향분석이 우선적으로 수행되어야 하며, 업무영향분석은 다음과 같은 목적을 가진다.

① 주요 업무 프로세스의 식별

② 재해유형 식별 및 재해발생 가능성과 발생 시 업무중단의 지속시간 평가

③ 업무 프로세스별의 중요도 및 재해로 인한 업무중단 시의 손실 평가

④ 업무 프로세스별의 우선순위 및 복구대상범위의 설정

⑤ 재해 발생 시의 업무 프로세스의 복원시간이나 우선순위 결정

(6) 재해복구시스템을 위한 정보통신망은 용도에 따라 크게 평상시의 데이터 복제를 위한 데이터복제용 정보통신망과 재해시 서비스를 위한 재해복구 서비스용 정보통신망으로 나눌 수 있다.

2-5-6. 사용자지원관리

(1) 사용자지원관리는 사용자 요구사항의 처리, 각종 문제에 대한 신속한 대처를 위한 대책의 제공 등을 통해 유비쿼터스도시서비스

일반 사용자의 만족도를 향상시키는 것을 목적으로 한다.

(2) 사용자지원관리의 적용범위는 사용자 교육, 유지관리 등 사용자 지원 일원화 창구로써 업무체계를 마련하여 지원한다.

(3) 유비쿼터스도시서비스의 운영상 발생하는 장애 접수, 처리, 안내 및 기록과 장애현황을 관리하며, 사용자 만족도 조사를 통하여 제공되는 서비스에 대한 사용자 만족도를 파악하고, 조사된 결과를 분석하여 해당 업무가 지속적으로 개선될 수 있도록 조치하는 업무들을 주요 대상으로 한다.

(4) 유비쿼터스도시서비스는 장기적으로 모든 주민들이 활용하게 될 것이므로 유비쿼터스도시서비스 관련 질의, 장애신고 접수 및 서비스 개선 요청을 지원하기 위한 창구인 홈페이지나 서비스콜센터 등을 운영센터에 배치하거나 위탁운영을 고려한다.

(5) 사용자지원관리 담당자는 업무절차상 의사결정을 필요로 하는 중요사항 발생 시 사용자지원업무에 대한 검토와 관리의 업무를 담당한다.

(6) 사용자지원관리 담당자는 업무중단 최소화를 위해 다음과 지원업무를 수행한다.

① 사용자 제반 교육

② 예상치 않은 정보통신망, 지능화된 공공시설 장애 및 오류에 대한 해결 지원

③ 문제점 이력관리를 통한 향후 정보통신망, 지능화된 공공시설 및 유비쿼터스도시서비스 개선 활동

④ 변화된 서비스 프로세스의 지속적인 사전 인지 교육 등

2-5-7. 센터시설물관리

(1) 운영센터 시설물관리는 운영센터 내의 전기시설, 공조시설, 소방시설의 고장, 노후화 및 파손 등에 대한 점검 및 보수업무를 의미한다.

(2) 센터 내 정보통신망의 시설물관리는 운영센터와 연결된 노드 전송설비 및 망 감시장치 관리에 해당된다.

(3) 긴급장애에 대비하여, 운영하드웨어, 정보통신망 및 지능화된 공공시설별로 적정한 부품확보율을 정하여 운영센터 또는 적절한 장소에 예비장비 및 예비부품 비치를 하며, 비치가 어려운 예비장비 및 예비부품은 긴급 수급 방안을 마련한다.

(4) 예비장비 및 예비부품 확보율은 관리·운영비의 증감과 밀접한 관련성이 있으므로, 유비쿼터스도시서비스 규모와 활용도, 사용자만족도 등을 고려하여 지방자치단체의 특성에 적합한 확보율을 정할 수 있다.

2-5-8. 센터시설보안관리

(1) 보안관리는 운영센터, 정보통신망 및 지능화된 공공시설을 각종 침해행위, 재난 등 위해요소로부터 보호하기 위하여 취하여지는 예방대책 및 제반 활동을 의미하며 관리적, 물리적, 기술적 보안관리로 이루어진다.

(2) 관리적 보안관리는 보안업무 수행체계를 마련하고 문서·인원·시설·통신 등 각종 보안요소를 통제하는 것으로, 「국가정보보안 기

본지침」 제6조(정보보안 기본활동)에 따라 보안관리 전담인력을 확보하고 보안내규 작성 및 보안업무 세부추진계획 등을 수립·시행하여야 한다.

(3) 물리적 보안관리는 절도, 파괴, 화재 등과 같은 각종 인위적·물리적인 위협으로부터 시설, 장비 등 중요자산을 보호하기 위한 것으로, 출입통제 및 재난방지 대책 등을 강구하여야 한다.

(4) 기술적 보안관리는 도청, 해킹 및 바이러스 등의 위협으로부터 정보통신망을 보호하기 위한 것으로, 정보보호시스템 설치·운영, 취약점 점검 등을 이행하여야 한다.

(5) 개인정보를 다루어야 하는 업무를 위탁하는 경우, 위탁받는 기관에 대한 개인정보 보호 지도 및 감독 방안을 수립하여야 한다.

(6) 「공공기관의 개인정보 보호에 관한 법률」 제9조에 근거하여 개인정보 유출 및 사생활 침해가 이루어지지 않도록 대책을 강구하여야 한다.

(7) 「위치정보의 보호 및 이용 등에 관한 법률」 제15조에 근거하여 개인위치정보를 수집·이용 또는 제공에 유의하여야 한다.

(8) 정기적으로 자체 보안점검 계획을 수립·시행하고 점검결과에 따라 유비쿼터스도시기반시설의 보안대책을 개선한다.

(9) 정보통신망을 신·증설하거나 외부기관에 보안컨설팅을 의뢰하는 경우 등은 「국가정보보안 기본지침」 제20조에 따라 국가정보원장에게 보안성 검토를 요청한다.

(10) 보안취약성 진단이 요구되거나 정보보안 사고가 발생하는 경우

등에는「국가정보보안 기본지침」제24조에 따라 국가정보원장에게 안전측정을 요청한다.

(11) 해킹, 웜·바이러스 유포 등 사이버공격 인지 시 관련 로그자료 보존 및 필요시 정보통신망 분리 등 초동조치를 하고 국가정보원장에게 통보한다.

(12) 기타 보안관리는「보안업무규정」및 동 시행규칙,「국가정보보안 기본지침」및 정보통신망 보안관리 실무요령 등에 따라 시행한다.

2-5-9. 성능관리

(1) 유비쿼터스도시서비스의 안정적인 제공을 위하여 운영센터, 정보통신망 및 지능화된 공공시설에 대하여 정기적으로 성능평가를 실시하여 운영하드웨어, 운영소프트웨어, 정보통신망, 통신장비 및 지능화된 공공시설에 대한 정확성을 일정 수준 이상 유지한다.

(2) 성능관리는 유비쿼터스도시서비스들의 효율 및 응답속도 등을 최적으로 유지 제공하기 위하여 낮은 성능을 보이는 요소를 찾아 성능개선을 수행하는 것이다.

(3) 최적의 용량을 적시에 확보하기 위한 용량계획의 시점을 제공하고 성능 관련 문제를 사전에 예방함으로서 사용자의 시스템 활용도 및 만족도를 향상시킬 수 있다.

(4) 정보통신망 성능관리는 통신장비의 규격서와 비교검사를 통해 통신장비의 전송속도 및 방식, 통신상태, 작동상태, 통신회선 상태 등의 관리업무를 하는 것이다.

제6절 현장시설 관리·운영

2-6-1. 현장시설물 관리

(1) 현장에 설치된 정보통신망 및 지능화된 공공시설이 자연재해 또는 기술적 요인 등으로 인한 장애가 발생하였을 때에는 필요시 외주업체와 연락 및 협의하여 장애처리 및 복구를 한다.

(2) 현장에 설치된 정보통신망 및 지능화된 공공시설의 점검은 정기점검, 정밀점검, 긴급점검, 정밀안전진단으로 분류하며, 점검 종류별 점검시기는 지방자치단체의 특성 및 유비쿼터스도시기반시설별 특성 등에 따라 점검기간을 신축성 있게 조절할 수 있다.

(3) 정기점검은 유비쿼터스도시기반시설의 안전성을 확보하기 위하여 정기적으로 실시하는 정밀육안점검 및 장비를 이용한 점검을 말하며 손상부위 및 손상종류, 손상의 정도 등 손상 상세사항을 그림 또는 도면에 기록한다.

(4) 정기점검은 반기별로 1회 이상 실시를 기준으로 하며, 점검 시에는 현장에 설치된 정보통신망 및 지능화된 공공시설의 유지 관리를 위한 청소도 함께 수행한다.

(5) 정밀점검은 유비쿼터스도시기반시설의 현 상태를 정확히 판단하고 최초 또는 이전에 기록된 상태로부터의 변화를 확인하며 구조물이 현재의 사용요건을 계속 만족시키고 있는지 확인하기 위하여 면밀한 육안검사와 간단한 측정·시험장비로 필요한 측정 및 시험을 실시한다.

(6) 정밀점검은 정밀점검 또는 정밀안전진단 완료일을 기준으로 산정

하여 2년에 1회 이상 실시한다.

(7) 긴급점검은 태풍, 집중호우, 폭설 등의 재해가 발생한 경우, 긴급한 손상이 발견된 때 또는 유비쿼터스도시기반시설의 관리·운영주체가 필요하다고 판단하는 경우에 실시하는 모든 점검을 말하여, 필요한 경우에는 장비나 기계 기구를 사용하여 실시한다.

(8) 긴급점검은 관리주체가 필요하다고 판단한 시기 또는 관계행정기관의 장이 필요하다고 판단하여 관리주체에게 긴급점검을 요청한 시기에 실시한다.

(9) 정밀안전진단은 특별히 선정된 유비쿼터스도시기반시설의 외관상태, 내구성, 내화성 및 안전도의 파악을 위해 실시하며, 정밀육안조사와 장비조사 및 현장시험을 통하여 조사·측정 평가하여 보수·보강 등의 방법을 제시한다.

(10) 정밀안전진단은 관리주체가 필요하다고 인정한 경우에 실시하며, 구축 후 10년이 경과되는 시기와 그 후 최소 5년에 1회 이상 실시함을 원칙으로 한다.

(11) 정보통신망의 시설관리는 맨홀, 관로 및 부대시설과 백본망, 액세스망, 광케이블 관리 및 현장시스템 신설, 이전, 철거 업무가 해당된다.

(12) 점검계획에서는 운영센터, 정보통신망 및 지능화된 공공시설 각각에 대한 점검항목, 점검주기, 점검방법, 점검장비 등을 정의하며, 점검 일정에 따라 현장점검 실시 후 고장이 감지될 경우 간단한 조치를 통하여 점검자가 보수를 한다.

(13) 점검계획을 수립할 때는 다음과 같은 사항들을 고려하여야 한다.

① 점검대상 부위의 설계자료, 과거이력 파악

② 시설의 구조적 특성 및 특별한 문제점 파악

③ 시설의 규모 및 점검의 난이도

④ 점검 당시의 주변 여건

⑤ 점검표의 작성

⑥ 기타 관련 사항

(14) 지능화된 공공시설 이력관리는 시설물 명칭, 시설물 번호 및 지능화된 공공시설을 통해서 제공하는 유비쿼터스도시서비스의 구분, 설치일, 설치이력, 시설물 정상작동 여부, 보수상황, 보수업체 정보 등을 관리하는 것으로 지능화된 공공시설 이력관리는 중대한 변경 발생 시, 재난·재해복구 시 등에 시행한다.

2-6-2. 현장시설 보안관리

(1) 현장시설 보안관리는 현장에 설치된 정보통신망 및 지능화된 공공시설에 대한 접근통제, 유비쿼터스도시기반시설 및 장비의 보호와 같은 물리적 보안관리가 대상이 된다.

(2) 통신설비 보안관리로서는 통신관로 시설인 통신관로, 직매 구간에 각종 굴착사업 등으로 인한 통신설비의 피해를 사전에 방지하기 위하여 경고용 표시 테이프를 포설한다.

(3) 지능화된 공공시설의 운영에 영향을 줄 수 있는 굴착허가, 도로 및 보도점용, 노상작업, 광고시설물 등의 부착행위 등에 대한 예방계획 및 확인체계를 확보한다.

(4) 지능화된 공공시설 보안관리 담당자는 공공기관 CCTV 관리 가이드라인(미래창조과학부, 2008. 4.)에 근거하여 공익목적의 CCTV 설치·운영 및 개인화상정보 보호에 대하여 공공기관이 준수해야 할 법 의무사항을 숙지해야 한다.

제7절 위탁운영

2-7-1. 위탁운영이란 조직기능의 일부 또는 전부를 외부 전문기관에 위탁하는 경영전략으로, 조직의 자원을 경쟁적으로 우위에 있는 핵심적인 업무기능에 집중시키고 기타 업무기능은 외부 전문기관에 위탁함으로써 조직의 경쟁력을 더욱 높일 수 있다.

2-7-2. 위탁운영 형태

(1) 위탁업무 대상별로 분야별 전문기관에 위탁하는 방법을 선택적 위탁운영이라고 한다. 위탁업무의 위험을 줄일 수 있고, 외주업체와의 협상에서 선택권을 가질 수 있다.

(2) 단일 외주업체에 대상 전체를 일괄적으로 위탁하는 방식을 일괄적 위탁운영이라 한다. 여러 외주업체로 시스템을 분산위탁하는 선택적 위탁운영의 문제점을 일부 해결할 수 있지만 외주업체의 기술과 정책에 대한 의존도가 높아지며, 교체비용 과다소요 등의 단점이 있다.

2-7-3. 대상업무 선정

(1) 위탁운영 대상 업무를 선정하기 위하여 연계시스템, 계약 및 법률, 보안 및 기밀성, 위험요소 분석 등을 고려하여 객관적인 선정

기준을 수립한다.

(2) 주요 고려사항으로 업무별 전략적 중요성, 기술의 성숙도 등을 감안하여 위탁운영이 가능한 후보업무를 선정한다.

(3) 연계시스템이 있을 경우 영향평가 항목으로는 위험요소, 기회요소, 장점, 약점 등과 같은 부분에 대하여 평가한다.

2-7-4. 서비스 수준관리

(1) 외주업체의 서비스에 대한 성과를 확인하고 성과개선을 관리한다. 서비스 수준의 문제점을 확인하고, 이에 대한 원인분석 및 해결방안을 도출하여 성과향상을 꾀한다.

① 서비스 수준 및 성과 확인

② 정기 서비스 제공결과 보고자료 재검토

③ 서비스 수준에 대한 관계부서의 의견 취합

④ 위탁운영을 추진한 목적에 맞게 설문조사 항목 조정

⑤ 서비스 수준 및 성과에 대한 문제점 확인

⑥ 외주업체, 관계부서 담당자와 공동으로 문제점의 원인 분석

⑦ 서비스 수준의 문제점에 대한 원인, 해결방안 등을 포함한 보고서 작성

(2) 유비쿼터스도시기반시설의 위탁운영을 위한 측정항목으로 다음과 같은 사항들을 고려할 수 있다.

① 서비스 만족도

② 장애 및 시설 고장 건수

③ 예비장비 및 예비부품 확보율

④ 납기 준수율

⑤ 서비스 가동율 등

2-7-5. 계약관리

(1) 계약변경사항, 서비스비용, 계약 이견조정 등과 같은 계약에 따른 일상적인 계약관리뿐만 아니라 제공된 서비스 내역 및 운영 활동을 확인한다.

(2) 계약변경은 계약변경 과정에 대하여 사유, 변경일자, 변경 전 계약내용, 변경 후 계약내용 등과 같은 계약변화와 관련된 상세한 이력을 관리한다.

① 변경 요구사항 파악 및 기록

② 관계부서와 협의

③ 외주업체와 협의

④ 변경 사항 실행

⑤ 변경요구사항에 대한 진행사항 확인

(3) 비용 관리는 비용이 계약에 의거하여 적절히 집행되고 있는지 파악하여 외주업체의 부당한 비용청구를 방지하는 것으로, 서비스 범위 또는 서비스 수준의 변경에 따른 비용을 외주업체와 협의하여 조정한다.

(4) 위탁운영 수행 시 성과의 측정뿐만 아니라 서비스 제공에 따른 비용의 모니터링이 이루어져야 하며, 서비스 범위 및 서비스 수준이 변경되면 비용조정에 대해 외주업체와 협의한다.

① 비용청구 내역에 대한 정보 입수

② 주기적으로 소요비용을 취합하고, 비용집행의 적정성 평가

③ 계약 금액 및 비용 집행에 대한 이견에 대하여 외주업체와 협의

④ 조정된 비용안을 검토하여 실행

(5) 장기계약 시에는 외주업체와 협의하여 연차별로 계약을 갱신할 수 있다.

2-7-6. 고려사항

(1) 성공적인 위탁운영을 위해서는 전략적 관점에서 위탁운영 목표가 설정되어야 하며, 조직의 핵심역량 분석결과를 토대로 내부에서 필수적으로 수행하여야 하는 업무와 외부 위탁 가능 업무에 대하여 최종적으로 결정을 하여야 한다.

(2) 전략적 관점에서 보면 운영센터 전략기획 업무 등은 내부에서 필수적으로 수행하여야 하는 업무에 속하며, 서비스콜센터 및 홈페이지 관련 업무 등은 외부 위탁 가능한 업무라고 할 수 있다.

(3) 전략적인 측면 외에도 위탁운영의 의사결정은 비용적인 측면, 기술적인 측면, 조직·인사적인 측면 등을 동시에 고려하여야 한다.

(4) 다양한 이해집단의 의견이 반영될 수 있도록 철저한 타당성 및 효과성 평가를 통하여 추진한다.

(5) 외주업체와의 계약 시 정량적이고 계수화된 지표를 활용하여 계약을 수행한다.

제3장 집행관리

제1절 예산수립

3-1-1. 개요

(1) 유비쿼터스도시기반시설 관리·운영에 실제 소요되는 인건비, 센터시설 관리·운영비, 현장시설 관리·운영비 및 기타 비용 등을 계산하여 예산을 수립한다.

(2) 월별, 조직별로 세분화하여 검토하고 계획과 실적이 항목별로 비교될 수 있도록 한다.

(3) 산정된 예산을 기반으로, 장기적으로 유비쿼터스도시기반시설 관리·운영을 위해 필요한 투자예산 계획도 함께 수립한다.

(4) 투입인력에 대한 계획을 수립해야 하는데, 기간내 소요 예측되는 운영자들의 인원은 기술수준, 직급, 담당 분야별로 산정하여 제시하고, 이때에 고려되는 장비, 설비 등의 자원 할당 계획도 함께 제시한다.

3-1-2. 업무 내역

(1) 인건비는 해당 관련 분야의 학력, 경력 등을 고려하여 엔지니어링 사업대가 기준 "기술자의 등급 및 자격기준"의 공표사항을 준수하여 산정할 수 있다.

(2) 다음 각 항의 사항을 분석하여 센터시설 및 현장시설의 관리·운영 비용을 수립한다.

① 전년도 시스템 가동 실적 대비 전력 및 통신비 등 단위요소 비용

② 시설의 보증기간 완료대수

③ 유지관리 소요인력

④ 검·교정 소요 경비

⑤ 적정 예비품 보유 현황

⑥ 기타

제2절 관리·운영비 조달 및 절감

3-2-1. 관리·운영비는 건설 이후 유비쿼터스도시를 관리·운영하는 데 필요한 경비의 총액을 의미하며, 세부적으로는 인건비, 센터시설 관리·운영비, 현장시설 관리·운영비 및 기타 비용 등으로 분류할 수 있다.

3-2-2. 지방자치단체 및 관리청은 중앙정부의 예산지원 획득, 민간기관의 투자 유치 등 지역에 적합한 방법으로 재원을 확보하기 위하여 노력하여야 한다.

3-2-3. 지방자치단체 및 관리청은 민·관 합작사업 등의 수익사업을 통한 추가재원 확보방안을 조례 등에 제시할 수 있다.

3-2-4. 지방자치단체 및 관리청은 관리·운영비 조달 및 절감을 위하여 민간재원적 서비스의 경우 수익자 부담원칙에 따라 비용을 조달할 수 있다.

3-2-5. 지방자치단체 및 관리청은 관계행정기관에 유비쿼터스도시서비스를 제공하고 관계행정기관에게 유비쿼터스도시서비스 이용료를 청구할

수 있다.

3-2-6. 거주민이 부담하는 경우, 지방자치단체 및 관리청은 지방자치법 제139조(사용료의 징수조례 등)에 따라, 사용료·수수료 또는 분담금의 징수에 관한 사항을 조례로 제정하여야 하며, 지방재정법 제31조(국가의 공공시설에 관한 사용료)에 따라 유비쿼터스도시서비스 이용료를 징수할 수 있다.

3-2-7. 지방자치단체 및 관리청은 유비쿼터스도시기반시설의 관리·운영에 필요한 소요비용을 최소화하기 위하여 법 제19조(유비쿼터스도시기반시설의 관리·운영 등) 제3항에 따라 전문기관에게 위탁할 수 있다.

3-2-8. 지방자치단체 및 관리청은 영 제22조에 따라 수탁기관과 업무수행에 필요한 재원의 일부 혹은 전부를 충당하기 위한 수수료 부과 조항과 이로부터 발생한 이익의 일부를 지방자치단체에 납부할 수 있는 조항이 포함된 계약을 체결할 수 있다.

제4장 부칙

4-1. 이 지침은 2012년 7월 18일부터 시행한다.

4-2. 법 제3조 제5호에서 정한 행정중심복합도시건설사업을 시행하는 행정중심복합도시건설청장은 이 지침에 따른 시장·군수로 본다.

4-3. 「훈령·예규 등의 발령 및 관리에 관한 규정」(대통령훈령 제248호)에 따라 이 훈령/예규/고시/공고/지시 발령 후의 법령이나 현실 여건의 변화 등을 검토하여 이 훈령/예규/고시/공고/지시의 폐지, 개정 등의 조치를 하여야 하는 기한은 2015년 7월 17일까지로 한다.

부록 1. 유비쿼터스도시 통합운영센터 사례

1) A신도시 유비쿼터스도시 운영센터 조직구성 계획안

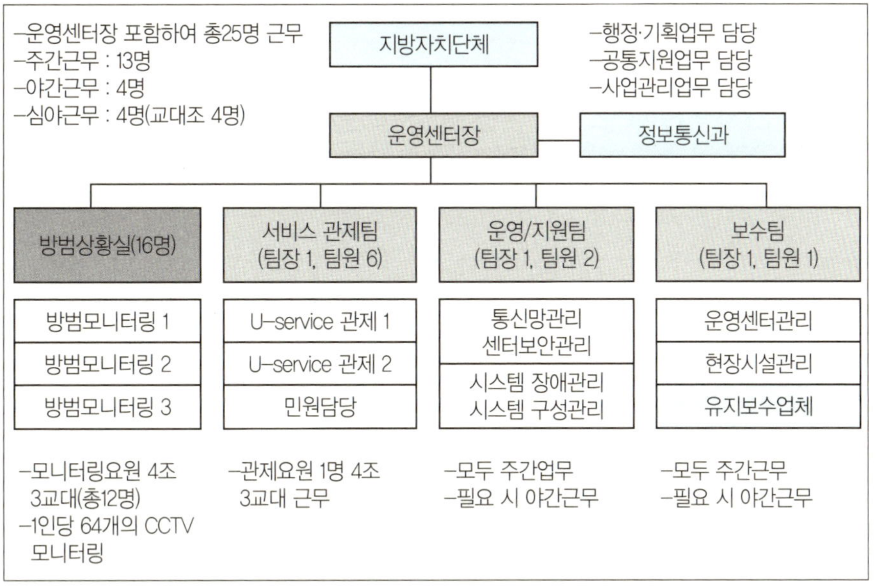

○ 유비쿼터스도시기반시설 운영센터 관리·운영조직을, 유비쿼터스도시를 운영하는 지방자치단체의 유비쿼터스도시 관련 부서와 협의 및 공조가 가능하도록 운영센터장을 두도록 한다.

○ 지역 여건과 유비쿼터스도시 관리·운영 업무의 규모에 따라 기존 지방자치단체 담당부서의 인력을 활용하거나 별도의 구성인력을 충원하도록 한다.

○ 운영센터 조직은 개별 서비스 특성을 분석하여 산정하여야 하며 운영센터 내 상황실에 근무하는 관제·운영 인력은 상황실 운영방안에 따라 달리 구성될 수 있다.

○ 방범상황실의 인력구성은 관할 경찰서와 협의하여 구성한다.

○ 정보통신망관리, 운영센터 시스템 구성관리 및 장애관리 등 정보시스템 관리·운영 업무 지원을 위한 운영/지원팀을 구성하고 팀장을 둔다.

○ 현장시설에 대한 유지보수 업무를 담당하는 보수팀을 구성하고 팀장을 둔다.

○ 홍보 및 체험관 운영 시는 별도의 계약직 인력구성이 필요하다.

2) A신도시 유비쿼터스도시 운영센터 조직 인력계획 계획안

<table>
<tr><th colspan="2" rowspan="2">조직</th><th rowspan="2">인원(명)</th><th colspan="2">인력확보계획(명)</th><th rowspan="2">비고</th></tr>
<tr><th>공무원</th><th>외주</th></tr>
<tr><td>센터장</td><td>센터총괄</td><td>1</td><td>1</td><td>–</td><td></td></tr>
<tr><td rowspan="4">U-서비스 관제팀</td><td>총괄팀장</td><td>1</td><td>1</td><td>–</td><td></td></tr>
<tr><td>U-서비스 관제1</td><td>4</td><td>4</td><td>–</td><td>4조 3교대</td></tr>
<tr><td>U-서비스 관제2</td><td>1</td><td>1</td><td>–</td><td></td></tr>
<tr><td>민원업무담당</td><td>–</td><td></td><td></td><td></td></tr>
<tr><td rowspan="3">방범 CCTV팀</td><td>상황실장</td><td>(1)</td><td>(1)</td><td>–</td><td>경찰서로부터 파견근무</td></tr>
<tr><td>방범(일반모니터링)</td><td>12</td><td>–</td><td>12</td><td>4조 3교대</td></tr>
<tr><td>경찰공무원</td><td>(3)</td><td>(3)</td><td>–</td><td>경찰서로부터 파견근무</td></tr>
<tr><td rowspan="3">운영/지원팀</td><td>총괄팀장</td><td>1</td><td>1</td><td>–</td><td></td></tr>
<tr><td>정보통신망 관리/센터보안관리</td><td>1</td><td>1</td><td>–</td><td></td></tr>
<tr><td>시스템 장애관리/시스템 구성관리</td><td>1</td><td>1</td><td>–</td><td></td></tr>
<tr><td>보수팀</td><td>총괄팀장</td><td>1</td><td>1</td><td>–</td><td></td></tr>
<tr><td></td><td>운영센터관리/현장시설관리</td><td>1</td><td>1</td><td></td><td></td></tr>
<tr><td></td><td>유지보수업체</td><td>–</td><td>–</td><td>–</td><td>유지보수업체 선정</td></tr>
<tr><td colspan="2">소계</td><td>25</td><td>13</td><td>12</td><td></td></tr>
</table>

유비쿼터스도시 건설사업 업무처리 지침 중
유비쿼터스도시서비스 분류체계 및 예시

유비쿼터스도시 건설사업 업무처리 지침

유비쿼터스도시서비스 분류체계 및 예시

분야	통합서비스명	단위서비스명	서비스 정의
행정	현장행정지원	불법쓰레기투기 감시서비스	불법쓰레기 투기가 빈번한 지역에 지능형 CCTV를 설치하고, 쓰레기 투기 상황 발생 시 경보 알람을 통해 불법 쓰레기 투기를 방지 및 단속하는 서비스
		현장행정 지원서비스	공무원이 현장에서 인허가처리, 지도점검, 행정처분 등의 행정을 처리할 수 있도록 하는 서비스
		U-자산관리 서비스	공공기관에서 관리하는 재물조사대상(정수물품)물품에 RFID 태그를 부착하고, 이를 GPS, CAD와 연계하여 자산의 관리 업무를 지능화 및 효율화하는 서비스
	도시경관관리	U-플래카드 서비스	지역 내 LED미디어보드를설치하여, 현재의 현수막을 대체한 동영상광고서비스를 제공
		현장점용시설물 관리서비스	현수막, 옥외광고물, 불법점용시설물 등에 대한 RFID Tag를 부착하고, 모바일기기를 통해 담당공무원이 현장에서 단속하도록 하고, 관련한 관리업무를 지원하는 서비스
		가로수관리 서비스	가로수에 대한 RFID Tag를 부착하고, 가로수 상태를 모니터링하고, 관련한 관리 업무를 지원하는 서비스
		야간조명관리 서비스	지역 내 야간조명에 대한 현장 감시 및 관련한 관리업무를 지원하는 서비스
	원격민원행정	U-민원서비스	민원인이 원격지에서 각종 민원에 대한 신청, 열람, 발급 및 처리결과를 인터넷, 세대기, TV, DMB, 모바일(휴대폰/PDA), 키오스크 등을 통해 제공받는 서비스 • 민원신청, 열람, 발급 • 민원신청에 대한 처리상황 및 결과를 통보
		원격세금고지/납부서비스	원격지에서 시민들에 대한 세금, 과태료, 벌금 등을 다양한 기기를 통해 제공하고, 온라인상으로 납부하는 서비스 • 세금고지 및 조회 • 세금납부 • 인터넷, 세대기, TV, DMB, 모바일(휴대폰/PDA) , 키오스크
	생활편의	U-이사 서비스	이사전입신고 시 관련행정정보 변경, 이사 후 지역근방의 시설, 이사센터, 재활용센터, 가스/소방 등 관련한 서비스 를

분야	통합서비스명	단위서비스명	서비스 정의
행정	생활편의	U-이사 서비스	OneStop으로 제공 • 관련기관주소일괄변경신청 • 가스/소방/수도/전화 등 관련서비스 출동신청
		토지정보조회 서비스	시민의 위치정보에 기반하여 인근 공시지가 조회 및 필지정보조회를 모바일기기를 통해 할 수 있도록 하는 서비스 • 공시지가조회서비스: GPS 및 전자지번도를 활용하여 현재 위치의 주택과 토지가격을 모바일단말기로 실시간 제공 • 필지정보조회서비스: 증축이나 재건축 시 해당필지의 토지 용도, 허용 가능한 개발밀도 등의 도시계획법령과 건축행위제한 등의 정보를 제공하는 서비스
		지역생활정보 포탈서비스	지역 내 행정정보와 위치정보에 기반을 둔 지역생활정보를 지역민에게 맞춤형으로 제공하는 서비스 • 우리 동네 생활지도 및 옐로우페이퍼, 행정지역 내 소상공인광고 등 • 인터넷 및 모바일 접속이 가능한 사이트에서 권한에 따라 도시행정, 취업정보, 교통정보 등을 차등 제공 • 시각장애인을 위한 모바일보이스 서비스도 병행
	시민참여	**시민신고 서비스**	시민들이 현장에서 즉시 불법행위에 대한 신고 및 현장 감시활동에 참여할 수 있도록 서비스를 제공하는 서비스
		전자투표 서비스	중앙정부 및 지자체 등의 공공기관에서 지역민에 대한 여론조사 및 본인 확인 여부가 필요 없는 투표를 진행하는 서비스
		U-공청회 서비스	각종 도시개발 사업 및 계획안에 대한 주민공청회를 시공의 제약 없이 원격으로 경청하고 자유롭게 의견 개진 등을 할 수 있도록 참여가 가능한 서비스
교통	교통관리 최적화	**실시간교통 제어서비스**	교통량, 운행속도 등 실시간 교통정보를 수집, 관리, 제공하고 교통시설을 자동제어함으로써 교통 흐름을 최적화하는 서비스
		고속도로교통류 제어서비스	고속도로의 교통정보를 가공하여 운전자에게 정보제공하고, 효과적인 교통류제어를 위해 관련 시스템간 연계
		광역교통류 제어서비스	광역지역에서 교통류를 제어하고 교통소통을 적정수준으로 유지하기 위해 주요 지점의 유출입 제어
		교통제어정보 제공서비스	도로상에 설치된 검지기를 통하여 교통정보를 수집하고 실시간으로 우회도로, 돌발 상황, 진행방향 도로의 교통정보를 운전자에게 제공

분야	통합서비스명	단위서비스명	서비스 정의
교통	교통관리 최적화	**돌발상황감지 서비스**	교통사고, 차량고장, 공사 등 비정상적 교통상황에 관한 정보를 실시간으로 수집, 관리하고 체계적으로 대응, 처리하는 서비스
		돌발상황대응 조치서비스	도로상에서 발생하는 돌발 상황을 센터에서 자동 검지하거나 제보자 신고, 119구조대 및 한국응급구조단 등의 제공 정보를 이용하여 검지 및 확인하여 대응, 처리
		긴급차량운행 관리지원서비스	도로상에서 발생하는 돌발 상황에 대비하여 긴급차량을 대기시키고, 돌발 상황 발생 시 신속하고 적절하게 긴급차량을 지원
		속도위반차량 단속서비스	과속, 버스전용차로 위반, 신호위반 과적 등 교통법규위반행위를 실시간으로 파악하고 자동으로 행정 처리하는 서비스
		전용차로위반 차량단속서비스	전용차로 위반 차량을 자동으로 검지하고, 번호판을 인식하여 운전자와 관련기관에 해당정보 제공
		차선위반차량 단속서비스	차선 위반 차량을 자동으로 검지하고, 번호판을 인식하여 운전자와 관련기관에 해당정보 제공
		신호위반차량 단속서비스	신호 위반 차량을 자동으로 검지하고, 번호판을 인식하여 운전자와 관련기관에 해당정보 제공
		주정차위반 차량단속서비스	주정차 위반 차량을 자동으로 검지하고, 번호판을 인식하여 운전자와 관련기관에 해당정보 제공
		과적차량 단속서비스	화물차량을 정지시키지 않고 주행 중에 자동으로 계측하여 과적 단속하고 운전자와 관련기관에 해당정보 제공
		교통공해관리 지원서비스	대기오염, 소음 등 교통공해정보를 실시간으로 수집, 관리, 제공함으로써 교통으로 인한 환경오염을 자동으로 관리하는 서비스
		차량추적관리 서비스	영상인식 및 교차로 검지기를 설치하여 도난차량, 뺑소니차량 등에 대한 실시간 검색 및 추적 서비스 도로상의 지능형 CCTV를 이용하여 경찰의 추적대상 범행/도난차량의 번호를 자동인식하고 위치 및 도주경로 정보를 경찰에게 실시간으로 제공함
		승용차자유 요일제무인단속 서비스	승용차 자유요일제 스티커에 RFID를 장착하고 주요도로, 터널, 주차장 등에 무선주파수 인식 시스템을 장착하여 승용차 자유요일제 참여 차량을 관리함

분야	통합서비스명	단위서비스명	서비스 정의
교통	전자지불처리	유료도로통행료 전자지불서비스	유료도로통행료, 혼잡통행료 등 통행요금을 주행상태에서 자동으로 지불하는 서비스
		혼잡통행료 전자지불서비스	도심지를 진입하는 차량에 대해 혼잡통행료를 DSRC 단말기 또는 OBU를 통해 주행상태에서 자동으로 통행료 징수
		대중교통요금 전자지불서비스	시내버스, 지하철, 택시 등 대중교통요금과 주차요금 등 교통편의시설 이용요금을 자동으로 지불하는 서비스
		주차요금 전자지불서비스 (공영주차장)	주차장 출입구에 설치된 단말기를 이용하여 차량인식 및 차단기 자동 개폐, 차량 종류, 일반차량 및 정기주차 차량 자동 인식으로 요금 징수
	교통정보유통 활성화	기본교통정보 제공서비스	ITS시스템이 일반적으로 수집하는 교통정보를 일반 교통이용자에게 제공하는 서비스
		교통정보관리 연계서비스	ITS시스템이 수집, 관리하는 기본교통정보를 종합하여 타 시스템 및 부가사업자들에게 제공하는 서비스
	차량여행자 부가정보제공	차량여행자 교통정보제공 서비스	차량 및 차량이용자에게 교통상황, 최적경로, 주차 등 여행에 필요한 교통정보를 출발 전 또는 주행 중에 제공하는 서비스
		차량주행안내 서비스	차량에 동적교통정보를 제공하며, 기후조건, 도로폐쇄 또는 교통사고 상황 등의 발생 시 차량의 경로를 재조정하여 안내
		주차정보 제공서비스 (공영주차장)	공영주차장에 자동화 설비, 여러 지역에 분산된 주차장에 대한 통합관제 등을 통해 주차관리업무를 효율화하고, 사용자들의 편의성을 도모함
		보행자경로 제공서비스	보행자, 자전거이용자 등 차량을 이용하지 않는 여행자에게 여행경로, 교통이용 안내 등 교통정보를 제공하는 서비스
	대중교통	대중교통정보 제공서비스	시내외버스, 고속버스 등 대중교통의 위치, 환승정보 등 대중교통관련 운행정보를 제공하는 서비스
		대중교통관리 서비스	시내외버스, 고속버스 등 대중교통의 운행위치, 운행간격, 사고상황 등 대중교통운행정보를 수집, 관리하여 배차간격 조정, 운전자 관리, 예약 등 대중교통운행을 최적화하는 서비스
	차량도로첨단화	차량사고발생 자동경보서비스	근접차량 운행상태, 철도건널목의 열차운행상황, 사고상황 등 교통안전과 관련한 실시간 교통정보를 수집, 관리, 제공하여 차량운전자 및 보행자의 안전을 지원하는 서비스

분야	통합서비스명	단위서비스명	서비스 정의
교통	차량도로첨단화	**차량전후방 충돌예방서비스**	차량의 전후방에 타 차량이나 장애물을 감지하고, 충돌위험이 있을 경우 차량을 자동으로 제어
		차량측방충돌 예방서비스	차량의 측방에 타 차량이나 장애물을 감지하고 충돌위험이 있을 경우 차량을 자동으로 제어
		교차로충돌 예방서비스	교차로에서 감속 또는 정지가 필요한 시점 및 지점에서 신호등의 현시상태나 차내의 수신/경고 장치로 송신
		철도건널목 안전관리서비스	철도건널목에서 감속 또는 정지가 필요한 시점 및 지점에 노변경고판, 차내 수신/경고장치로 운전자에게 경고하고 차량제어가 필요할 경우 차량제어
		감속도로구간 안전관리서비스	도로상의 과속위험구간, 노면결빙구간, 안개구간, 터널 및 교량 등 감속이 필요한 지점 및 시점에서 운전자에게 감속요인정보 및 대처방안 제공
		차량안전자동 진단서비스	자동차의 주요 부품에 부착된 RFID로 결함을 발견하고 위험을 경고하거나 필요한 조치 제공
		보행자안전 지원서비스	교차로나, 보도에 보행자의 안전을 위해 음성서비스 등을 제공하여 보행자 안전을 제고하는 서비스
		운전자시계 향상서비스	주행 중 운전자의 시야를 방해하는 요소들을 제거하기 위해 발수유리나 적외선 windshield, tilting 헤드라이트 등의 기술로 안전운전 도모
		위험운전방지 서비스	운전자의 운전행태를 모니터링하여 이상 발견 시 운전자에게 경고하여 사고예방
		차량간격제어 서비스	주행 중 차량간 거리가 일정하게 유지될 수 있도록 개별차량을 자동으로 제어하여 도로의 용량을 증대시키고 ,전후방 충돌 방지
		자동조향운전 서비스	도로에 설치된 차량유도장치, 노변통신장치를 통해 자동주행 기능을 갖춘 차량으로 무인운전
		차량군집운행 서비스	차량간의 간격을 일정하게 유지하면서 차량군의 흐름을 일정하게 유지하면서 자동 운행하는 서비스
	택시콜	**택시콜서비스**	고객의 입장에서 현재 위치에서 가장 가까운 택시의 위치정보를 알고 자신의 스케줄에 맞게 실시간으로 호출 및 예약을 할 수 있고, 택시 안에서도 교통, 결제, 관광정보, 이메일 뉴

분야	통합서비스명	단위서비스명	서비스 정의
교통	택시콜	택시콜서비스	스 등 정보를 실시간으로 제공받고 교환
보건·의료·복지	건강관리 서비스	홈건강관리 서비스	가정용 헬스케어단말기를 통해 거주민의 건강진단, 운동/식이처방, 스트레스관리 등의 건강관리서비스를 제공하고 건강관리정보를 지속적으로 관리 및 상담하며 이상발생 시 병원예약 등 의료서비스를 연계해주는 서비스 • 보건소에서 제공하는 만성질환·독거노인원격관리서비스도 포함 – 독거노인 질병조기 예방및건강관리 • 건강측정 모니터링(혈압, 혈당, 체지방, 스트레스, 활동량 등), 실시간측정결과 피드백, 전문가의 측정결과 모니터링(헬스케어매니저, 의사), 이상소견 시 전문가와 원격 화상상담 및 병원진료예약, 개인맞춤형 건강증진 프로그램(운동/식이), 응급건강관리, 건강정보 • 서비스 제공 주체는 헬스케어 전문업체, 병원, 보건소 등 가능
		커뮤니티 건강관리서비스	커뮤니티시설에 설치된 헬스케어장비를 통해 건강진단, 운동/식이처방, 스트레스관리 등의 헬스케어서비스를 제공하고 건강관리정보를 지속적으로 관리하는 서비스 • 홈건강관리서비스와 연계서비스 제공 • 건강관리사 등 전문인력을 통한 운영이 가능할 경우 건강측정장비를 가정용이 아닌 전문용을 채택할 수 있어 홈헬스케어보다 전문화된 서비스 제공 가능 • 대상 : 주민자치센터, 건강증진센터, 아파트단지공용건강관리실, 직장건강관리실, 보건소, 학교 등
		투약관리 서비스	센서가 부착된 약품보관함이 투약시간 및 처방전에 따른 투약방법을 알려주고 투약이행 여부를 보호자에게 실시간 통보하는 서비스 • 투약시간 알람을 휴대폰, 홈네트워크시스템 등과 연동 가능
		U-휘트니스 서비스	체력진단시스템을 통해 측정된 체력측정치를 기반으로 개인맞춤형 운동처방프로그램을 제공하고 휘트니스센터 내 각 운동기기에 자동으로 반영되어 개인맞춤형 운동수행을 지원하는서비스 • 개인맞춤형 운동수행지원 항목 : 운동강도, 횟수, 소요시간 관리, 활동량 등 • 체력진단시스템이나 운동기기에 설치된 터미널을 통해 이용방법을 멀티미디어로 제공 • 운동내역 분석결과를 건강관리시스템에서 관리
	U-병원서비스	병원정보화 서비스	처방전달시스템, 전자의무기록시스템, 영상정보 획득 및 전달시스템, 의료ERP/DW 등의 의료정보화시스템과 모바일

분야	통합서비스명	단위서비스명	서비스 정의
보건·의료·복지	U-병원서비스	병원정보화 서비스	기반 PointOfCare시스템을 기반으로 원내/외에서 의사, 간호사 및 직원들이 의료용 PC나 PDA, 태블릿 PC 등의 모바일 장비를 이용하여 원격 실시간의료 및 관리업무수행이 가능하도록 지원하는 서비스 • 처방전달시스템(OCS), 전자의무기록시스템(EMR), 영상정보획득 및 전달시스템(PACS), 의료ERP, DW 등의 의료정보화시스템, 모바일기반PointOfCare(POC)시스템, 진료나 수술 시 의료정보를 제공하고 진단과 처방의 오류를 사전에 체크하며 진료정보공유를 통해 협력의료 등이 가능하도록 지원하는 진료 및 의료지원시스템(CDSS,ClinicDecisionSupportSystem) 등
		스마트 병원 진료카드서비스	IC Chip 기반의 다기능 스마트카드와 각종 연동용 단말기를 기반으로 환자에게 ID, 전자지불, 환자정보, 교통카드, 인증서 등의 원카드 서비스와 대기환자 관리서비스를 제공하고 병원에게는 통합관리 서비스를 제공하는 서비스 • 병원카드를 단말기에 인식하여 등원확인 및 접수 시 대기환자를 위하여 접수현황을 미디어보드에서 안내하고, 진료순서가 되면 호출 및 병원정보안내Kiosk 등에서 진료실 위치안내 등의 서비스를 제공함
		스마트병상 서비스	개인 병상용 멀티미디어장비를 통해 엔터테인먼트, e-mail, 인터넷 등 편의 서비스 제공 및 병원시스템 연계를 통해 진료정보를 제공하고 병원의 이미지를 제공하는 서비스
		병원 자산 및 환자관리서비스	의료행위상의 안전성을 확보하고 의료기관 자산관리의 효율성을 높이기 위해 의약품, 장비, 수혈용 혈액, 수술용환자/신생아, 음식, 의료폐기물 등 체계적 관리가 필요한 대상에 대하여 RFID를 부착하여 관리하는 서비스
		전자처방전 서비스	의료기관과 약국 등을 연동하는 통합 약처방 인프라를 기반으로 주치의가 발행하는 처방전을 약국에 자동전송하고 조제 후 배송망을 이용하여 댁내에 배달서비스를 제공하는 서비스 • 약의 배송은 의료법 허용 시 가능함
		병원환경관리 서비스	병원 관리자의 전반적인 병원환경관리 시 센서기술, 지능형 환경관리장치, RFID 태그 등으로 병실/진찰실/수술실의 최적 환경을 유지하고 병원 내 2차 감염을 방지할 수 있는 환경을 유지하는 서비스
	원격의료 서비스	원격진료 서비스	거동이 불편한 환자가 직접 의료기관을 방문하지 않더라도 가정이나 커뮤니티건강증진센터의 원격진료 장비를 통해 원격으로 담당의사의 진료나 건강상담을 받아 처방전을 발급

분야	통합서비스명	단위서비스명	서비스 정의
보건·의료·복지	원격의료 서비스	원격진료 서비스	받는 서비스 • 진단 후 지속적인 케어가 필요한 만성질환자 중심의 서비스 • 국내의 경우 의사와 환자 사이의 원격진료가 의료법상 허용되지 않고 있으며, 현재 국내에서 시행 중인 모델은 병원–보건소–보건지소/진료소간 의료네트워크상에서 병원의 의사가 원격지의 보건지소/진료소의 원격영상진료실의 간호사를 통해 환자를 진료하고 처방하는 모델임
		원격협진 서비스	원격지 의료기관간 의료진이 원격협진시스템을 통해 환자의 진료 정보를 공유하고 공동 진료, 처치, 수술, 처방 등 원격협진을 제공함으로써 환자가 원거리 의료기관을 방문하지 않고도 품질 높은 의료서비스를 받을 수 있는 서비스 • 대형병원과 의료취약지역의 협력병원간 원격협진시스템을 통해 환자의 진료정보를 공유함으로써 환자는 원거리의 대형병원을 직접 방문하지 않고 근처 협력병원에서 진료받는 것만으로도 원격지대형병원의 실시간진료 서비스와 처방을 받을 수 있음 • 원격영상진료시스템(원격화상시스템,생체정보측정시스템 등), PACS, 의료정보표준화 등 첨단의료정보화시스템을 기반으로 구현됨
		방문의료 서비스	보건소나 병원의 방문 간호의료진이 환자가정을 방문하여 모바일진료시스템을 기반으로 진료, 건강상담, 투약지도, 간호서비스, 보건교육 등 방문의료서비스를 제공하는 서비스 • 대상 : 노인, 장애인(거동불편자), 만성질환자, 정신질환자, 우울증환자, 알코올중독자, 산모와 영유아 등
		응급의료 서비스	구급차에 화상통신 장비와 환자상태를 측정할 수 있는 원격의료장비를 설치하여 응급환자 수송 시 응급의료정보센터로 화상데이터와 Vital Sign 등을 전송하면 전문의가 데이터를 확인하여 응급처치를 지원하는 서비스
	U–보건관리 서비스	개인건강정보 관리서비스	의료기관간 의료정보공유가 가능한 의료정보표준화와 개인의 혈액형, 알레르기, 수술이력 등 응급의료제공 시 필요한 개인병력이 DB관리를 기반으로 응급상황 시 신속한 처치를 지원하는 서비스 • 거주민의 혈액형, 검사수치, 알레르기, 부작용 등의 정보데이터베이스 구축 • 개인의 응급의료정보가 저장된 유비쿼터스칩을 착용하여 응급상황 시 활용 • 119응급처치 및 지역의료기관에 정보 제공
		특수의약품	환각, 각성 및 습관성, 중독성이 있는 특수의약품을 RFID 태그

분야	통합서비스명	단위서비스명	서비스 정의
보건·의료·복지	U-보건관리 서비스	특수의약품	및 리더기를 이용하여 체계적으로 관리하고 유통하는 서비스
		식품관리 서비스	유전자조작 및 유해식품, 광우병 및 조류독감 등의 위험이 있는 식품에 RFID 및 리더기를 이용하여 체계적으로 관리하고 유통하는 서비스
		수혈/혈액관리 서비스	RFID 기반으로 수혈 및 혈액의 체계적 관리를 제공하고 혈액팩에 부착된 각종 센서로 혈액관리에 필수적인 환경요인 변화를 관리하여 혈액의 폐기를 미연에 방지하는 서비스
	U-보건소 서비스	보건소종합정보 서비스	유무선 인터넷과 모바일통신기반의 유무선포털과 보건소내 디지털미디어보드, 키오스크, u-tag 기반의 시설물안내시스템 등을 통해 각종 보건/건강정보나 보건소안내정보 및 서비스를 제공하는 서비스 • 보건소시설이용안내, 보건정보(전염병, 방역, 예방접종정보), 건강정보 등 제공을 위한 유무선 포털 서비스 • 보건소서비스이용예약 • 원격상담 • 보건소가 중심이 되어 가족의 구성시기부터 세대원의 연령 및 상태에 적합한 보건서비스 제공
		보건시설관리 서비스	보건소에서 관리하는 주요 보건시설물의 지도점검내용을 모바일단말기 또는 RFID휴대형리더를 통해 실시간으로 조회 및 관리하는 서비스 • 신속 정확한 시설물관리 이력의 자동생성 및 관리
	가족안심 서비스	치매노인/미아방지 서비스	치매노인, 어린이, 장애인 등이 착용한 RFID나 전용단말기를 인식하여 위치를 실시간 모니터링하여 지정된 지역을 이탈 시 보호자에게 통보하고 위치추적을 통해 구조하여 실종을 방지하는 서비스 • LBS와 CCTV 기반의 위치추적 • RFID팔찌나 목걸이 등의 전용단말기에 노약자의 주소, 보호자연락처, 사진, 지문 등 신원확인에 필요한 정보를 입력하여 시민/공공기관에서 보호가 필요한 노약자 발견 시 긴급상황에 신속대처 • 어린이, 장애인, 치매노인을 대상으로 서비스 제공
		노약자안전생활 모니터링서비스	노약자가 착용한 활동센서와 생활공간의 동작감지센서, 응급호출장비를 통해 노약자의 낙상, 무동작을 비롯한 각종 응급상황발생 시 응급상황정보가 원격지에서 실시간모니터링되어 신속한 구급구조서비스를 제공하는 서비스 • 이상상황 발생 시 보호자, 구급구조기관, 가장 근접한 자원봉사자 등에 자동 통보

분야	통합서비스명	단위서비스명	서비스 정의
보건·의료·복지	가족안심 서비스	노약자이동 지원서비스	노약자의 이동성을 지원하는 전동휠체어/스쿠터에 부착된 단말을 통해 주행경로안내, 응급호출 등의 지원서비스를 제공하고 대중교통과 연계된 대여소, 보관소 운영을 통해 편리한 대여와 반납, 보관을 지원하는 서비스 • 시설 및 인접지역 곳곳에 설치된 대여소 중 인접한 곳에서 대여하고 도착지에 인접한 대여소에서 반납이 가능하도록 함
		U-실버도우미 서비스	정보통신서비스와 디지털기기 사용에 어려움을 겪는 독거노인 세대를 대상으로 생활지원 매니저가 원격에서 화상상담과 원격제어를 통해 지원함으로써 독거노인 세대의 생활편리를 증진시키고 자립을 지원하는 서비스
	장애인지원 서비스	장애인보행지원 서비스	시각장애인을 위한 유도용 보도블록(점자보도블록)에 RFID을 넣어서 시각장애인의 지팡이나 전용단말기에서 인식하게 함으로써 지팡이를 짚고 유비쿼터스칩이 내장된 점자블록을 따라 걸어가면 보행에 필요한 정보를 알려주는 서비스 • 공원 등의 주요시설에 RFID인프라를 구축하여 장애인들이 안전하게 산책하고 편리하게 찾아갈 수 있는 환경 제공 • 장애인 경로안내 또는 교차로상의 도로횡단, 신호등 알람 등 장애인교통시설 이용 시 안전서비스를 제공 • 장애인의 횡단이 종료될 때까지 횡단보도 신호등의 신호를 자동으로 연기되도록 함
		장애인시설안내 서비스	장애인에게 전용단말기나 u-Tag를 지급하여 장애인시설 이용에 관한 다양한 정보를 장애인의 장애유형별로 습득가능한 형태로 제공하는 서비스 • 시설에 설치되어 있는 RFID리더에서 카드를 소지한 장애인이 접근 시 이용가능토록 조치
	다문화가정 지원	다문화가정 도우미서비스	국제결혼으로 늘어나는 결혼이주인구와 다문화가정을 위하여, 한국생활정착에 필요한 상담, 의료, 복지의 통합서비스를 전용홈/모바일기기를 통해 제공하는 서비스 • 문화콘텐츠 제공 및 국가별 커뮤니티 운영 등을 지원
	출산 및 보육 지원	출산 및 보육 지원서비스	임신부터 출산 및 보육 전과정에 걸쳐 효과적인 모자 보건서비스, 사회 인프라 이용에 따른 편의지원 서비스, 보육지원 서비스 등을 유비쿼터스 기술을 기반으로 제공하는 서비스
환경	오염관리 서비스	수자원오염 관리서비스	수자원 전체에 대한 종합적인 수질모니터링 및 관리를 통한 최적의 수질을 유지 및 활용하는 서비스 • 하천, 저수, 지하수 등 상수원에 대한 실시간 수질 모니터링 • 오염 수준 확인 및 원인 제거를 통해 최적의 수질 유지관리 서비스 제공

분야	통합서비스명	단위서비스명	서비스 정의
환경	오염관리 서비스	수자원오염 관리서비스	• 하수 및 폐수 배출원에 대한 모니터링, 처리 및 관리 서비스
		토양오염 관리서비스	토양오염 취약지구에 대한 오염수준 모니터링 및 관리서비스 • 주요 오염예상지역에 대한 오염 센싱 및 모니터링 체계 구축
		대기오염 관리서비스	대기 중 각종 오염물질, 악취물질 및 오존에 대한 모니터링, 관리를 통한 대기오염 감축 종합서비스 • 오염지수에 따른 대민경보 및 신속한 대처방안 수립/집행을 위한 기반서비스 • 공용시설에서 유해가스 측정센서를 부착하여 유사시 운영센터로 자동전송하여 사고예방
		종합 환경오염 정보서비스	분야별 오염관리를 통하여 수집된 정보를 종합적으로 관리하며 온실가스 저감과 관련된 대주민홍보, 교육 및 탄소거래 지원, 오염배출 부과금 관련 정보서비스 • 각 분야 오염상황에 대한 종합정보제공 대응서비스 • 온실가스 저감과 관련된 지역탄소배출 저감 정보관리 및 주민 홍보 활동 및 교육 서비스 • 지역주민의 탄소배출 저감에 대한 탄소 사이버머니 운영 • 오염배출업자, 지하수개발자, 환경분담금 부과대상에 대한 배출부과금 관련 정보 서비스
	폐기물관리 서비스	**생활쓰레기 관리서비스**	RFID/USN을 이용하여 쓰레기 자동분리/수거 및 실시간 모니터링 서비스 • 지역 또는 특정구역별 쓰레기 배출량 자동산정을 통한 차별화된 과금 부여 • 쓰레기수거박스에 RFID태그를 부착하여 쓰레기 관련 정보를 인식하여 쓰레기를 자동분리하고 청소차량 운행일정 및 코스를 결정하여 쓰레기를 수거
		음식물쓰레기 관리서비스	음식물 쓰레기에 대한 분리수거 및 이를 활용한 사료화, 에너지화를 통한 재활용 서비스 • 음식물 쓰레기수거박스에 RFID태그를 부착하여 쓰레기처리 관련 정보를 취합관리 • 쓰레기 발생량에 따른 수거일정, 코스결정을 통한 최적 수거서비스
		유해성폐기물 관리서비스	유해성폐기물에 RFID를 적용하여 처리과정을 실시간 모니터링 및 경로추적 관리 • RFID를 기반으로 유해성폐기물에 대한 정확한 정보확인으로 위해 사고방지

분야	통합서비스명	단위서비스명	서비스 정의
환경	폐기물관리 서비스	**재활용품 관리서비스**	재활용품 배출, 수거 및 재활용에 대한 종합관리 및 재활용품 검색 및 활용을 위한 마켓플레이스 서비스 • RFID를 이용한 재활용품 관리 및 Web2.0 적용 마켓플레이스 운영을 통한 재활용율 향상
	친환경서비스	**생태공간 관리서비스**	산림, 해변, 습지, 녹지 등의 자연생태공간 및 생태계에 대한 종합 모니터링 및 관리서비스 • 산불, 산사태 등의 재해모니터링 및 방지, 관리 서비스 • 주요 자연생태개체에 대한 RFID를 부착하여 개체수, 종류, 생육상태, 위치, 이력관리 • 지능화된 수변공간의 자연생태와 생태공원의 생태환경을 실시간으로 수집 및 관리하고 관련 정보를 시민에게 제공 • 생태전자지도서비스 및 생태 관련 정보 및 교육자료 제공
		공원녹지 관리서비스	공원녹지에 대한 환경종합모니터링 및 관리서비스 • 지능화된 수변공간의 자연생태와 생태공원의 생태환경을 실시간으로 수집 및 관리하고 관련 정보를 시민에게 제공 • 공원녹지 지도서비스 및 공원관련 정보 및 교육자료 제공
		수목 관리서비스	가로수 및 지역 보호수에 대한 모니터링 및 이력, 유지 관리 서비스
		지능형자전거 이용서비스	자전거대여서비스 및 관련 인프라(자전거도로, 표지판, 샤워 및 탈의시설, 보관시설) 구축 및 관리서비스 • 전용단말기와 RFID 및 센서리더기활용을 통한 대여 및 전용주차장 및 보관소 운용으로 시민들의 자발적인 이용을 유도하는 한편, 자전거에 부착된 전용단말기를 통한 실시간교통/생활/관광정보를 제공
	에너지효율화 서비스	**에너지원격 검침서비스**	전기, 가스, 온수 등의 사용량을 원격에서 실시간의 검침하여 통합과금하는 서비스 • 지역, 건물, 세대 단위의 에너지 사용 원격검침, 통합과금 및 관리서비스 • 원격검침, 통합 모니터링, Peak 관리, 요금 관리서비스
		실시간전기사용 관리서비스	SmartMetering 설치를 통하여 실시간으로 전기사용을 모니터링하고 전기료 절감 및 최적사용을 위한 지원서비스 • 스마트미터링, 고효율설비구축을 통한 절감서비스 • 에너지사용분석, 절감컨설팅 및 관리서비스 • HomeNetwork와 연계한 에너지세이빙이 가능한 편리서비스
		복합가로등 서비스	LED조명을 통한 에너지 절감, 무선인터넷, 방송, CCTV 등의 기능을 구현한 복합 가로등 설치 및 중앙관제서비스

분야	통합서비스명	단위서비스명	서비스 정의
환경	에너지효율화 서비스	복합가로등 서비스	• LED 등 고효율가로등 및 자동제어, 통합관제서비스 • 태양광, 풍력 등의 신재생에너지 활용 가로등 서비스
	신·재생에너지 서비스	태양광발전 서비스	공공 및 사유지의 유휴지에 태양광발전 설비를 구축하여 전기 생산 및 공급 운영 서비스 • 공공주차장, 공원 등의 지역을 활용 소규모태양광발전설비 구축 및 운영 서비스 • USN기술을 통한 통합운영관리 서비스
		태양열난방 서비스	주택 및 소규모건물을 대상으로 태양열난방설비를 설치, 운영을 통한 화석에너지 사용을 절감하는 서비스 • 주택 및 건물에 태양열설비설치지원 및 운영관리서비스 • USN기술을 통한 통합운영관리 서비스
		지열/하수열 냉·난방서비스	지열, 하수열등 미활용에너지를 회수하여 냉․난방을 공급하여 화석에너지 사용을 절감하는 서비스 • 지열 및 하수열을 회수하여 지역냉·난방공급서비스 • USN기술을 통한 통합운영관리 서비스
		풍력발전 서비스	공공 및 사유지의 유휴지에 풍력발전설비를 구축하여 전기 생산 및 공급 운영 서비스 • 공공지역에 소규모 풍력발전설비구축 및 운영서비스
방범방재	구조구급	위급알림 서비스	시민이 위급상황 시 가까이 있는 지능형가로등 또는 휴대형 단말을 통해 위급상황을 즉각 운영센터로 알리고 센터에서는 시민의 위치와 상황을 CCTV를 통해 바로 파악하여 해당 지역에 경고상황을 발생시키거나 출동하는 서비스 • 가로등 또는 CCTV설치공간, 지능형Pole에 도움벨이나 상황감지센서를 부착 • 위급 시 자신의 위치 및 상황을 119나 관할경찰서, 지정기관에 자동통보 • 보안요원과의 화상통화 및 출동, 경고음발생 및 주변조명 점등
		응급구조 서비스	조난상황 등 구조가 필요한 상황에 시민이 휴대형단말로 상황을 통보하면 해당기관에서 시민의 위치를 실시간으로 파악하여 응급구조하는 서비스 • 119나 응급구난출동기관에 사고나 발병 등을 자동으로 통보하여 언제 어디에서나 응급구난 제공 • LBS를 이용하여 얻은 위치측위정보를 바탕으로 헬기나 선박 등에서 조난자의 위치 실시간 파악과 신속한 구조
	개인안심	대중교통이용 안심정보서비스	택시, 버스 등에 RFIDtag를 부착하고 승객이 탑승할 때 이를

분야	통합서비스명	단위서비스명	서비스 정의
방범방재	개인안심	대중교통이용 안심정보서비스	휴대형단말로 읽어 지정한 보호자/기관 등에게 탑승정보를 전송함으로써 대중교통을 보다 안심하고 이용할 수 있는 서비스 • 택시, 버스 등의 외부 또는 내부에 RFIDtag를 의무적으로 부착하고 승객탑승 시 RFID리더기능이 있는 핸드폰 등으로 이를 읽어 지정한 보호자, 운영센터, 기타기관 등에게 탑승차량정보, 시간, 위치 등을 전송 • 차량에 의한 납치 등의 범죄예방, 어린이 이동정보제공 등으로 활용 • 지하철이용방법과 유사하게 승차 및 하차 시 태그하고 결제하는 것을 의무화하여 결제정보와 탑승차량, 탑승자정보가 모두 전송되도록 할 경우 단순한 안심이용을 위해 RFIDtag를 부착하는 것보다 이용률을 높일 수 있음
		가정방범방재 서비스	각 가정/소규모빌딩에 각종 경비용 Device, 화재/누전센서 등을 설치하여 이상상황 발생 시 담당기관에서 원격으로 확인 및 출동하고 가족구성원도 이를 웹/휴대폰 등으로 실시간 확인할 수 있는 서비스 • 각 가정/소규모빌딩에 각종 경비 Device를 설치하여 이상 발생 시 관제센터에서 근접순찰팀을 파견하여 대응하며 부재시에는 건물을 순회관리하여 재산을 보호함 • 가스누출, 화재발생, 누전 등의 사고발생 시 소방서 등 담당기관에서 원격으로 이를 인식하고 신속하게 대처함 • 가족구성원은 외부에서 웹, 휴대폰 등으로 댁내상황을 실시간으로 확인
	공공안전	공공지역안전 감시서비스	공공지역의 안전유지를 위해 이상상황을 지능적으로 감지할 수 있는 지능형 CCTV 및 각종 안전관련 센서를 설치하여 이상상황 발생 시 해당지역에 경고방송 등을 하고 신속하게 출동하는 서비스 • 공공지역의 관리 및 범죄예방을 위해 지능형 CCTV 및 센서를 활용한 감시체계 구축 • 범죄 및 사고위험상황에 대한 경고방송 등을 통하여 사고지역 내 피해 최소화 • 유사시 신속한 현장출동 지원체계 구축
		모바일치안 정보서비스	경찰이 도보 또는 차량으로 이동하면서 사건발생 시 범죄자, 지문 등 데이터베이스에 실시간으로 접속하거나 사건지역 영상을 상호 송수신함으로써 현장의 치안업무 효율성을 높이는 서비스 • 범죄자정보데이터베이스에 경찰관들이 무선으로 실시간 접속하여 현장에서 범죄자의 체포활동을 지원 • 순찰차량이 이동 중 사건발생 시 관제센터로 영상전송 및 지원요청, 타지역사건 영상실시간공유로 순찰업무 효율성

분야	통합서비스명	단위서비스명	서비스 정의
방범방재	공공안전	모바일치안 정보서비스	향상(미국 캘리포니아주 리폰시) • 휴대용 지문감식기를 통한 신속한 지문대조(호주 뉴사우스웨일스주의 FieldIdentificationProject)
		스쿨존서비스	통학로 주변, 교내 등에 CCTV, 속도감지기를 설치하여 차량과속 등 어린이 위협요소를 제거하고 교내 어린이안전을 강화하며 운전자에게는 근처에 있는 어린이의 존재유무를 알려주어 안전운전을 유도하는 서비스 • 통학로 주변, 교내 등에 CCTV와 속도감지기를 설치하여 차량과속방지 및 불법주·정차 등 위협요소를 제거 • 스쿨존, 주거지역 등 어린이사고 다발예상지역에 DFS 및 RFID기술을 이용하여 어린이 존재유무를 운전자에게 경고 • 교내외 통학로, 사각지대 등에 CCTV를 활용하여 교내 어린이안전 강화
		범죄자위치추적 서비스	상습성이나 재범위험이 있는 특정 강력범에 대해 GPS 등을 이용한 전자팔찌/발찌를 일정기간 착용토록 의무화하여 위치/동선을 실시간으로 감시하고, 필요시 범죄자의 위치, 신상정보를 시민에게 제공하는 서비스 • 상습성이나 재범위험이 있는 특정 강력범에 대해 GPS 등을 이용한 전자팔찌/발찌를 일정기간 착용토록 의무화하여 위치/동선을 실시간으로 감시하고 장비를 파손시키거나 방전시켰을 경우 관제센터로 통지 • 범죄자 위치, 신상정보 등을 요청하는 시민에게 웹/모바일 등을 통해 공개(현재는 법적으로 불가)
	기관안전	무인경비 서비스	보안이 중요한 공공기관, 기업 등에 대해 RFID/USN 및 지능형 CCTV기술을 활용하여 무인출입관리, 외곽보안, 순찰관리 등을 지원하는 서비스 • 동작감지센서 CCTV 등을 활용하여 건물에 출입하는 사람을 대상으로 무인출입자통제 및 층별 출입자현황을 실시간 관리 • 정전기·적외선센서, 실시간 고성능 CCTV를 이용하여 외곽경비체계 구축 • RFID와 영상인식(번호판자동인식) 기술을 이용하여 차량출입 무인관리
	화재관리	U-화재감지 서비스	산불 및 화재 발생빈도가 높은 지역에 화재감지센서 및 CCTV를 설치하여 화재 상황을 초기에 감지하고 진행방향을 분석하여 초기진압 및 시민대피를 지원하는 서비스 • 산불 및 화재 발생빈도가 높은 지역에 화재감지센서가 부착된 센서노드와 감시카메라를 설치하여 화재발생 조기감지 • 화재진행방향을 분석하여 경고방송 등을 통해 시민의 안전

분야	통합서비스명	단위서비스명	서비스 정의
방범방재	화재관리	U-화재감지 서비스	을 확보하고 경제적 손실 최소화 • 소방시스템과 연계하여 실시간 화재사고 예방모니터링 및 초기 진압대응
		소방지원 서비스	화재발생 시 현장으로의 최적 이동경로를 제공하고 발생건물의 도면을 제공하여 건물구조를 사전파악할 수 있도록 하며, 현장에서는 소방관의 위치, 움직임 여부를 실시간으로 파악하여 소방관의 안전을 보장하는 서비스 • 화재발생 시 건물의 구조도 및 평면도를 제공하고, 교통상황을 반영하여 현장으로의 최적 이동경로를 제공 • 컴퓨터나 PDA 등으로 소방관들이 출동과정이나 현장에서 건물에 대한 구조를 사전파악함으로써 인명 및 재산피해를 최소화 • 현장지휘부에서는 소방관의 정확한 위치와 움직임 여부를 실시간으로 파악하여 소방관의 안전을 최대한 보장함
		모바일소방시설물 점검서비스	매년 1~2회 시행되는 소방검사 대상물을 PDA 등 모바일 기기로 검사하고 현장에서 정보입력 및 처리
	자연재해관리	**하천범람 정보서비스**	주요 하천에 대해 수량을 모니터링할 수 있는 센서/장비들을 설치하여 하천범람 우려가 있을 경우 인근지역 및 공영주차장 등 시설이용자에게 경고를 전달하는 서비스 • 수량을 모니터링할 수 있는 센서/장비를 설치하여 홍수발생 시 인근지역에 경고 발령, 가뭄대비 • 직접적 피해가 예상되는 인근공영주차장의 경우 주차장 이용자에게 실시간정보 제공
		제설관리 서비스	제설차량이 본부에 위치기반으로 제설상태영상을 실시간 전송하고 제설본부에서는 GIS 기반으로 제설작업이 필요한 도로에 작업명령을 내림으로써 효율적이며 신속한 제설작업을 지원하는 서비스 • GPS, GIS 기술을 도입하여 사진촬영 기능이 장착된 제설차량이 제설본부에 도로별 제설상태사진을 실시간 전송 • 즉시적인 대응체계를 확보함으로써 신속한 제설작업과 교통소통확보를 통한 안전사고 예방
		지진정보 서비스	USN 등을 통한 지진 관측망 구축을 통해 지진 대응정보를 빠르게 전달하여 시민안전 확보와 경제적 손실 최소화
		태풍정보 서비스	시민의 위치에 기반하여 태풍 위험권에 위치할 경우 경고 메시지 및 안전지역 대피정보 제공
		해일정보 서비스	원/근해에 풍랑, 유속 등 해일을 감지할 수 있는 센서를 설치

분야	통합서비스명	단위서비스명	서비스 정의
방범방재	자연재해관리	해일정보 서비스	하고 해안 거주 주민 및 어업 종사자에게 해일발생정보 실시간 제공
	사고관리	공공시설유해 가스정보서비스	공공시설에 유해가스 측정센서를 부착하여 유사시 대피경고를 발령하고 즉시 대응을 통해 피해 최소화
		지반상태 관리서비스	연약지반지역의 정보를 구축하고 해당지반에 센서를 설치하여 붕괴 또는 함몰 등의 재난발생을 상시적으로 모니터링하고 이상상황 시 즉시 대응
		노후건물상태 관리서비스	USN 등 센서 기반으로 노후 건물의 붕괴 등 이상상황을 모니터링하고 사고를 사전에 감지하여 인명 및 재산 피해를 최소화함
	통합재해관리	통합재해 관리서비스	재해발생 시 인근지역에 경보를 발령하고 재해범위를 설정하여 유관기관과 공조하도록 하며, 피해자 발생 시 행정기관/유관기관이 연계하여 사후관리를 지원하는 서비스 • 재해발생 시 인근지역에 대피경보, 대피안내 정보제공 및 접근금지 경보발령 • 재난재해 범위를 설정하고, 유관기관에게 정보 제공 • 행정기관 내부 및 유관기관과의 연계(보험회사, 보건, 국세/지방세, 건축행정 등)로 피해자 사후관리
시설물관리	도로시설물 관리	교통시설물 관리서비스	도로시설물 유지보수 및 관리를 자동화하고 노면의 기상변화, 위험물 감지 등의 노면관리를 자동화하는 서비스 • 안전한 도로운행을 위하여 시설물 유지보수 및 관리자동화 서비스 • 도로 노면에 센서를 내장하여 기상변화, 위험물감지 ,운전자통지, 도로 노면 관리자동화 서비스
		가로시설물 관리서비스	가로등, 옥외 광고물, 가로수 등 가로시설물에 대한 관리서비스
		교량안전 관리서비스	교량의 상태를 실시간으로 원격 감시·제어하고 이상 발생 시 해당기관에 정보를 제공하는 서비스
		터널안전 관리서비스	터널의 상태를 실시간으로 원격 감시·제어하고 이상발생 시 해당기관에 정보를 제공하는 서비스
	건물관리 서비스	건물관리 서비스	건축물의 시설운영, 시설물 관리서비스, 시설물 모니터링 및 제어. 지진, 화재 등의 재해를 건물 스스로가 감지하고 중앙통제실에서 컨트롤하는 서비스 • 체육관, 문화시설, 공연장 등 공공건물 및 유비쿼터스도시의

분야	통합서비스명	단위서비스명	서비스 정의
시설물관리	건물관리 서비스	건물관리 서비스	운영 및 관리를 담당하는 통합관제센터에 대한 건물 및 시설물 관리서비스
	하천시설물 관리	하천시설물 관리서비스	수문, 하구둑 등 하천시설물을 실시간으로 원격 감시·제어하고 이상발생 시 해당기관에 정보를 제공하는 서비스
	부대시설물 관리	옹벽안전 관리서비스	옹벽의 금이나 붕괴 등의 안전사고 예방을 위한 옹벽안전관리서비스
		급경사지 관리서비스	절개사면의 낙석, 붕괴 등의 안전사고 예방을 위해 절개지에 센서 등의 u-IT기술을 접목하고 관련정보를 사전에 제공하여 급작스런 사고를 방지하기 위한 서비스
	지하공급 시설물관리	공동구 관리서비스	지하매설물을 공동 수용하는 공동구를 통합GIS와 유비쿼터스 기술을 기반으로 구현하여 누수, 누전, 도로굴착 등에 대한 관리를 통합적으로 시행하고 원격에서 상시 모니터링함으로 도시 내의 지하매설물과 관련된 업무와 서비스를 효율적으로 개선한 서비스
		상수도시설 관리서비스	USN 센서를 이용해 상수도의 유량을 측정하여 유량변화에 따른 누수 모니터링과 상수도 관련 시설물 관리서비스
		하수도시설 관리서비스	유비쿼터스 기술을 활용하여 도시 내 하수도 배관 등 하수도 관련 시설물들을 실시간으로 모니터링하고 제어하는 서비스
	데이터관리 및 제공	공간영상 관리서비스	매년 촬영되는 항공사진을 디지털화하여 고부가가치의 행정정보 서비스를 창출하고, 사진 및 필름의 장기 보관에 따른 변질방지와 도시행정 수행을 위한 기반정보를 제공하는 서비스
		GIS기반도시 정보안내 서비스	GIS데이터의 효율적인 공유 및 활용을 위해 각 업무에 공통적으로 필요한 공간데이터를 통합한 공간데이터 웨어하우스를 구축하여 관련 부서업무를 지원 및 과학적인 정책결정을 지원할 수 있는 기반정보를 제공하는 서비스 • 현장 행정업무를 위한 모바일 GIS서비스 제공, U-서비스 제공을 위한 모바일 GIS서비스 제공
		도면협업 관리서비스	온라인 도면관리와 협업체계를 구현하여, 기존에 방문 및 수기로 제출/관리하였던 공사 관련 도면을 On-Line으로 제출/관리하며 관련 공사에 대한 협업업무를 On-Line상에서 수행하고 이력정보를 관리하도록 지원하는 서비스
교육	U-유치원 서비스	유치원종합정보 제공서비스	각종 유치원 정보 안내 및 서비스 제공을 위한 유무선 포털서비스

분야	통합서비스명	단위서비스명	서비스 정의
교육	U-유치원 서비스	**실시간보육현황 조회서비스**	원격지의 보호자가 유무선 통신서비스를 기반으로 보육현황을 실시간으로 모니터링하는 서비스
	U-캠퍼스 서비스	**캠퍼스종합정보 서비스**	유무선인터넷과 모바일 통신기반의 유무선포털과 교내 디지털미디어보드, 키오스크, u-tag 기반의 시설물 안내시스템 등을 통해 각종 학교정보 및 편의서비스를 제공하는 서비스 • 디지털미디어보드(플래카드/포스터/게시판 등)를 통한 학교이용안내 및 행사홍보 • 키오스크를 통해 무인으로 캠퍼스 종합정보 및 편의서비스 제공 -캠퍼스 지도 및 경로, 시설물 이용안내, 조회정보를 유무선인터넷 및 모바일로 다운로드 및 출력, 전자화폐 충전, 식권 발매, 학사 행정서류 무인발급, 강좌/행사 안내 및 등록 등 • 전시물, 기념물, 건물 등 각종 시설물에 부착된 RFID, ColorzipCode, Barcode 등의 u-Tag를 방문자가 휴대폰 등의 모바일기기로 인식하면 모바일 기기에 해당 시설의 정보를 제공하는 시설물 정보안내
		사물함 관리서비스	스마트카드 기반의 지능형 사물함서비스로서 공용 사물함의 경우 스마트학생카드 기반으로 사용자 등록, 이용료 결제, 사물함 이용 종료 시 SMS 전송을 통한 분실방지, 사물함 예약 등이 가능한 서비스
		스마트학생카드 서비스	IC Chip 기반의 다기능 스마트카드와 각종 연동용 단말기를 기반으로 학생에게 ID, 전자지불, 교통카드, 출결관리, 도서관 출입통제, 인증/보안 등의 원카드 서비스를 제공하고 학교에게는 통합관리서비스를 제공하는 서비스 • 교실에서 학생카드를 단말기에 인식하여 출결관리서비스를 제공하고, 강의실변경 시 카드단말기를 통해 변경된 강의실안내가 음성이나 문자로 제공되고 교내 Kiosk에서 변경된 강의정보를 제공받음 • 카드에 입력된 학생이나 교직원의 권한에 따라 교내시설물 출입 및 이용을 통제함 • 카페테리아, 서점, 문구점, 자판기 등 교내편의시설 이용 시 지불결제기능 제공 • RF카드 기반으로 등하교정보를 원격지보호자가 실시간으로 모니터링하고 이상상황 발생 시 보호자와 교직원에게 실시간 통보 • 스쿨존 등 비상호출 네트워크인프라가 갖추어진 공간에서는 카드에 탑재된 비상호출기능으로 위급상황 시 구조요청 및 위치확인기능 제공

분야	통합서비스명	단위서비스명	서비스 정의
교육	U-캠퍼스 서비스	U-양호실 서비스	스마트학생카드 기반의 접수와 처방수납, 헬스케어 장비 기반의 지능형 건강관리, 심리평가/상담, 원격지 의료진과의 원격상담 등 양호인력의 업무를 지원하는 서비스 • 이상징후 발생 시 원격지의사와 상담이나 병원진료 예약 • 학생/교직원과 원격지의사와 실시간 원격건강/심리 상담
		U-스쿨버스 서비스	스쿨버스 탑승자의 안전벨트착용현황을 운전자가 실시간 모니터링하여 관리하고 스마트학생카드를 기반으로 학생승하차정보를 원격지보호자가 실시간 모니터링하는 서비스 • 스쿨버스 내 이상상황 발생 시 원격지보호자에게 실시간 통보
		U-기숙사 서비스	출입통제시스템을 기반으로 기숙사 입주학생 및 관리자외출입을 통제하고 기숙사 시설 내 홈네트워크서비스와 세탁실, 독서실, 체육시설, 오락실 등의 편의시설예약 및 SMS서비스 등을 지원하는 서비스
	U-교실 서비스	U-교실 서비스	유비쿼터스기반의 교실 내 첨단수업환경제공서비스로서 전자칠판, 전자책상, 전자게시판을 활용한 수업진행 및 디지털교과서와 교육컨텐츠를 통한 멀티미디어학습, 원격지강사의 실시간 원격강의 등을 제공하는 서비스 • 학습경과를 원격지부모가 확인가능 및 교사와 부모 또는 학생간의 실시간 온라인 상담
	원격교육 서비스	온라인교육 서비스	유무선 방송통신인프라와 PC, DTV, 휴대폰, PS 등 다양한 단말기를 기반으로 언제 어디서나 디지털교육컨텐츠를 학습하거나 실시간원격강의를 수강할 수 있는 서비스 • 가정에서 학습가능한 양방향디스플레이장치, 교육지원시스템을 이용한 원격강의 • 생활권 내 특정분야에 재능 있는 자가 강사가 되어 개인방송으로 주변학생 또는 주민들의 교육/학습활동 지원 • 휴대폰, DTV로 교육채널을 다양화하고, 대화형 전자교육시스템 등을 통한 강의효율강화
		사이버학교 서비스	유무선방송통신 인프라를 기반으로 한 온라인 전용 교육과정의 사이버 캠퍼스로서 온라인에서 교육컨텐츠 제공, 학사관리, 커뮤니티, 원격상담 등을 제공하는 서비스
	U-도서관 서비스	도서관종합 정보서비스	유무선인터넷과 모바일통신기반의 유무선포털과 도서관 내 디지털미디어보드, 키오스크, u-tag 기반의 시설물안내시스템 등을 통해 각종 도서관정보 및 편의서비스를 제공하는 서비스 • 도서관 Kiosk를 통해 도서관 종합정보 및 편의서비스 제공 –도서관 및 부대시설지도 및 경로안내, 시설물이용안내, 시

분야	통합서비스명	단위서비스명	서비스 정의
교육	U-도서관 서비스	도서관종합 정보서비스	설예약, 자료조회/예약/대출/반납, 조회정보를 유무선인터넷 및 모바일로 다운로드 및 출력, 전자화폐충전, 식권발매, 강좌/행사안내 및 등록, 열람실좌석현황 원격조회 등 • 각종 시설물에 부착된 RFID, ColorzipCode, Barcode 등 u-Tag 기반의 시설물정보 안내 • 방문자가 휴대폰 등의 모바일기기로 시설에 부착된 u-Tag를 인식하면 모바일기기에 해당시설의 정보제공(전시물, 기념물, 건물 등)
		전자도서관 서비스	유무선통신인프라를 기반으로 도서관자료의 온라인검색 및 대출/예약, 디지털화된 자료내용의 온라인 조회 등을 제공하는 서비스 • 지역 내 도서관을 연계하여, 자료대출 신청자위치와 먼 도서관의 자료도 도서관 대출/반납연계시스템을 통해 가까운 도서관에서 전달받고 반납할 수 있는 기능 • 인접도서관에 대출도서 도착 시 SMS, email 등으로 대출신청자에게 정보 제공
		U-서고 서비스	책과 서고에 부착된 RFIDTag와 리더, 유무인대출/반납시스템 등을 기반으로 서고이용자가 자료조회 시 자료위치를 정확히 안내해주고 자료조회-대출-반납-서고정리에 이르는 서고운영 및 대출반납업무를 지원하는 서비스 • 자료위치안내서비스 • 무인대출/반납서비스
		U-열람실 서비스	열람실의 좌석현황을 실시간 모니터링하며 열람실 이용자 입실 시 좌석을 자동배정하고 입실자가 없는 공간에 대해서는 조명, 냉난방 등을 조절하는 서비스 • 좌석배정 • 열람실운영현황안내 • 좌석별조명관리
		U-이동도서관 서비스	차량형 이동도서관이나 지하철역 등 공공장소에 설치된 이동도서관에 RFID 기반의 무인 대출/예약/반납 기능을 제공하고 키오스크나 멀티미디어 기기 등을 통해 도서관의 디지털 자료의 검색, 열람이 가능하도록 지원하는 서비스
	장애인 학습지원	장애인학습 지원서비스	장애인들을 위한 특수교육컨텐츠를 전자점자책, 소리북 등 디지털로 제작하여 제공하고 전용 학습단말기를 제공하는 서비스
문화·관광·스포츠	문화시설관리	문화재보존 관리서비스	실외의 대형 목조건물 등 훼손 및 화재 피해가 우려되는 문화재에 대해 RFID 및 센서, CCTV 등을 적용하여 체계적으로 관

분야	통합서비스명	단위서비스명	서비스 정의
문화·관광·스포츠	문화시설관리	문화재보존 관리서비스	리 및 이상상황을 실시간 모니터링하는 서비스 • USN 등을 활용한 문화재의 화재, 온습도, 건물안전성 실시간 모니터링 • CCTV를 통해 상시 모니터링 및 이상상황 발생 시 발생지역 화면 자동 표출 • RFID태그를 문화재 주요지역에 설치하고 관리자가 순찰하면서 상황확인 및 관리이력 남김
		문화자산 관리서비스	주로 실내에서 관리되는 주요 문화자산(문화재/전시물/도서/기타문화관련자산) 관리를 위한 통합시스템을 구축하여 관련 정보 및 관리이력을 효율적으로 관리함 • RFID 기반으로 주요 문화자산에 태그를 부착하여 입출고관리, 위치관리, 기본정보관리 수행
	문화공간체험	U-전시관 서비스	관람객의 편의를 위해 각종 단말과 위치기반으로 각종 정보를 제공하고 다국어서비스를 제공하며, 전시주체는 전시행사관리를 위해 정보DB를 구축하고 고객관계를 강화함 • 전시물의 정보데이터 베이스구축 및 가상박물관 전시 • 전시물에 RFIDtag를 부착하고 고정형/휴대형단말기를 이용하여 전시물, 전시관시설, 주변편의시설, 기념품구매 정보제공 • 관람객의 위치에 따라 자동으로 관련 전시/시설/편의정보를 제공 • 다국어지원 및 검색기능지원 • 고객관람/구매패턴 등을 CRM과 연계하여 부가가치 창출
		U-체험관 서비스	관람객의 편리하고 효율적인 체험을 위해 고정형/휴대형단말을 통해 개인맞춤형정보/컨텐츠를 제공하고 디지털영상기기, Interactive기기 등 다양한 체험형 설비를 통해 관람객의 적극적 체험을 유도함 • 각종 시설물, 전시물, 안내문에 부착된 RFID, Barcode 등 u-Tag 기반의 시설물 정보안내 • 관람객의 PDA 등을 통한 정보이용 • 학습컨텐츠의 실시간 구매 및 다운로드 기능 • 미디어보드를 통한 학습장 이용안내 및 행사홍보 • 체험관 Kiosk를 통해 종합정보 및 편의서비스 제공(지도, 경로, 이용안내예약, 정보다운로드/출력) • 4Dinteractive기기를 통한 사용자의 적극적 체험서비스 • 주요 체험테마별 설비 및 서비스 –U-파크에 디지털연못, U-파크퍼니처, U-키오스크 등을 설치 –U-홈에 홈네트워크, 홈헬스케어, 홈시큐리티 등을 체험 –U-오피스에 지능형테이블, 홀로그램을 통한 화상회의 체험

분야	통합서비스명	단위서비스명	서비스 정의
문화·관광·스포츠	문화공간체험	U-체험관 서비스	–U–레스토랑에 맞춤형 테이블, 맞춤형 램프 등으로 개인 맞춤 서비스를 체험 –U–팩토리에 모바일PC를 활용한 생산현장관리 체험 –U–동물원에 디지털동물원 운영 –U–숍에 광고, 디지털매장, 전자쇼핑 구현 –U–선거에 선거유세에서 투표까지 과정을 체험 –신재생에너지의 현황과 미래를 볼 수 있는 에너지전시관 및 풍력발전단지 등 신재생에너지체험 및 교육학습공간 제공 –지역의 전통생활 및 문화를 웹상의 가상공간에서 재현하고 전통문화의 체험과 탐색 –생활기상을 비롯한 사이버가상 테마파크개발운영, 기상정보를 실생활에 활용하는 사례발굴과 안내
		U-컨벤션 서비스	원활한 행사진행과 관람객의 편의를 위해 종합정보제공, 홍보/광고, 실시간 통역서비스 등을 제공함 • 다양한 IT기술을 이용한 첨단컨벤션서비스(e–ticketing, 홍보/광고) • 미디어보드, Kiosk, PDA 등을 통한 전시내용, 위치, 관람정보제공 • 실시간통역서비스 • 지능형 안내로봇을 활용한 적극적 정보/편의 제공
	문화정보안내	문화정보종합 안내서비스	시민들을 위해 웹, Kiosk, PDA 등 다양한 매체로 문화행사, 공연 등의 문화정보를 종합적으로 제공하고 보다 적극적인 사용자에게는 개인맞춤형 서비스 제공 • 웹, PDA/핸드폰, 키오스크, U–포스터 등을 통해 공연, 세미나, 전시회 등의 문화행사, 문화정보 등 제공 • 티켓구매/예매지원, 좌석관리서비스 제공 • 개인취향 및 행사참여 이력 등을 기반으로 개인맞춤형서비스 제공
	U-관광정보 안내	U-투어 서비스	도시 내 도보이동 관광객뿐만 아니라 차량이동관광객에게도 관광지, 숙식편의시설 및 예약, 쇼핑/쿠폰정보, 위치정보, 기상정보 등을 고정형/휴대형단말을 통해 다국어로 제공하는 서비스 • CNS(CarNavigationSystem), GPS, RFID태그, 칩스캐닝, 휴대용단말기, 네비게이터 등을 통하여 관광지, 위치/기상, 숙식편의 제공 및 쇼핑정보를 다국어로 제공 • 도시 내 예술작품 감상 및 판매, 관광루트 개발 및 이동경로 제공, 예술품정보 등 제공 • 도시의 관광코스를 개발하고, 관광루트별 전자칩을 설치한 모바일단말기를 통해 길안내 및 자동설명

분야	통합서비스명	단위서비스명	서비스 정의
문화·관광·스포츠	U-관광정보 안내	U-투어 서비스	• 현재 관광지의 일정범위 내에서 사용가능한 쿠폰 또는 예매권을 발행받아 사용하는 서비스 • 차량 내 내비게이션시스템과 연동하여 이동 중인 차량의 위치기반으로 주변의 관광지, 음식점, 호텔 등의 정보제공 • 유무선기반으로 예약가능한 숙박업소, 음식점, 레저시설 등의 예약현황 통합조회 및 예약 • 개인 위치기반으로 주변시설에 대한 맞춤형 예약 지원
		시티투어버스 정보서비스	시티투어버스 이용자에게 정류장에서의 버스정보제공을 시작으로 버스 내에서는 다양한 매체를 통해 관광코스 내에서의 관광정보를 위치기반으로 제공하는 서비스 • GPS 기반의 실시간 관광정보안내와 버스 내에서 휴대인터넷을 통한 실시간정보 접속 • 버스 내에서 3D가상공간 및 홀로그램으로 다양한 관광정보와 관광코스 안내 • 정차지에 설치된 단말기를 통해 버스의 노선과 버스도착시간 등을 조회
		관광지실시간 영상공유서비스	국내와 외국관광지의 실시간 영상을 공유하여 타지역 및 외국에 대한 간접 체험기회를 제공하고, 타지역/외국에 국내관광지를 홍보하는 서비스 • PTZ카메라를 이용하여 국내 및 해외관광지 실시간영상 제공 • 유료사용자의 경우, 특정시간 동안 카메라를 제어하여 보다 편리한 영상조회 가능 • 관광지의 영상에 해당지역의 관광정보를 연계하여 제공하고 관광상품구매, 예약 등과도 연계
		U-방명록 서비스	주요 관광지에 관광정보안내 등 다목적의 Kiosk를 설치하여 관광객이 이를 통해 관광지에서의 경험, 느낌, 사진 등을 기록하면 이 컨텐츠를 시간별, 관광지별로 종합하여 관광객에게 제공하는 서비스 • 도시 및 전국 주요관광지에 관광정보종합안내Kiosk를 설치(관광정보종합안내서비스)하며 관광객의 경험, 느낌, 사진 등 방명록을 기록할 수 있는 기능 추가 • 관광객이 다양한 장소에서 남긴 방명록을 자동으로 앨범 등의 형식으로 컨텐츠화함 • 관광객은 관광 도중 또는 종료 후 e-mail 등을 통해 관광일정을 종합적으로 회상할 수 있는 방명록 컨텐츠를 수신함
		관광정보종합 안내서비스	관광객들을 위해 웹, Kiosk, PDA 등 다양한 매체로 관광지정보, 시티투어버스 등의 관광정보를 종합적으로 제공하고 보다 적극적인 사용자에게는 개인맞춤형 서비스 제공

분야	통합서비스명	단위서비스명	서비스 정의
문화·관광·스포츠	U-관광정보안내	관광정보종합안내서비스	• 웹, PDA/핸드폰, 관광안내부스의 키오스크 등을 통해 관광지정보, 시티투어버스정보 등 제공 • 개인취향 및 관광지 방문이력 등을 기반으로 개인맞춤형 서비스 제공 • 산악지역과 기상변화가 심한 관광지에 기온, 습도 등의 센서를 주요 지점에 설치하고, USN으로 구현하여 지역 내 관광객에게 실시간 기상정보 제공
	U-공원	공원정보안내서비스	공원이용자에게 다양한 고정형/휴대형단말을 통해 공원의 주요정보를 제공하고, CCTV를 통해 생태환경 등의 교육적 영상을 제공하는 서비스 • 키오스크, 스크린월(screenwall) 등을 통하여 공원, 광장, 유원지 등에 대한 시설정보, 생태정보안내, 예약 • 개인별 모바일단말기를 이용하여 주요 정보활용 • 전용 CCTV 등을 통한 공원생태환경 영상제공 • 공원 내 고객유실물에 대한 사진 및 특성 등 등록 후, 이용객이 공원 내 키오스크에서 간편히 조회할 수 있도록 함
		공원시설통합이용서비스	팔찌형 등의 RFIDtag를 이용하여 출입부터 시설일괄이용, 상품/식음결제(선불 or 후불), 락커이용, 유모차/휠체어 등 이동시설대여, 미아찾기 등의 편의서비스를 통합 제공 • 테마파크 등 유료공원 입장 시 팔찌형 등의 RFID기반태그 착용, 필요 시 현금충전(또는후불) • 공원 내 시설이용 및 구매 시 고정식/휴대형 RFID리더를 이용하여 통합인증 및 결제 • 혼잡한 공원 내 미아방지를 위한 위치인식기반 미아찾기 서비스 제공가능 • 공원퇴장 시 정산 및 소지품 회수
	U-놀이터	U-놀이터서비스	다양한 유비쿼터스기술과 기기를 이용하여 어린이들이 보다 흥미롭게 놀 수 있으며 교육적인 효과 또한 제공할 수 있는 첨단놀이터 구축 • U-기술, LED조명, 멀티미디어, 센서 등 첨단IT기술을 적용한 어린이놀이터 • U-서비스체험, 놀이, 게임, 교육을 통해 흥미있는 공간 연출 • 디지털징검다리, 놀이기구, 사이버투어, 암벽놀이, 디지털 놀이판, 멜로디의자 등 설치
	U-리조트	U-리조트서비스	리조트이용의 편의를 위해 이용객의 회원카드를 기반으로 시설사용, 결제 및 부가서비스를 통합 제공하며, 리조트측에서는 보다 적극적인 리조트 이용을 유도하기 위해 CRM서비스를 제공함 • 회원카드(도시원카드 연계 가능)로 부대시설인증, 출입, 선/

분야	통합서비스명	단위서비스명	서비스 정의
문화·관광·스포츠	U-리조트	U-리조트 서비스	후불정산, 입실편의서비스, 엔터테인먼트서비스 제공 • 회원관리 및 우대할인/마일리지제공, 예약서비스 제공
	U-스포츠	U-생활체육 서비스	러닝, 인라인스케이트, 자전거 등 생활체육에 참여하는 시민에게 자신의 운동기록에 대한 정확한 데이터뿐만 아니라 운동 시 건강정보까지 함께 제공함으로써 건강하고 안전한 생활체육을 즐길 수 있도록 지원하는 서비스 • 운동관리서비스 -전체 운동기록 및 구간별 기록을 측정하고 웹사이트에 업로드하여 기록관리 및 공유 -걷기, 뛰기, 경사도가 반영된 활동량 측정 -운동코스이탈, 역주행 등을 관리하여 충돌 및 사고방지 -운동종료 후 SMS을 통한 운동기록 통보 • 건강 및 안전관리시스템 -운동자의 심박수 실시간모니터링 및 알람 -운동자의 낙상, 충돌, 실신 등 이상상태를 실시간 모니터링 -응급상황발생 시 응급구조팀에 사고위치 및 건강정보 전송
		U-골프 서비스	골프경기에 특화된 U-리조트 서비스로서, 이용자에게는 경기정보와 함께 다양한 부가편의서비스를 제공하고 운영자에게는 효율적 경기관리와 광고 등을 통한 부가수익을 제공하는 서비스 • U-리조트서비스에 골프장을 위한 특화서비스 추가 • 고객에게 코스, 경기속도 정보를 제공하여 만족스러운 플레이를 지원하며, 게임 중에 식음료 주문 및 예약, 응급호출 등이 가능하여 골프장을 편리하게 이용할 수 있도록 함 • 운영자에게 골프장 전체의 경기진행 모니터링을 제공하여 효율적 경기관리를 가능하게 하며, 웹패드광고를 통해 부가적 수익창출이 가능하도록 함 • LCD라커, 키오스크, 경기실황Display를 통한 통합경기정보 제공 • 카트 위치관리를 통한 효율적 카트 운영
		U-스키 서비스	스키에 특화된 U-리조트서비스로서, 이용자의 편의와 안전을 위해 통합이용카드, 환경정보, 사고관리서비스를 제공하고 특히 선수들에게는 경기 중 동작, 경로, 기록 등을 관리하는 특화된 훈련도우미 서비스를 제공함 • RFID태그 등을 이용한 리프트, 장비렌탈, 식음시설통합 이용 • 스키장의 기상상태 등 이용에 영향을 줄 수 있는 환경정보 제공 • CCTV와 센서 등을 활용하여 사고가 발생할 수 있는 리프

분야	통합서비스명	단위서비스명	서비스 정의
문화·관광·스포츠	U-스포츠	U-스키 서비스	트, 사각지대 등에 대한 안전관리 • 선수들을 위한 경기 중 동작, 경로 모니터링 및 경기기록 측정서비스(오스트리아 Abatec社)
물류	생산이력 추적관리	U-Factory	제공품에 RFID태그를 부착하여 생산/조립공정과정을 실시간으로 모니터링 및 제어하며, 완제품에 대한 전체 생산공정 이력을 추적/조회할 수 있는 서비스
		U-축사	RFID를 활용하여 축산농가에서 생산하는 축산물의 생산농가, 사육방법, 출하시기, 방역정보 등 생산이력정보를 자동으로 기록, 저장하여 축산물의 이력정보를 실시간으로 공유 및 추적할 수 있는 서비스
		U-Farm	온도, 습도, 일사량, 토양 수분 센서를 통해 농작물의 생장환경을 실시간으로 모니터링하여 최적 환경을 조성하며, 이러한 환경요소 및 농작물의 생장이력을 자동으로 기록하여 조회/추적할 수 있는 서비스
		U-양식장	양식장에 다양한 센서환경을 구축하여 수산물의 양식환경을 실시간으로 모니터링하여 최적 환경을 조성하며, 양식과정의 모든 이력을 자동으로 저장하여 조회/추적할 수 있는 서비스
	U-물류센터	물류창고입출고 관리서비스	농수축산물 및 화물의 다양한 물류단위별로 RFID태그를 부착하여 물류창고 입출고과정에서 부착된 RFID정보들을 다중 인식하여 입출고 검수를 자동으로 처리하는 서비스
		지능형재고관리 서비스	RFID를 이용하여 물류창고 내의 재고변동을 자동으로 처리하며, 재고현황 및 저장위치를 실시간으로 모니터링하여 최적의 재고관리를 지원하는 서비스
		지능형피킹/ 패킹서비스	RFID를 이용하여 피킹 단위를 자동으로 인식/분류 처리하며, 혼합 물류단위 패킹 과정에서 검수를 자동으로 처리하는 서비스
	U-운송	화물차량 관리서비스	화물차량의 운행현황, 가용상태, 위치 등 실시간으로 모니터링하여 다수의 사이트간의 화물운송을 위한 화물차량의 배차를 최적화하여 운송의 효율성을 제고할 뿐만 아니라 화물차량의 안전점검기록 및 차량상태 등을 파악하여 운행 시 문제 발생을 방지하는 서비스
		최적운송경로 안내서비스	실시간으로 제공되는 교통정보와 GPS를 이용한 실시간 화물차량의 위치정보를 기반으로 최적경로 안내 서비스

분야	통합서비스명	단위서비스명	서비스 정의
물류	U-운송	**수입화물통관 서비스**	RFID를 이용하여 수입화물의 반출입·보세운송 등 관련 정보의 공동활용을 통해 관세청·수입화주·보세운송인·보세창고운영인 등의 수입 항공화물 Process를 효율화하는 서비스
		화물운송추적 서비스	화물에 부착된 RFID정보와 화물차량의 연계 및 GPS 기반의 화물차량 위치확인으로 화물 운송현황 및 위치 등을 실시간으로 추적/조회할 수 있는 서비스
	U-배송	**무인우편/택배 서비스**	택배 보관함을 이용하여 입주민 부재 시에도 택배나 소포수령, 택배발송을 할 수 있게 서비스 제공자와 고객을 연결해 주는 무인 화물중계 서비스
	유통이력 추적조회	**농수축산물이력 추적서비스**	RFID를 이용하여 농수축산물의 생산/사육/양식 이력부터 최종 소비자에게 판매되기까지의 모든 물류/유통 이력정보를 실시간으로 추적/조회하는 서비스
		제품이력 추적서비스	RFID를 이용하여 가전제품, 의약품, 식품 등 다양한 제품에 대해 생산공정뿐만 아니라 물류/유통 전체의 이력정보를 실시간으로 추적/조회할 수 있는 서비스
	U-매장	**도소매자동입출고 관리서비스**	RFID를 이용하여 Market, 할인마트 등 다양한 소매점에서의 화물/제품의 입출고 검수를 자동으로 처리하는 서비스
		지능형매장 관리서비스	RFID를 이용하여 매장 선반에 진열된 제품의 재고현황을 실시간으로 모니터링 및 관리하고, 진열선반의 가격표시를 전자화하여 중앙통제 하에 효율적으로 변경 관리할 수 있는 서비스
	U-쇼핑	**개인맞춤형 쇼핑정보서비스**	구매이력을 기반으로 개인의 특성 및 취향에 따라 맞춤형 상품 및 쇼핑정보를 자동으로 제공하고, 구매대상 상품에 대해서는 이력정보 및 상세정보를 쉽게 확인할 수 있는 서비스
		전자지불 서비스	칩이 내장된 전자화폐를 리더기에 인식시킴으로써 현금이나 수표, 신용카드를 대신하여 자동결제하는 서비스
		U-전자상거래 서비스	PC, 휴대폰, PDA, 디지털텔레비전 등 인터넷에 접속 가능한 기기나 모바일 디바이스를 통해 고객에게 정보제공이나 서비스를 전달하고 거래나 결재 수행을 지원하는 서비스
		U-고객관리 서비스	고객카드를 기반으로 정확한 구매이력 관리를 통해 마일리지적립 및 할인쿠폰 제공 등 다양한 추가서비스
근로고용	고용정보서비스	**개인취업지원 서비스**	지역/산업단지별, 역세권별, 직종별 등 다양한 일자리 정보

분야	통합서비스명	단위서비스명	서비스 정의
근로고용	고용정보서비스	개인취업지원 서비스	를 비롯하여 온라인 구직신청, 이메일 입사지원, 맞춤정보 서비스, 구직활동 내역 조회/출력, 메일링 서비스 등의 취업지원 서비스
		기업채용 지원서비스	기업에게 지역별, 직종별, 전공계열별 등 다양한 인재정보를 비롯하여 온라인 구인신청, 인재정보관리, 맞춤정보 서비스, 북마크, 대학교/직업훈련학교 추천 의뢰 등의 채용지원 서비스
		고용동향 정보서비스	직업심리검사, 나에게 적합한 직업찾기, 자료탐색, 취업가이드, 직업지도프로그램, 사이버직업상담, 직무분석자료 등 직업정보 서비스와 Job Map, 취업나침반, 일자리/인재 동향, 통계간행물/연구자료 등의 고용동향 서비스
		인력시장 지원서비스	일용직 근로자들의 공급과 수요를 실시간으로 매칭하고 인터넷 및 모바일을 통한 근무일시와 장소 등의 관련정보를 통지하며 근로자는 휴대폰이나 개인단말기 등으로 U-인력시장지원시스템 서버에 통지하고 근무하는 서비스
		u-라이센스 카드서비스	기관 별 자격증 및 교육인증서를 하나의 카드에 담아 키오스크나 모바일을 통해 증명하는 서비스
	U-Work 서비스	원격회의 서비스	기업 내의 본사와 지사 간에 안전하게 효율적으로 업무를 수행할 수 있도록 고품질 영상회의 및 관견협업환경을 제공하는 서비스 • 사용자상태 정보기반의 즉석 영상회의, 휴대폰 및 전화단말 통화지원, 문서공동작업/프리젠테이션제공, 웹/문서/애플리케이션 공유서비스 등
		원격협업 서비스	원격지의 근무자와 기업 내의 근무자가 자유롭고 안전하게 협업을 진행할 수 있도록 기업에 적절한 어플리케이션을 제공하고 이를 언제 어디서나 안전하게 접근할 수 있도록 하는 서비스 • 통합메시징, Presence기반통화서비스, VPN이용접속서비스, 문서공유 및 웹공유를 통한 협업서비스, 실시간 메일 송수신서비스 등
		U-사무공간 서비스	시간·장소에 구애받지 않고 이동 중에도 노트북컴퓨터나 PDA 등을 이용하여 회사 내의 정보를 신속하게 확인할 수 있는 서비스 • 모바일포털을 통한 다양한 모바일 오피스 수용, 유무선통합메일을 통한 사내메일송수신, 회사 내 공지사항 SMS 확인, 파일공유서비스

분야	통합서비스명	단위서비스명	서비스 정의
근로고용	U-Work 서비스	U-사무공간 서비스	• 장소에 상관없이 네트워크인증만으로 자신의 업무환경 조성 • 비행기의자, 호텔창문 등에 설치된 디스플레이가 인증만으로 개인단말기로 변환되고, 자신에게 필요한 정보 이용
		U-Work센터 활용서비스	교통이 편리하고 인구유동량이 많은 지역에 다양한 근무자들이 자유롭게 업무를 수행할 수 있는 공동의 사무환경을 구축하여 회사 밖에서도 신속하게 업무나 회의를 할 수 있는 물리적인 환경을 제공하는 서비스 • 사무용 IT자원 제공, 다양한 협업어플리케이션 제공, 원격영상회의 공간 제공 및 솔루션 제공, 스마트보드/빔프로젝터/영상회의카메라 대여 등
		기업통합카드 서비스	RFID를 이용한 카드로 출입관리, 주차관리, 근태관리, 식당이용 및 자판기에 이용할 수 있는 서비스
		U-Print pole 서비스	휴대폰, PDA 등을 통해 고객이 해당 서류 및 출력물을 원하는 장소에서 출력하는 서비스
		U-Office임대 서비스	소호창업자나 외국지사 파견 근무자 등을 대상으로 지능화된 오피스 공간을 임대해주고, 경영 및 재무 법률상담 등의 컨설팅을 병행하여 제공하는 서비스
	산업활동지원	**창업지원 서비스**	창업서류 처리를 인터넷 및 모바일로 처리하고 한 번의 창업신청으로 연관된 업무가 자동적으로 진행되는 서비스
		지역산업체 지원서비스	지역 내 중소기업, 영세업체에 대한 산업체 정보를 관리하여 기업을 대상으로 산업체 시설정보를 실시간으로 제공하고 자치단체간의 구인/구직데이터베이스를 통합관리하여 지역주민에게 구인/구직정보를 제공하는 서비스 • 각 자자체의 중소기업지원센터에 입주한 업체에게 창업자금, 벤처집적현황 등 정보제공
		지역업체협력 지원서비스	입주기업들과 거래하고 있는 부품제작관련 업체정보(생산품목, 위치, 연락처 등)를 통합하고 이를 공유하는 체계를 마련하는 서비스 • 협력업체들도 포털을 이용해 자사정보를 공유하여 다양하게 이용될 수 있도록 함 • 국책기관, 대학 등의 연구성과와 기업의 기술니즈 간의 연계를 지원하는 기술중계서비스 • 공동구매를 위해 필요한 부품의 수량, 일정, 사양 등을 쉽게 공유할 수 있는 Web환경을 제공하는 공동구매서비스

분야	통합서비스명	단위서비스명	서비스 정의
근로고용	산업안전관리	위험업무 원격지원서비스	위험한 현장에서 근로자의 경험에 의지한 업무들을 센서네트워크를 기반으로 한 환경에 의해 작업자의 위치 및 건강상태를 파악하고 위험을 감지하는 서비스 • 사용자에 탑재된 온도센서 등과 같은 감지센서와 N/W카메라를 통한 현장정보를 BackOffice에서 모니터링하여 현장작업지시 및 위험감지
		위험사업장 안전관리서비스	산업현장에서 산업재해의 위험요소에 대한 감지, 실시간 모니터링, 경보체계 확립을 통해 산업현장의 온도, 풍향, 풍속 등 작업환경과 작업자 간의 지능적 상호작용이 가능하도록 하여 작업자간의 안전을 고려하는 작업환경 구축 서비스
기타	홈매니지먼트 서비스	홈오토메이션 서비스	홈서버를 통해 세대내부의 조명, 에너지, 환경, 정보가전 및 기타설비 등을 통합으로 모니터링/제어하여 관리하고 모바일 디바이스와 연동해 원격에서 관리를 가능하게 하는 서비스 • 조명제어서비스 –실별조명제어, 일괄소등, 디밍제어 • 에너지제어서비스 –냉난방기기통합/원격제어 –생활모드제어(외출, 귀가, 취침, 기상, 방범) • 환경관리서비스 –통합공조기제어 –공기질을 감시해 자동으로 환기 및 공기청정기 작동 • 정보가전 및 기타설비 제어서비스 –정보가전(세탁기, 냉장고, 식기세척기 등) 통합/원격제어 –전동커튼제어, 도어록제어
		화상전화 서비스	세대 및 단지를 연결하는 VoIP, 국선을 이용하여 세대내부, 단지내/외부의 음성/화상통신을 지원하는 서비스 • 세대내부화상전화서비스 –주방TV폰, 욕실TV폰, 실별TV폰을 연동하여 화상전화서비스 제공 • 단지내부전화서비스 –공용현관과 연동하여 방문자와 영상통화서비스 –경비실인터폰연동, 무인택배전화기연동 • 단지외부전화서비스 –국선, VoIP와 연동해 외부통화를 지원하는 서비스
	외부연계 서비스	엘리베이터 콜서비스	공용엘리베이터와 세대기, 공동현관 등과 연계하여 엘리베이터의 위치를 모니터링하거나 사전에 엘리베이터를 호출하여 대기시간을 줄이는 서비스 • 세대기엘리베이터 호출서비스 –현재 엘리베이터 위치 검색, 세대기를 통해 엘리베이터

분야	통합서비스명	단위서비스명	서비스 정의
기 타	외부연계 서비스	엘리베이터 콜서비스	호출 기능 • 공용현관엘리베이터 호출서비스 –공용현관 진입 시 주민통합카드로부터 거주민을 식별해 엘리베이터를 호출하는 기능
		주차장 연동서비스	단지 내 공용주차장을 세대기와 연동하여 방문객/거주민차량의 출입을 알리고 주차장의 이용과 관련된 사항을 관리하는 서비스 • 차량출입관리 –방문객이나 거주자의 차량이 출입 시 알림 –차량의 출입정보를 기록하고 조회 가능 • 주차장모니터링 –공용주차장에 설치된 CCTV로 주차장 내부 및 거주자에게 할당된 주차지역의 모니터링 • 주차장관리 –주차장 이용요금 사용이력 등을 입력, 조회
		홈엔터테인먼트 서비스	홈게이트웨이를 통해 외부에서 전송되는 멀티미디어데이터, 디지털컨텐츠를 세대내부로 쌍방향으로 전송해 거주민이 세대내부에서 즐거움과 재미를 느끼도록 하는 서비스 • IPTV서비스 • 게임서비스
	단지관리 서비스	**단지통합관리 서비스**	세대내부의 오토메이션 설비와 공용부의 공용 설비, 시스템, 인프라를 연동해 통합관리를 하여, 거주자에게는 세대기를 통해 공용부의 통합조회를 제공하고 관리자에게는 편리하고 효율성 있는 관리서비스 제공
		단지안전관리 서비스	세대 내/외부에 설치된 안전관리 시스템을 연동하여 관리실이나 도시통합운영센터에서 모니터링, 관리를 지원하며 위급 사항 발생 시 관련부서와 유관기관을 연계시켜 신속한 대응을 가능케 하는 서비스
		단지커뮤니티 지원서비스	단지 내 구축된 네트워크 인프라를 관리하고, 단지 내 포털서비스를 통해 주민 공동체 활동을 지원하고 관리하는 서비스
		통합주민카드 서비스	입주민정보를 저장해 인증을 통해 출입통제, 부대시설연계, 전자지불 등의 서비스를 하나의 카드로 통합하여 제공하는 주민카드서비스 • 출입통제서비스 –세대/공용부현관 출입, 공용주차장출입, 출입제한구역의 주민인증기능 • 부대시설연계서비스

분야	통합서비스명	단위서비스명	서비스 정의
기타	단지관리 서비스	통합주민카드 서비스	–무인택배, 감성벤치 등의 시설물에서 거주자식별 및 서비스 제공 –공용부피트니스센터, 상업시설 등의 이용 • 전자지불서비스 –상업시설 이용 시 지불기능 –마일리지
	U–아티팩트(artifact)서비스	건축외관디지털 조명서비스	건물의 외벽에 LED, LCD 전광판이나 프로젝터를 설치하여 미려한 도시경관을 제고하는 조명패턴을 표출하여 지역의 랜드마크로서 건물의 이미지를 제고시키는 서비스
		미디어보드 서비스	가로공간, Open Space 등에 LED, LCD 전광판이나 전자게시판을 설치하고 미려한 영상패턴을 표출하거나, BIS(Building Information System)와 연동한 다양한 정보를 표현하고 전달하는 서비스
		감성벤치 서비스	가로공간, 공용부에 엔터테인먼트 기능과 서비스 연계 기능을 하는 감성벤치를 설치하고 멀티미디어 데이터와 양방향 디지털컨텐츠를 제공하는 서비스
		음악분수 서비스	도시공간, 가로공간 및 연못, 하천 등에 설치 가능한 음악분수를 통해 도시 미관을 제고시키는 서비스
		디지털징검다리 서비스	하천변, 도시 내 수변공간에 센서와 감성조명, 음향시스템이 설치된 징검다리를 설치하고 보행자가 징검다리를 건널 때 맞춤형 음향과 감성조명을 제공하는 서비스
		디지털시설물 경관서비스	디지털포이어[digital foyer], 키오스크, 스마트포스트, safe–easy crosswalk, 미디어프라자, 플렉싱스크린, 디지털트리[ditital–tree], 디지털치유산책로[digital therapy promenade], 영상캐노피[media canopy], smart garbage, 인터넷폰부스[internet phone booth], 전자우체통, 전자신문가판대, 디지털플라워, 자동소화전[auto hydrant] 등
	U–테마거리 서비스	첨단거리 기술 체험 서비스	건축물 위주의 유비쿼터스체험관 대신 가로공간에서 다양한 유비쿼터스체험 기회 및 공간시설을 제공하고 장애인 등도 불편 없이 산책할 수 있는 환경을 제공하는 서비스
		특화산업거리 서비스	지역산업 육성과 영세상인의 홍보강화를 위해 특화산업거리를 조성하고 특화산업정보, 상거래, 쇼핑, 관광, 숙박, 교통, 먹거리 정보를 포함한 종합적 정보제공을 가로공간에 구현하는 서비스

지방자치단체 영상정보처리기기 통합관제센터 구축 및 운영규정

2013. 4

전자정부국

정보자원기반과

지방자치단체 영상정보처리기기 통합관제센터 구축 및 운영규정

제1장 총칙

제1조(목적) 이 규정은 영상정보처리기기 통합관제센터의 구축 운영 등에 대하여 지방 자치단체가 준수해야 할 기준 및 절차 등을 규정함을 목적으로 한다.

제2조(정의) 이 규정에서 사용하는 용어의 정의는 다음과 같다.

1. "영상정보처리기기"란 다음 각 목의 어느 하나에 해당하는 장치로 영상정보처리기기 통합관제센터에서 통합 관리하는 기기에 한한다.
   가. "폐쇄회로 텔레비전"이란 일정한 공간에 지속적으로 설치된 카메라를 통하여 사람 또는 사물 등을 촬영하거나 촬영한 영상정보를 유·무선 폐쇄회로 등의 전송로를 통하여 특정 장소에 전송하는 장치 또는 촬영되거나 전송된 영상정보를 녹화·기록할 수 있도록 하는 장치.
   나. "네트워크 카메라"란 일정한 공간에 지속적으로 설치된 기기로 촬영한 영상정보를 그 기기를 설치 관리하는 자가 유·무선 인터넷을 통하여 어느 곳에서나 수집·저장 등의 처리를 할 수 있도록 하는 장치.
2. "영상정보"란 특정 목적을 위하여 영상정보처리기기로 촬영하여 광(光) 또는 전자적 방식으로 처리되는 모든 영상을 말한다.
3. "영상정보처리기기 시스템"이란 현장에 설치한 영상정보처리기기를

이용하여 수집한 영상을 통합관제센터로 전송하여 관제하고 처리하는 데 필요한 제반 시스템을 말한다.

4. "영상정보처리기기 통합관리"란 기관 내 또는 기관 간에 영상정보처리기기의 효율적 관리 및 정보연계 등을 위하여 목적별로 설치된 영상정보처리기기를 물리적으로 통합하여 지정된 별도의 공간에서 관리 및 운영하는 것을 말한다.

5. "영상정보 연계"란 통합관리 대상에 포함되지 아니하는 영상정보처리기기를 통해 수집된 영상정보를 통합관제센터와 송·수신하는 것을 말한다.

6. "영상정보처리기기 통합관제센터"란 생활 안전 법규위반 단속 시설물 관리 등 공공목적을 위해 설치된 영상정보처리기기를 지정된 별도의 공간에서 통합관리할 수 있는 시설을 갖추고, 영상정보처리기기를 이용하여 각종 사건 사고 예방 및 사후조치 등의 기능을 수행할 수 있는 시설을 말한다.(이하 통합관제센터라 한다.)

7. "통합관제센터의 장"이란 통합관제센터의 구축·운영 및 영상정보 수집·이용·제공 등에 관한 업무를 총괄하는 자를 말한다.

제3조(적용범위) 지방자치단체가 구축 운영하는 통합관제센터의 운영 및 이를 통해 수집·이용·제공되는 영상정보 관리 등에 대하여는 다른 법령에 특별한 사항이 있는 경우를 제외하고는 이 규정에서 정하는 바에 따른다.

제4조(영상정보의 수집·이용·제공) ①지방자치단체의 장은 영상정보의 수집·이용·제공 등에 관해 개인정보보호법, 시행령, 시행규칙, 표준개인정보보호지침 등 개인정보보호 관련 법령을 준수하여야 한다.

②지방자치단체의 장은 영상정보처리기기의 설치목적에 부합하는 최소한의 범위 내에서 영상정보를 수집하여야 하고, 설치목적을 정보주체가 명확히 인식할 수 있도록 하여야 한다.

③수집된 영상정보는 그 목적 이외의 용도로 활용하여서는 아니 된다. 다만 개인정보보호법 제18조 제②항에 해당하는 경우에는 그러하지 아니하다.

④지방자치단체의 장은 영상정보 열람청구권 등 정보주체의 권리를 보장하여야 한다.

제2장 통합관제센터의 구축

제5조(통합관제센터의 구축) ①지방자치단체의 장은 영상정보처리기기의 효율적인 운영 및 관제를 위하여 독립된 공간으로 통합관제센터를 구축하여야 한다.

②제2항에 따라 통합관제센터 구축 시 개별적으로 운영되고 있는 영상정보처리기기 시스템을 통합하여야 하며, 통합된 영상정보처리기기의 영상을 확인할 수 있도록 연계하여야 한다.

③통합관제센터의 장소와 시설은 향후 확장성을 고려하여 구축하여야 한다.

제6조(통합관리를 위한 영상정보처리기기 등의 설치 기준) 영상정보처리기기의 통합관리를 위해 다른 법령 또는 관계규정이 있는 경우를 제외하고는 다음 각 호의 설치기준이 정하는 바에 따른다.

1. 영상정보처리기기의 통합운영 및 관리가 가능하고, 설치목적에 맞는 제품으로 영상정보처리기기를 설치하여야 한다.

2. 영상정보처리기기의 통합운영 및 관리가 가능한 영상정보처리기기 시스템으로 구축하여야 한다.

제7조(의견수렴) 지방자치단체의 장은 영상정보처리기기의 통합관리로 영상정보처리 기기의 설치목적이 변경 또는 추가되는 경우 개인정보보호법 시행령 제23조에 따라 관계 전문가, 이해관계인, 지역주민의 의견을 수렴하여야 한다. 다만 근접 장소에 동일 목적으로 단순히 추가 설치하는 경우에는 의견수렴을 하지 않을 수 있다.

제8조(안내판의 설치 등) 지방자치단체의 장은 영상정보처리기기의 통합관리로 영상정보처리기기의 설치목적이 변경 또는 추가되는 경우 개인정보보호법 시행령 제24조 및 표준 개인정보보호 지침 및 고시 제43조 규정에 따라 안내판을 설치하여야 한다.

제9조(영상정보처리기기의 통합·연계) ①지방자치단체의 장은 제6조에 따라 설치된 영상정보처리기기를 통합관제센터로 통합·연계하여야 한다.

②영상정보처리기기를 교체 또는 신규로 설치하는 경우에도 제1항의 규정을 준수하여야 한다.

③제1항과 제2항에도 불구하고 통합·연계에 따른 효율성이 현저히 떨어지거나 국가보안 등 특수 목적인 경우에는 통합·연계하지 않을 수 있다.

제10조(전담부서의 지정) 지방자치단체의장은 통합관제센터의 구축·운영, 영상정보처리기기의 통합·연계 및 영상정보의 효율적 관리 등을 위하여 반드시 전담부서를 지정하여 운영하여야 한다.

제11조 (인력 확보 등) ①지방자치단체의 장은 통합관제센터 운영 등에 필요한 일반직·경찰직 공무원과 전문성을 보유한 관제요원을 확보하여 근무하게

하여야 한다.

②제1항에 따라 지방자치단체의 장은 영상정보처리기기의 관제에 필요한 예산을 확보하여야 한다.

③경찰서장은 방범용 영상정보처리기기의 영상정보자원 관리 및 각종 사건·사고의 신속한 대응을 위해 소속기관의 경찰공무원을 통합관제센터에 근무하게 하여야 하며, 방범용 영상정보처리기기의 설치, 관리 및 유지보수에 필요한 예산을 지방자치단체에 지원하여야 한다.

④교육감은 통합관제센터와 연계된 학교 내 영상정보처리기기의 관제를 위해 필요한 인력과 예산을 지원하여야 한다.

제12조(통합관제센터 간 상호운용성 확보) 지방자치단체의 장은 통합관제센터 간 영상정보의 효율적 연계를 위하여 상호운용성을 확보하여야 한다.

제3장 통합관제센터의 운영

제13조(통합관제센터의 역할) ①통합관제센터는 영상정보처리기기의 관제기능을 통합·연계하고 실시간 관제 등 영상정보처리기기 관련 업무를 효율적으로 수행할 수 있어야 한다

②지방자치단체의 장은 범죄 및 재난·재해 발생 등 긴급상황 시 유관기관과 신속한 대응이 가능하도록 하여야 한다.

제14조(통합관제센터의 운영·관리 방침 수립) 지방자치단체의 장은 다음 각 호의 내용을 포함하여 통합관제센터의 운영·관리 방침을 수립하여야 한다. 다만 개인정보보호법 시행령 25조에 따른 영상정보처리기기 운영·관리 방침에 포함하여 수립한 경우 별도의 방침을 수립하지 아니할 수 있다.

1. 통합관제센터의 구축 목적 및 운영 방향.

2. 통합관제센터에 통합·연계한 영상정보처리기기 및 각종 장비 현황.

3. 전담조직 및 기능, 담당업무, 근무체계.

4. 영상정보처리기기 운영(관리책임자, 운영시간, 실시간 관제의 범위 등) 및 영상정보 관리 방안.

5. 통합관제센터에 영상정보처리기기를 연계한 다른 기관과의 대응체계 수립.

6. 통합관제센터 및 영상정보 보안(출입통제, 접근권한 물리적·기술적·관리적 보안) 등에 관한 사항.

7. 통합관제센터 내에서 수집되는 영상정보의 이용·제공 등에 관한 사항.

8. 유지보수에 관한 사항.

9. 운영위원회 설치·운영에 관한 사항.

제15조(영상정보처리기기의 조작 및 기능) ①지방자치단체의 장은 영상정보처리기기의 설치목적과 관계없는 영상정보의 수집을 위해 영상정보처리기기를 임의로 조작하거나 회전·확대 기능 등을 설정하여서는 아니된다.

②지방자치단체의 장은 영상정보처리기기를 설치·운영하는 경우 음성정보를 수집하여 저장하는 기능을 사용하여서는 아니된다.

③어린이·여성·노약자의 긴급구호나 범죄예방 등 위급상황 발생 시 긴급조치를 위해 영상정보처리기기 옆에 별도의 비상통신수단을 설치하여 운영할 수 있다.

제16조(관제의 범위) 통합관제센터의 장은 통합관제센터에 전송되는 영상정보처리기기의 영상을 실시간 관제하여야 한다. 다만 실시간 관제를 통하여

신속한 조치가 특별히 요구되지 않는 영상정보처리기기에 대하여는 해당 부서 및 기관과 협의를 통하여 그러하지 않을 수 있다.

제17조(권한의 수임) 지방자치단체의 장은 경찰서, 교육기관 등 해당 지방자치단체가 아닌 다른 기관이 설치한 영상정보처리기기를 통합관제센터에 통합 연계·관제하는 경우에는 다른 기관으로부터 권한을 수임받아 총괄하여 운영하여야 한다. 다만 통합관제센터의 효율적인 운영을 위하여 당해 기관과 협의하여 운영에 관련된 사항을 조정할 수 있다.

제18조(관제요원의 근무) ①관제요원의 근무는 실시간 관제가 가능하도록 배치하고, 교대근무를 할 수 있도록 하여야 한다. 다만, 내부환경에 따라 탄력적으로 근무시간을 조정할 수 있다.

②근무조건 등에 대해서는 근로기준법 등 관계 법률이 정한 조건을 준수하여야 한다

③관제요원이 근무 중 영상정보처리기기로 범죄·사고·재난·재해 등을 발견한 경우, 해당기관 및 업무부서에 신속히 통보하여 대응할 수 있도록 조치하여야 한다.

제19조(출입자 통제 등) ①지방자치단체의 장은 통합관제센터를 운영하는 경우 이를 출입통제(제한)구역으로 지정하고, 업무담당자 외의 출입을 엄격히 관리하여야 한다.

②업무담당자 외에 통합관제센터를 방문 출입하고자 하는 자는 지방자치단체의 장의 사전 승인을 받아야 한다.

③지방자치단체의 장은 근무자의 근무교대 시 근무자 및 방문 출입자에 대한 보안검색을 실시하여 영상정보 자료가 유출되지 않도록 보안감독을

철저히 하여야 한다.

④일반인이 견학 등 목적으로 통합관제센터를 방문할 경우 지방자치단체의 장은 적절한 보안조치를 취하여야 한다.

제20조(다른 기관과 연계에 필요한 보안대책) 지방자치단체의 장은 경찰서 등 다른 기관과 시스템 연계에 필요한 보안대책을 강구하여야 한다.

제21조(운영위원회 설치·운영 등) ①지방자치단체의 장은 통합관제센터의 원활한 업무 지원 및 영상정보 보호 등을 위해 영상정보처리기기 운영위원회(이하 "운영위원회"라 한다)를 설치·운영하여야 한다.

②제1항에 따른 운영위원회는 다음 각 호의 업무를 수행한다.

1. 안전한 통합관리를 위한 운영·관리 방침 마련, 심의.
2. 통합관리 예산 또는 인력 협의.
3. 통합관리되는 영상정보처리기기의 관제요원 선발 시 자격기준 심의.
4. 그 밖에 통합관리에 필요한 사항 심의·조정 등.

③제1항에 따른 운영위원회의 위원장은 지방자치단체의 장이 되며 부위원장은 위원 중 호선한다.

④당연직 위원은 관할 지방경찰서 담당과장, 초등학교 연계를 실시한 경우 관할 교육청 또는 교육 지원청 담당 국·과장으로 한다.

⑤위촉직 위원은 다음 각 호의 자 것에서 지방자치단체의 장이 위촉한 자로 구성한다.

1. 주민의 권익신장을 위해 활동하는 지역 내 시민사회 단체 또는 소비자단체 등으로부터 추천을 받은 사람.
2. 지방의회 해당 상임위원회 또는 의장의 추천을 받은 사람.

3. 그 밖에 영상정보에 관한 학식과 경험이 풍부한 관계 전문가 또는 공무원.

⑥위촉직 위원의 임기는 2년으로 하되, 1회에 한하여 연임할 수 있다.

⑦위원회에 출석한 위원에게 예산의 범위 안에서 수당 및 여비를 지급할 수 있다. 다만, 공무원인 위원이 그 업무와 직접 관련하여 회의에 출석할 경우에는 그러하지 아니하다.

제22조(통합관제센터 운영업무 등의 위탁) ①지방자치단체의 장은 통합관제센터 관제 및 유지보수업무 등을 직접 수행하거나, 외부에 위탁할 수 있다. 다만, 운영업무 전체는 위탁할 수 없다.

②제1항에 따라 통합관제센터의 관제 및 유지보수 업무 등을 위탁하려는 지방자치단체의 장은 개인정보보호법 시행령 제26에 따라 추진하여야 한다.

제23조(영상정보처리기기의 관리 운영에 대한 점검) ①지방자치단체의 장은 영상정보처 리기기 관리현황 등을 파악하고, 표준 개인정보보호 지침 및 고시 제52조에 따라 영상정보처리기기의 설치·운영에 대한 자체점검을 실시하여야 한다.

제24조(교육의무) 지방자치단체의 장은 통합관제센터의 효율적인 운영을 위하여 영상 정보처리기기의 운영 및 관제요원에 대해(업무를 위탁받은 자를 포함한다) 제반교육 을 실시하여야 한다.

②제1항에 따른 교육은 자체적으로 실시하거나 해당 분야의 전문기관에 위탁하여 실시할 수 있다.

부 칙

제1조(시행) 이 규정은 접수된 날부터 시행한다.

제2조(규정의 활용) 지방자치단체의 장은 통합관제센터 구축 및 운영에 대하여 동 규정의 해설서를 준수하여야 한다.

기반시설 취약점 분석·평가 점검항목

(총 453개)

기반시설 취약점 분석·평가 점검항목(총 453개)

구분		상	중하	계
관리적 점검항목		39	75	114
물리적 점검항목		7	19	26
기술적 점검항목	유닉스	43	30	73
	윈도우	45	37	82
	보안장비	16	10	26
	네트워크장비	14	24	38
	제어시스템	16	6	22
	PC	14	6	20
	DB	11	13	24
	웹	28	0	28
기술적 점검항목 소계		187	126	313
합계		233	220	453

관리적 점검항목

분류	번호	취약점 점검항목	등급
정보 보호 정책	A-1	조직 전반에 적용하고 있는 정보보호 정책/지침 또는 규정이 수립되었는가?	상
	A-2	정기적으로 정보보호정책의 타당성을 검토, 평가하여 수정 보완하고 있는가?	상
	A-3	연도별 정보보안업무 세부추진 계획을 수립·시행하고 그 추진결과에 대한 심사분석·평가를 실시하는가?	상
	A-4	최근 1년간 기관장에게 연간 보호대책 등의 주요 정보보안 관련 사항을 보고하였는가?	상
	A-5	정보보호정책이 문서화되어 있으며 경영자층의 승인을 받고 있는가?	중
	A-6	정보보호정책서가 모든 임직원 및 관련자에게 배포되고 모든 임직원 및 관련자가 정보보호정책을 이해하고 있는가?	중
	A-7	정보보호정책의 내용과 기관의 사업 목표 및 전략 등과의 일관성이 검토되었는가?	하
	A-8	기관의 정보보안 강화를 위한 중장기(3년 이상) 계획이 있는가?	중

분류	번호	취약점 점검항목	등급
정보 보호 조직	A-9	보안활동을 계획, 실행, 검토하는 보안 전담조직 및 전담 보안 담당자가 구성되어 있는가?	상
	A-10	보안관련 전문가 집단으로부터 조언을 받고 해당 내용을 반영하고 있는가?	중
	A-11	정보보호 관련 주요 의사결정을 수행하는 정보보호위원회가 구성되어 있으며 위원회의 역할 및 책임이 명확히 기술되어 있는가?	하
	A-12	정보보호관리자의 역할 및 책임이 규명되어 있는가?	하
인적 보안	A-13	신원조회(민간기관 제외)가 수행되고 비밀유지서약서를 작성하고 있으며 주기적으로 갱신되고 있는가?	상
	A-14	계약직 및 임시직원은 물론 정식직원 채용 시 신원, 업무능력, 교육정도, 경력 등에 대한 적격심사가 이루어지고 있는가?	상
	A-15	민감한 직무담당자에 대해 강화된 적격심사가 수행되고 있는가?	하
	A-16	모든 인력에 대하여 정보보호의 책임과 역할을 기술하는 직무기술서가 존재하는가?	중
	A-17	정보보안정책을 불이행할 경우 이에 대한 징계가 규정에 명시되어 있는가?	중
	A-18	고용계약 만료 시 자산반납 및 접근권한을 삭제하는 절차가 있는가?	중
외부자 보안	A-19	제3자(외부유지보수직원, 외부용역자 포함)에 의한 정보자산 접근과 관련한 보안요구사항을 계약에 포함하고 있는가?	상
	A-20	위탁기관(업체) 또는 용역사업 참여업체의 보안관련사항 위반이나 침해사고 발생 시 조치를 수행하는가?	상
	A-2	제3자의 보안요구사항 준수 검토를 위해 제3자 관리책임자로부터 보안관리 상황에 대한 주기적인 보고를 받고 수시 점검을 수행하는가?	하
	A-22	외부 관계자에게 정보나 자산에 접근할 수 있는 보안규정을 사전통보하고 있는가?	하
	A-23	제3자(외부유지보수직원, 외부용역자 포함)에 대한 보안서약서를 가지고 있는가?	하
자산 분류	A-24	조직의 중요한 자산(인력, 시설, 장비 등)에 대한 자산분류 기준이 있는가?	상
	A-25	정보자산을 보안등급과 중요도 등에 따라 분류하여 관리하고 있는가?	상
	A-26	정보자산별로 책임자가 지정되어 있으며 소유자, 관리자, 사용자들이 확인되고 있는가?	상
	A-27	조직의 주요 자산목록을 작성하고 변경사항을 유지 관리하고 있는가?	하
	A-28	자산에 대한 등급별 보호절차, 접근제한을 실시하고 있는가?	하
매체 관리	A-29	미디어 장치의 사용 및 반출입에 대한 관리절차나 문서가 있는가?	상
	A-30	정보나 매체가 용도 폐기되기 위한 폐기 방법이 수립되고 적절하게 이행되는가?	상

분류	번호	취약점 점검항목	등급
매체 관리	A-31	안전을 요하는 매체가 운반될 때 접근통제가 이루어지고 있는가?	하
	A-32	노트북, USB 메모리 등 이동형 장치의 분실을 통한 자료유출 대비책이 있는가?	중
	A-33	보조기억매체의 사용을 주기적 점검을 통해 최신자료를 유지하는가?	중
교육 및 훈련	A-34	교육 훈련 대상은 관련된 모든 내외 임직원 및 외부 인력을 포함하고 있으며 정보자산에 간접적으로 접근하는 일반 외부 용역직원에 대해서도 정보보호교육훈련을 수행하는가?	상
	A-35	정보보호 인식제고를 위한 교육 및 훈련 계획을 종합적으로 수립하여 정기적으로 실시하고 있는가?	중
	A-36	교육 및 훈련은 대상자의 직위 및 업무 특성에 따라 구분하여 실시하고 있는가?	하
	A-37	교육 훈련의 효과가 측정, 분석되어 차기교육에 반영되는가?	하
	A-38	직원을 대상으로 사이버안전센터 보안권고문·해킹메일주의공지, 윈도우 보안업데이트 사항, 보안취약점 조치요령 등을 공지하는가?	중
접근 통제	A-39	업무 요구사항에 따라 접근통제의 방법과 범위 등을 정의하고 문서화하고 있는가?	상
	A-40	허가된 원격작업내용, 작업시간, 접근허가된 내부 시스템 및 서비스 등의 내용을 포함한 재택근무 등의 원격작업에 대한 정책, 절차가 존재하는가?	상
	A-41	스마트폰·개인휴대단말기(PDA)·전자제어장비 등 첨단 정보통신기기를 활용하는 경우, 업무자료 등 중요정보 보호 및 안전한 전송을 위한 방안이 마련되어 있는가?	상
	A-42	정보통신망에 비인가 PC·노트북 등을 연결 시 차단하는가?	상
	A-43	정보시스템 및 정보보호시스템 접근기록의 비인가 열람, 훼손 등을 방지하기 위한 대책이 있는가?	상
	A-44	무선랜(Wi-Fi 등)은 국가정보원장의 보안성 검토를 필하거나 암호키 설정 등의 적절한 보안조치를 적용하였는가?	상
	A-45	무선랜 무단 사용 여부, 비인가 무선중계기(AP) 설치 여부, 우회 정보통신망 사용 차단 여부 등을 주기적으로 점검하는가?	상
	A-46	접근통제에 대한 주기적 검토를 통해 접근통제 정책이 적합한지를 확인하고 있는가?	중
	A-47	보안상 중요한 접근통제 규칙은 관리자의 승인을 거쳐서 설정 또는 변경하도록 하고 있는가?	하
	A-48	접근통제 방법은 내부 관련 정책 및 절차에 따라 결정되어 반영되는가?	하
	A-49	안전한 로그온 절차, 식별 및 인증관리 등과 같은 시스템 운영체제 접근통제 방법이 존재하고 이에 따라 이행하고 있는가?	중
	A-50	외부에서의 사용자 접근에 대한 안전한 인증방식을 사용하고 있는가?	하

분류	번호	취약점 점검항목	등급
접근 통제	A-51	외부에서 내부 시스템의 기능을 사용할 수 있다면 VPN 등 안전한 접속방법을 제공하고 있는가?	하
	A-52	제3자가 원격에서 진단, 관리 등을 위한 서비스를 제공할 때 필요할 때만 연결을 허용하고 있는가?	하
	A-53	제3자와의 정보 공유, 네트워크 공유 등에 대한 보안위협에 대한 대책이 있는가?	하
	A-54	민감한 시스템에 따라 네트워크를 분리 운영하여 서로간의 접근을 막고 있는가?	하
	A-55	방화벽, 침입탐지 등 안전한 네트워크를 위한 대책을 마련하고 있는가?	중
	A-56	내부망(업무망)과 인터넷망을 분리하여 사용하는가?	중
	A-57	망분리 후 안전한 자료전송을 위한 시스템을 도입하여 사용하고 있는가?	중
	A-58	인터넷 전화망과 일반 전산망은 분리하여 운용하는가?	하
	A-59	제3자의 내부 상주인력에 대한 네트워크를 분리 운영하고 있는가?	하
운영 관리	A-60	개발 테스트 설비는 실제 운영설비와 분리되어 있는가?	상
	A-61	시스템을 도입하기 전에 보안성 검토 및 호환성 검토를 실시하는가?	상
	A-62	시스템 및 사용장비에 대한 보안 취약점에 대한 주기적 검토 및 보완 프로세스가 있는가?	상
	A-63	바이러스, 악성코드 등에 대한 대비책을 가지고 있는가?	상
	A-64	보안규정의 이행 여부를 확인하는 주기적인 보안점검 및 불시 보안점검이 이루어지고 있는가?	상
	A-65	시스템 및 패스워드 관리지침을 제공하고 시스템 및 패스워드 관리책임을 주지시키고 있는가?	상
	A-66	전자기록 보관을 위한 별도의 방법(아카이빙)이 존재하고, 이를 통한 관리를 하고 있는가?	상
	A-67	'사이버보안진단의 날' 등과 같이 월별 보안 중점점검사항에 대해 매월 점검하고 조치하는가?	상
	A-68	비밀(대외비 포함)을 비밀관리기록부에 등재하여 관리하는가?	상
	A-69	출력된 비밀문서의 경우 비밀합동보관소 등에 안전하게 보관되어 있는가?	상
	A-70	비밀 등 중요 정보의 안전한 처리를 위한 시스템을 도입하여 사용하고 있거나 이를 계획하고 있는가?	상
	A-71	정보통신망 세부 구성현황 등을 대외비 이상으로 관리하는가?	상
	A-72	정보보호시스템은 국내용 CC인증을 받았거나, 보안적합성 검증을 받았는가?	상

분류	번호	취약점 점검항목	등급
운영 관리	A-73	보안책임자는 정보자산 도입 시 보안정책에 부합하는지 확인하고 승인하는가?	하
	A-74	보안정책에 의해 정의된 운영지침과 절차는 문서화되어 관리되고 있는가?	중
	A-75	정보시스템의 변경관리 절차가 존재하며 이에 따라 변경관리가 수행되는가?	중
	A-76	중요 시스템 및 정보보호제품의 설정관리가 승인과정을 통해 이행되는가?	중
	A-77	개발자와 운영자의 접근권한은 분리되어 있는가?	중
	A-78	중요 데이터와 일반 데이터가 다른 서버에 분리되어 보관되는가?	하
	A-79	장애탐지, 장애기록, 장애분석, 장애복구, 장애보고 등의 사항을 포함하는 시스템의 장애관리 지침이 존재하는가?	하
	A-80	네트워크 운영 보안 유지를 위해 접근권한 통제, 원격접속 관리, 네트워크 분리 등의 내용을 포함한 네트워크 운영 보안정책이 수립되어 이행되는가?	하
	A-81	시스템과 네트워크의 사용 및 접근에 대한 모니터링 절차와 책임이 정의되어 있고 이에 따라 이행하고 있는가?	하
	A-82	네트워크를 통해 시스템을 운영하는 경우 원칙적으로 시스템 관리는 내부의 특정 터미널에서만 할 수 있도록 제한하고 있는가?	중
	A-83	네트워크, 메신저 등으로부터의 허가되지 않았거나 불분명한 파일의 다운로드를 금지하고, 부득이 다운로드받을 경우 바이러스 검사를 받는가?	중
	A-84	유지보수 도구를 사용하기 위한 사용 승인 및 통제, 감독이 이루어지는가?	하
	A-85	원격 유지보수 및 진단 활동에 대한 감시가 이루어지는가?	하
	A-86	암호키에 대한 관리지침이 마련되어 있고 이에 따라 관리되고 있는가?	중
	A-87	암호키를 복구하기 위한 복구절차가 수립되고 복구내역이 확인되는가?	하
	A-88	침입차단 및 탐지 도구는 조직의 보안 정책과 규칙에 적합하게 설치되어 있는가?	하
	A-89	공중망 및 사설망 통신경로에 대한 신뢰성을 평가하고 있는가?	하
	A-90	스팸메일 수신을 줄이기 위한 방안(스팸차단 솔루션)이 마련되어 있는가?	하
	A-91	홈페이지 게시 자료에 대해 게시절차를 마련하고 시행하고 있는가?	중
	A-92	업무용 시스템 및 홈페이지 등 정보시스템의 소스코드를 관리하는가?	중
업무 연속성	A-93	업무복구목표와 요구사항에 적합한 업무연속성 전략을 수립하였는가?	상
	A-94	모의훈련 등을 통한 업무 연속성 관리가 지속적으로 검토되고 있으며 조직 내의 변경이 있을 경우 이에 대한 사항이 반영되고 있는가?	중
	A-95	보안중요성이 높은 등급의 시스템들은 이중화하여 관리하고 있는가?	중
	A-96	백업은 정기적으로 수행하고 물리적으로 분리된 지역에 보관하는가?	중

분류	번호	취약점 점검항목	등급
사고 대응	A-97	침해사고 발생 시 신속한 보안사고보고를 위한 절차가 문서화되어 있고 이에 따라 신속한 보고가 이루어지고 있는가?	상
	A-98	DDoS 대응체계를 수립하고 주기적인 훈련을 실시하고 있는가?	상
	A-99	개인정보보호를 위해 DB암호화 등 개인정보유출에 대한 방안이 마련되어 있는가?	상
	A-100	부정접근 사례나 보안사고 내역을 지속적으로 모니터링 하고 있는가?	하
	A-101	보안사고 유형, 범위, 영향 등을 포함한 보안사고 분석이 기록되어 관리 되는가?	중
	A-102	보안 취약점 및 사고 발생 시 이에 대한 보완작업 절차를 마련하고 있는가?	중
	A-103	사이버 침해사고 발생 후 재발방지대책을 수립하고 시행하였는가?	중
	A-104	침해사고 대응계획 즉 대응범위, 역할, 임무, 대응절차 등이 문서화되어 있는가?	하
	A-105	사이버위기 '주의' 이상 경보발령 및 피해발생 등 필요시 대응할 수 있는 '긴급대응반'이 구성되어 있는가?	중
	A-106	침해사고 시 외부기관 및 전문가들과의 대응협조체계가 구축되어 있는가?	중
	A-107	침해사고 대응절차 및 방법 숙지를 위해 정기적인 교육을 실시하는가?	중
	A-108	서비스 거부 공격에 대해 공격 정도에 따른 대응방안이 수립되어 있는가?	하
	A-109	내부의 DDoS 공격방지(그린DDoSZone)를 위한 대응방안이 있는가?	중
감사	A-110	정보시스템 관련 법, 규제, 계약상의 요구사항을 정의하고 문서화하고 있는가?	하
	A-111	특허권 및 저작권법, 컴퓨터프로그램보호법 등 관련 법규를 준수하고 있는가?(불법복제 및 해적판 소프트웨어의 사용금지 등)	하
	A-112	보안사고 처리, 계약증빙 및 소송 등을 위한 적정한 증거자료 확보에 관한 지침이 존재하고, 이에 따라 이행되고 있는가?	하
	A-113	주기적으로 보안감사계획을 수립하고 시행하고 있는가?	하
	A-114	감사결과를 관리책임자에게 보고하여 적정한 사후관리를 시행하고 있는가?	하

물리적 점검항목

분류	번호	취약점 점검항목	등급
접근 통제	P-1	주요 시스템에 대한 별도의 출입통제를 실시하거나 이중의 보호장치를 설치하고 있는가?	상
	P-2	보호구역의 출입에 관한 정책과 절차가 수립되어 있으며 이에 따라 출입통제가 되고 있는가?	상

분류	번호	취약점 점검항목	등급
접근 통제	P-3	민감한 시설에 대해 물리적으로 접근하는 사람들의 출입기록 및 허가의 타당성을 주기적으로 검토하는가?	중
감시 통제	P-4	주요시설의 출입구와 전산실 및 통신장비실 내부에 CCTV를 설치하고 있는가?	상
	P-5	CCTV 운용 시 중계·관제서버, 관리용 PC, 정보통신망 등에 대해 보안대책을 수립하는가?	상
	P-6	주요시설에 대한 출입기록은 출입일로부터 일정기간 이상 보관하고 있는가?	상
	P-7	외부인에 대해서 출입증을 발급하고, 출입권한은 출입목적이 필요한 구역 내로 한정하는가?	상
	P-8	제한구역에서의 작업에 대한 추가적인 통제수단 및 안내지침이 존재하는가?	중
	P-9	전산장비실에 외부 협력업체 출입 시 내부 임직원이 상시 동행하는가?	중
	P-10	시각적으로 구분이 가능한 신분증을 가지고 있으며 패용하고 있는가?	하
	P-11	유리창 내 파손감지기, 진동감지기 등 침입감지와 관련된 장비를 설치하여 감시하고 있는가?	하
전력 보호	P-12	전원공급 이상이나 기타 전기관련 사고로부터 장비가 보호되고 있는가? (UPS, 비상발전기, 이중전원선 등의 설비)	상
	P-13	전원공급 이상이나 기타 전기관련 사고로부터 장비를 보호하기 위해 설비상태에 대해 정기적으로 검토하는가?	하
	P-14	전원선 및 통신선은 도청이나 손상으로부터 보호되고 있는가?	중
	P-15	누전이 발생하였을 때 이를 차단할 수 있도록 누전차단기 또는 누전경보기가 설치되어 있는가?	중
환경 통제	P-16	소방훈련과 같은 재해훈련 시 비상탈출 및 복귀절차가 확립되어 있는가?	하
	P-17	물리적 중요도에 따라 제한구역, 통제구역 등으로 분류하는 다단계 보호대책이 있는가?	중
	P-18	제한구역의 선택, 설계 시 화재, 홍수, 폭발, 폭동 혹은 다른 형태의 자연재해 또는 인재로 인한 피해가능성을 고려하였는가?	하
	P-19	데이터센터는 물리적, 환경적 위험이 적은 곳에 위치하고 건물구조가 안정성을 확보하고 있는가?	하
	P-20	주요장비, 대체시스템 및 자료들이 화재, 습도 등의 환경재해로부터 보호되는 적절한 곳에 배치되어 보호되고 있는가?	중
	P-21	전산실에 24시간 항온, 항습을 유지하기 위하여 온습도 측정이 가능하도록 항온항습기가 설치되어 있는가?	하
	P-22	전산실은 천장을 통하여 외부와의 왕래가 불가능하도록 전산실의 벽면과 접한 천장을 차단하는 조치가 되어 있는가?	하

분류	번호	취약점 점검항목	등급
환경 통제	P-23	방재센터는 화재감지센서의 작동상황이 실시간으로 파악되도록 하고, 화재발생 시에 경보신호를 통해 상황을 알 수 있도록 화재감지센서와 연동된 경보장치가 설치되어 있는가?	하
	P-24	주요시설(중앙감시실, 전산실, 전력관련시설, 통신장비실, 방재센터 등)에는 기존 조명설비의 작동이 멈추는 경우에도 작업이 가능하도록 비상조명이 설치되어 있는가?	중
	P-25	배달 및 하역구역은 비인가 지역과 격리되어 보호되고 있는가?	하
	P-26	단위면적당 규정하중을 견딜 수 있도록 설계되어 있는가?	하

기술적 점검항목

가. 유닉스

분류	번호	취약점 점검항목	등급
계정 관리	U-1	root 계정 원격접속 제한	상
	U-2	패스워드 복잡성 설정	상
	U-3	계정잠금 임계값 설정	상
	U-4	패스워드 파일 보호	상
	U-5	root 이외의 UID가 '0' 금지	중
	U-6	root 계정 su 제한	하
	U-7	패스워드 최소 길이 설정	중
	U-8	패스워드 최대 사용기간 설정	중
	U-9	패스워드 최소 사용기간 설정	중
	U-10	불필요한 계정 제거	하
	U-11	관리자 그룹에 최소한의 계정 포함	하
	U-12	계정이 존재하지 않는 GID 금지	하
	U-13	동일한 UID 금지	중
	U-14	사용자 shell 점검	하
	U-15	Session Timeout 설정	하
파일 및 디렉토리 관리	U-16	root 홈, 패스 디렉터리 권한 및 패스 설정	상
	U-17	파일 및 디렉터리 소유자 설정	상

분류	번호	취약점 점검항목	등급
파일 및 디렉토리 관리	U-18	/etc/passwd 파일 소유자 및 권한 설정	상
	U-19	/etc/shadow 파일 소유자 및 권한 설정	상
	U-20	/etc/hosts 파일 소유자 및 권한 설정	상
	U-21	/etc/(x)inetd.conf 파일 소유자 및 권한 설정	상
	U-22	/etc/syslog.conf 파일 소유자 및 권한 설정	상
	U-23	/etc/services 파일 소유자 및 권한 설정	상
	U-24	SUID, SGID, Sticky bit 설정 파일 점검	상
	U-25	사용자, 시스템 시작파일 및 환경파일 소유자 및 권한 설정	상
	U-26	world writable 파일 점검	상
	U-27	/dev에 존재하지 않는 device 파일 점검	상
	U-28	$HOME/.rhosts, hosts.equiv 사용 금지	상
	U-29	접속 IP 및 포트 제한	상
	U-30	hosts.lpd 파일 소유자 및 권한 설정	하
	U-31	NIS 서비스 비활성화	중
	U-32	UMASK 설정 관리	중
	U-33	홈디렉토리 소유자 및 권한 설정	중
	U-34	홈디렉토리로 지정한 디렉토리의 존재 관리	중
	U-35	숨겨진 파일 및 디렉토리 검색 및 제거	하
서비스 관리	U-36	Finger 서비스 비활성화	상
	U-37	Anonymous FTP 비활성화	상
	U-38	r 계열 서비스 비활성화	상
	U-39	cron 파일 소유자 및 권한 설정	상
	U-40	DoS 공격에 취약한 서비스 비활성화	상
	U-41	NFS 서비스 비활성화	상
	U-42	NFS 접근통제	상
	U-43	automountd 제거	상
	U-44	RPC 서비스 확인	상
	U-45	NIS, NIS+ 점검	상
	U-46	tftp, talk 서비스 비활성화	상

분류	번호	취약점 점검항목	등급
서비스 관리	U-47	Sendmail 버전 점검	상
	U-48	스팸 메일 릴레이 제한	상
	U-49	일반 사용자의 Sendmail 실행 방지	상
	U-50	DNS 보안버전 패치	상
	U-51	DNS ZoneTransfer 설정	상
	U-52	Apache 디렉토리 리스팅 제거	상
	U-53	Apache 웹프로세스 권한 제한	상
	U-54	Apache 상위 디렉토리 접근 금지	상
	U-55	Apache 불필요한 파일 제거	상
	U-56	Apache 링크 사용금지	상
	U-57	Apache 파일 업로드 및 다운로드 제한	상
	U-58	Apache 웹서비스 영역의 분리	상
	U-59	ssh 원격접속 허용	중
	U-60	ftp 서비스 확인	하
	U-61	ftp 계정 shell 제한	중
	U-62	Ftpusers 파일 소유자 및 권한 설정	하
	U-63	Ftpusers 파일 설정	중
	U-64	at 파일 소유자 및 권한 설정	중
	U-65	SNMP 서비스 구동 점검	중
	U-66	SNMP 서비스 커뮤니티스트링의 복잡성 설정	중
	U-67	로그온 시 경고메시지 제공	하
	U-68	NFS 설정파일 접근 권한	중
	U-69	expn, vrfy 명령어 제한	중
	U-70	Apache 웹서비스 정보 숨김	중
패치관리	U-71	최신 보안패치 및 벤더 권고사항 적용	상
로그 관리	U-72	로그의 정기적 검토 및 보고	상
	U-73	정책에 따른 시스템 로깅 설정	하

나. 윈도우즈

분류	번호	취약점 점검항목	등급
계정 관리	W-1	Administrator 계정이름 바꾸기	상
	W-2	Guest 계정 상태	상
	W-3	불필요한 계정 제거	상
	W-4	계정잠금 임계값 설정	상
	W-5	해독 가능한 암호화를 사용하여 암호 저장	상
	W-6	관리자 그룹에 최소한의 사용자 포함	상
	W-7	Everyone 사용권한을 익명 사용자에게 적용	중
	W-8	계정잠금 기간 설정	중
	W-9	패스워드 복잡성 설정	중
	W-10	패스워드 최소 암호 길이	중
	W-11	패스워드 최대 사용 기간	중
	W-12	패스워드 최소 사용 기간	중
	W-13	마지막 사용자 이름 표시 안함	중
	W-14	로컬 로그온 허용	중
	W-15	익명 SID/이름 변환 허용	중
	W-16	최근 암호 기억	중
	W-17	콘솔 로그온 시 로컬계정에서 빈 암호 사용 제한	중
	W-18	원격터미널 접속 가능한 사용자 그룹 제한	중
서비스 관리	W-19	공유 권한 및 사용자 그룹 설정	상
	W-20	하드디스크 기본공유 제거	상
	W-21	불필요한 서비스 제거	상
	W-22	IIS 서비스 구동 점검	상
	W-23	IIS 디렉토리 리스팅 제거	상
	W-24	IIS CGI 실행 제한	상
	W-25	IIS 상위 디렉토리 접근 금지	상
	W-26	IIS 불필요한 파일 제거	상
	W-27	IIS 웹 프로세스 권한 제한	상
	W-28	IIS 링크 사용금지	상

분류	번호	취약점 점검항목	등급
서비스 관리	W-29	IIS 파일 업로드 및 다운로드 제한	상
	W-30	IIS DB 연결 취약점 점검	상
	W-31	IIS 가상 디렉토리 삭제	상
	W-32	IIS 데이터 파일 ACL 적용	상
	W-33	IIS 미사용 스크립트 매핑 제거	상
	W-34	IIS Exec 명령어 쉘 호출 진단	상
	W-35	IIS WebDAV 비활성화	상
	W-36	NetBIOS 바인딩 서비스 구동 점검	상
	W-37	FTP 서비스 구동 점검	상
	W-38	FTP 디렉토리 접근권한 설정	상
	W-39	Anonymous FTP 금지	상
	W-40	FTP 접근 제어 설정	상
	W-41	DNS Zone Transfer 설정	상
	W-42	RDS(RemoteDataServices)제거	상
	W-43	최신 서비스팩 적용	상
	W-44	터미널 서비스 암호화 수준 설정	중
	W-45	IIS 웹서비스 정보 숨김	중
	W-46	SNMP 서비스 구동 점검	중
	W-47	SNMP 서비스 커뮤니티스트링의 복잡성 설정	중
	W-48	SNMP Access control 설정	중
	W-49	DNS 서비스 구동 점검	중
	W-50	HTTP/FTP/SMTP 배너 차단	하
	W-51	Telnet 보안 설정	중
	W-52	불필요한 ODBC/OLE-DB 데이터 소스와 드라이브 제거	중
	W-53	원격터미널 접속 타임아웃 설정	중
	W-54	예약된 작업에 의심스러운 명령이 등록되어 있는지 점검	중
패치 관리	W-55	최신 HOT FIX 적용	상
	W-56	백신 프로그램 업데이트	상
	W-57	정책에 따른 시스템 로깅 설정	중

분류	번호	취약점 점검항목	등급
로그 관리	W-58	로그의 정기적 검토 및 보고	상
	W-59	원격으로 액세스할 수 있는 레지스트리 경로	상
	W-60	이벤트 로그관리 설정	하
	W-61	원격에서 이벤트 로그파일 접근 차단	중
보안 관리	W-62	백신 프로그램 설치	상
	W-63	SAM 파일접근 통제 설정	상
	W-64	화면보호기 설정	상
	W-65	로그온하지 않고 시스템 종료 허용	상
	W-66	원격시스템에서 강제로 시스템 종료	상
	W-67	보안감사를 로그할 수 없는 경우 즉시 시스템 종료	상
	W-68	SAM 계정과 공유의 익명 열거 허용 안함	상
	W-69	Autologon 기능 제어	상
	W-70	이동식 미디어 포맷 및 꺼내기 허용	상
	W-71	디스크볼륨 암호화 설정	상
	W-72	Dos공격 방어 레지스트리 설정	중
	W-73	사용자가 프린터 드라이버를 설치할 수 없게 함	중
	W-74	세션연결을 중단하기 전에 필요한 유휴시간	중
	W-75	경고메시지 설정	하
	W-76	사용자별 홈 디렉터리 권한 설정	중
	W-77	LAN Manager 인증 수준	중
	W-78	보안 채널 데이터 디지털 암호화 또는 서명	중
	W-79	파일 및 디렉토리 보호	중
	W-80	컴퓨터 계정 암호 최대 사용 기간	중
	W-81	시작프로그램 목록 분석	중
DB관리	W-82	Windows 인증 모드 사용	중

다. 보안장비

분류	번호	취약점 점검항목	등급
계정관리	S-1	보안장비 Default 계정 변경	상
	S-2	보안장비 Default 패스워드 변경	상
	S-3	보안장비 계정별 권한 설정	상
	S-4	보안장비 계정 관리	상
	S-5	로그인 실패횟수 제한	중
접근관리	S-6	보안장비 원격관리 접근 통제	상
	S-7	보안장비 보안 접속	상
	S-8	Session timeout 설정	상
패치관리	S-9	벤더에서 제공하는 최신 업데이트 적용	상
로그관리	S-10	보안장비 로그 설정	중
	S-11	보안장비 로그 정기적 검토	중
	S-12	보안장비 로그 보관	중
	S-13	보안장비 정책 백업 설정	중
	S-14	원격 로그 서버 사용	중
	S-15	로그 서버 설정 관리	하
	S-16	NTP 서버 연동	중
기능관리	S-17	정책관리	상
	S-18	NAT 설정	상
	S-19	DMZ 설정	상
	S-20	최소한의 서비스만 제공	상
	S-21	이상징후 탐지 경고 기능 설정	상
	S-22	장비 사용량 검토	상
	S-23	SNMP 서비스 확인	상
	S-24	SNMP community string 복잡성 설정	상
	S-25	부가기능 설정	중
	S-26	유해 트래픽 차단 정책 설정	중

라. 네트워크장비

분류	번호	취약점 점검항목	등급
계정 관리	N-1	패스워드 설정	상
	N-2	패스워드 복잡성 설정	상
	N-3	암호화된 패스워드 사용	상
	N-4	사용자·명령어별 권한 수준 설정	중
접근 관리	N-5	VTY 접근(ACL) 설정	상
	N-6	Session Timeout 설정	상
	N-7	VTY 접속 시 안전한 프로토콜 사용	중
	N-8	불필요한 보조 입출력 포트 사용 금지	중
	N-9	로그온시 경고 메시지 설정	중
패치관리	N-10	최신 보안 패치 및 벤더 권고사항 적용	상
로그 관리	N-11	원격 로그서버 사용	하
	N-12	로깅 버퍼 크기 설정	중
	N-13	정책에 따른 로깅 설정	중
	N-14	NTP 서버 연동	중
	N-15	timestamp 로그 설정	하
기능 관리	N-16	SNMP 서비스 확인	상
	N-17	SNMP community string 복잡성 설정	상
	N-18	SNMP ACL 설정	상
	N-19	SNMP 커뮤니티 권한 설정	상
	N-20	TFTP 서비스 차단	상
	N-21	Spoofing 방지 필터링 적용	상
	N-22	DDoS 공격 방어 설정	상
	N-23	사용하지 않는 인터페이스의 shutdown 설정	상
	N-24	TCP keepalive 서비스 설정	중
	N-25	Finger 서비스 차단	중
	N-26	웹 서비스 차단	중
	N-27	TCP/UDP small 서비스 차단	중
	N-28	Bootp 서비스 차단	중

분류	번호	취약점 점검항목	등급
기능 관리	N-29	CDP 서비스 차단	중
	N-30	Directed-broadcast 차단	중
	N-31	Source 라우팅 차단	중
	N-32	Proxy ARP 차단	중
	N-33	ICMP unreachable, Redirect 차단	중
	N-34	identd 서비스 차단	중
	N-35	Domain lookup 차단	중
	N-36	pad 차단	중
	N-37	mask-rely 차단	중
	N-38	스위치 허브 보안 강화	하

마. 제어시스템

분류	번호	취약점 점검항목	등급
계정 관리	C-1	제어시스템 운영, 관리를 위한 계정이 타 사용자와 공유되지 않음	상
	C-2	ID/PW, 접속경로, 인증서 등이 하드코딩되지 않음	상
	C-3	제어시스템 운영, 관리를 위한 계정의 로그인, 사용기록 저장	상
패치 관리	C-4	제어시스템에 대한 최신 업데이트, 보안패치를 안전하게 적용하기 위한 테스트 등의 절차 수립	상
접근 통제	C-5	제어시스템 운영자의 운영권한은 제한된 범위 및 명령으로 제한	상
	C-6	제어시스템은 업무망, 인터넷망과 물리적으로 분리	상
	C-7	제어 네트워크 외부와 자료연계 시 물리적 일방향 환경을 구축하여 제어 네트워크로의 침입을 근본적으로 차단	상
	C-8	제어 네트워크에 무선인터넷, 테더링, 외부 유선망 연결 등의 외부망 연결을 제한하고 점검	상
	C-9	제어 네트워크에 비인가된 시스템에 대한 연결 및 접속 차단	상
보안 관리	C-10	제어시스템 구성도, 운용 매뉴얼, 비상조치 절차서 등을 작성하고 최신으로 관리	상
	C-11	제어시스템에서의 USB 사용을 금지하고, 사용 시 USB 등의 이동형 저장매체 사용 통제	상
	C-12	제어명령에 대한 위변조 방지 대책 적용	상
	C-13	제어명령 replay 공격에 대한 방지 대책 적용	상

분류	번호	취약점 점검항목	등급
보안 관리	C-14	제어시스템 개발자, 운영자, 관리자에 대한 접근권한 분리	상
	C-15	제어시스템, 제어기기에 (vendor default) 은닉 서비스 및 취약한 서비스가 없도록 설정	상
	C-16	제어프로그램의 입력창에 비정상적인 특정값을 입력할 시 사전에 정의한 에러 메시지가 출력되도록 하여 시스템 중요정보가 노출되지 않도록 설정	상
	C-17	정보시스템에 대한 정책과 별도로 제어시스템에 대한 정보보안 정책, 지침이 수립되어 있는가?	중
	C-18	비인가자 또는 인증과정이 없이 제어시스템, 제어기기에 대한 환경설정이 가능하지 않도록 되어 있는가?	중
	C-19	제어시스템 및 운영시스템은 제어를 위한 목적으로만 사용되도록 다른 기능 및 서비스를 제거하였는가?	중
	C-20	운영에 있어 사용가능한 제어명령 및 안전한 제어를 위한 파라미터의 범위를 제한하고 있는가?	중
	C-21	제어시스템 개선, 신규 시스템 도입, 패치 및 수정 시, 안전성을 테스트하기 위한 테스트베드 또는 시험환경을 구축하였는가?	중
	C-22	제어 네트워크는 각각의 세부망으로 세분화하고 제어시스템 운영에 필요한 네트워크, 시스템간으로 통신을 제한하고 있는가?	중

바. PC

분류	번호	취약점 점검항목	등급
계정 관리	PC-1	패스워드의 주기적 변경	상
	PC-2	패스워드 정책이 해당기관의 보안정책에 적합하게 설정	상
	PC-3	복구 콘솔에서 자동 로그온을 금지하도록 설정하여 사용하고 있는가?	중
서비스 관리	PC-4	공유폴더 제거	상
	PC-5	불필요한 서비스 제거	상
	PC-6	Windows Messenger(MSN, .NET 메신저 등)와 같은 상용 메신저의 사용 금지	상
	PC-7	파일 시스템이 NTFS 포맷으로 되어 있는가?	중
	PC-8	대상 시스템이 windows 서버를 제외한 다른 OS로 멀티 부팅이 가능하지 않도록 설정하여 사용하는가?	중
	PC-9	브라우저 종료 시 임시 인터넷 파일 폴더의 내용을 삭제하도록 설정하여 사용하는가?	하
패치 관리	PC-10	HOT FIX 등 최신 보안패치 적용	상
	PC-11	최신 서비스팩 적용	상
	PC-12	MS-Office, 한글, 어도브 아크로뱃 등의 응용 프로그램에 대한 최신 보안패치 및 벤더 권고사항 적용	상

분류	번호	취약점 점검항목	등급
보안관리	PC-13	바이러스 백신 프로그램 설치 및 주기적 업데이트	상
	PC-14	바이러스 백신 프로그램에서 제공하는 실시간 감시 기능 활성화	상
	PC-15	OS에서 제공하는 침입차단 기능 활성화	상
	PC-16	화면보호기 대기시간을 5~10분으로 설정 및 재시작 시 암호로 보호하도록 설정	상
	PC-17	CD, DVD, USB메모리 등과 같은 미디어의 자동실행 방지 등 이동식 미디어에 대한 보안대책 수립	상
	PC-18	PC 내부의 미사용(3개월) ActiveX 제거	상
	PC-19	시스템 부팅 시 Windows Messenger가 자동으로 시작되지 않도록 설정되어 있는가?	중
	PC-20	원격지원을 금지하도록 정책이 설정되어 사용되는가?	중

사. 데이터베이스

분류	번호	취약점 점검항목	등급
계정관리	D-1	기본계정의 패스워드, 정책 등을 변경하여 사용	상
	D-2	scott 등 Demonstration 및 불필요 계정을 제거하거나 잠금설정 후 사용	상
	D-3	패스워드의 사용기간 및 복잡도를 기관의 정책에 맞도록 설정	상
	D-4	데이터베이스 관리자 권한을 꼭 필요한 계정 및 그룹에 대해서만 허용	상
	D-5	패스워드 재사용에 대한 제약이 설정되어 있는가?	중
	D-6	DB 사용자 계정을 개별적으로 부여하여 사용하고 있는가?	중
접근관리	D-7	원격에서 DB 서버로의 접속 제한	상
	D-8	DBA 이외의 인가되지 않은 사용자가 시스템 테이블에 접근할 수 없도록 설정	상
	D-9	오라클 데이터베이스의 경우 리스너의 패스워드를 설정하여 사용	상
	D-10	불필요한 ODBC/OLE-DB 데이터 소스와 드라이브를 제거하고 사용하는가?	중
	D-11	일정 횟수의 로그인 실패 시 이에 대한 잠금정책이 설정되어 있는가?	중
	D-12	데이터베이스의 주요 파일 보호 등을 위해 DB 계정의 umask를 022 이상으로 설정하여 사용하는가?	하
	D-13	데이터베이스의 주요 설정파일, 패스워드 파일 등과 같은 주요 파일들의 접근 권한이 적절하게 설정되어 있는가?	중
	D-14	관리자 이외의 사용자가 오라클 리스너의 접속을 통해 리스너 로그 및 trace 파일에 대한 변경이 가능하지 않는가?	하
옵션관리	D-15	응용프로그램 또는 DBA 계정의 Role이 Public으로 설정되지 않도록 조정	상

분류	번호	취약점 점검항목	등급
옵션 관리	D-16	OS_ROLES, REMOTE_OS_AUTHENTICATION, REMOTE_OS_ROLES 를 FALSE로 설정	상
	D-17	패스워드 확인함수가 설정되어 적용되는가?	중
	D-18	인가되지 않은 Object Owner가 존재하지 않는가?	하
	D-19	grant option이 role에 의해 부여되도록 설정되어 있는가?	중
	D-20	데이터베이스의 자원 제한 기능을 TRUE로 설정하고 사용하는가?	하
패치 관리	D-21	데이터베이스에 대해 최신 보안패치와 밴더 권고사항을 모두 적용	상
	D-22	데이터베이스의 접근, 변경, 삭제 등의 감사기록이 기관의 감사기록 정책에 적합하도록 설정	상
	D-23	보안에 취약하지 않은 버전의 데이터베이스를 사용하고 있는가?	중
로그관리	D-24	Audit Table은 데이터베이스 관리자 계정에 속해 있도록 설정되어 있는가?	하

아. 웹(Web)

코드	취약점명	설명	등급
BO	버퍼오버플로우	메모리나 버퍼의 블록 크기보다 더 많은 데이터를 넣음으로써 결함을 발생시키는 취약점	상
FS	포맷스트링	스트링을 처리하는 부분에서 메모리 공간에 접근할 수 있는 문제를 이용하는 취약점	상
LI	LDAP인젝션	LDAP(Lightweight Directory Access Protocol) 쿼리를 주입함으로서 개인정보 등의 내용이 유출될 수 있는 문제를 이용하는 취약점	상
OC	운영체제 명령실행	웹사이트의 인터페이스를 통해 웹서버를 운영하는 운영체제 명령을 실행하는 취약점	상
SI	SQL인젝션	SQL문으로 해석될 수 있는 입력을 시도하여 데이터베이스에 접근할 수 있는 취약점	상
SS	SSI인젝션	SSI(Server-side Include)는 "Last modified"와 같이 서버가 HTML 문서에 입력하는 변수 값으로, 웹서버상에 있는 파일을 include시키고, 명령문이 실행되게 하여 데이터에 접근할 수 있는 취약점	상
XI	XPath인젝션	조작된 XPath(XML Path Language) 쿼리를 보냄으로써 비정상적인 데이터를 쿼리해올 수 있는 취약점	상
DI	디렉토리 인덱싱	요청 파일이 존재하지 않을 때 자동적으로 디렉토리 리스트를 출력하는 취약점	상
IL	정보누출	웹사이트 데이터가 노출되는 것으로 개발과정의 코멘트나 오류 메시지 등에서 중요한 정보가 노출되어 공격자에게 2차 공격을 하기 위한 중요한 정보를 제공할 수 있는 취약점	상
CS	악성콘텐츠	웹애플리케이션에 정상적인 컨텐츠 대신에 악성 컨텐츠를 주입하여 사용자에게 악의적인 영향을 미치는 취약점	상

코드	취약점명	설명	등급
XS	**크로스사이트 스크립팅**	웹애플리케이션을 사용해서 다른 최종 사용자의 클라이언트에서 임의의 스크립트가 실행되는 취약점	상
BF	**약한 문자열 강도**	사용자의 이름이나 패스워드, 신용카드 정보나 암호화키 등을 자동으로 대입하여 여러 시행착오 후에 맞는 값이 발견되는 취약점	상
IA	**불충분한 인증**	민감한 데이터에 접근할 수 있는 곳에 취약한 인증 메커니즘으로 구현된 취약점	상
PR	**취약한 패스워드 복구**	취약한 패스워드 복구 메커니즘(패스워드 찾기 등)에 대해 공격자가 불법적으로 다른 사용자의 패스워드를 획득, 변경, 복구할 수 있는 취약점	상
CF	**크로스사이트 리퀘스트 변조 (CSRF)**	CSRF 공격은 로그온한 사용자 브라우저로 하여금 사용자의 세션 쿠키와 기타 인증정보를 포함하는 위조된 HTTP 요청을 취약한 웹애플리케이션에 전송하는 취약점	상
SE	**세션 예측**	단순히 숫자가 증가하는 방법 등의 취약한 특정 세션의 식별자(ID)를 예측하여 세션을 가로챌 수 있는 취약점	상
IN	**불충분한 인가**	민감한 데이터 또는 기능에 대한 접근권한 제한을 두지 않은 취약점	상
SC	**불충분한 세션만료**	세션의 만료기간을 정하지 않거나, 만료일자를 너무 길게 설정하여 공격자가 만료되지 않은 세션활용이 가능하게 되는 취약점	상
SF	**세션고정**	세션 값을 고정하여 명확한 세션 식별자(ID) 값으로 사용자가 로그인하여 정의된 세션 식별자(ID)가 사용 가능하게 되는 취약점	상
AU	**자동화공격**	웹애플리케이션에 정해진 프로세스에 자동화된 공격을 수행함으로써 자동으로 수많은 프로세스가 진행되는 취약점	상
PV	**프로세스 검증누락**	공격자가 응용의 계획된 플로우 통제를 우회하는 것을 허가하는 취약점	상
FU	**파일업로드**	파일을 업로드할 수 있는 기능을 이용하여 시스템 명령어를 실행할 수 있는 웹프로그램을 업로드할 수 있는 취약점	상
FD	**파일다운로드**	파일 다운로드 스크립트를 이용하여 첨부된 주요 파일을 다운로드할 수 있는 취약점	상
AE	**관리자페이지 노출**	단순한 관리자 페이지 이름(admin, manager 등)이나 설정, 프로그램 설계상의 오류로 인해 관리자 메뉴에 직접 접근할 수 있는 취약점	상
PT	**경로추적**	공격자에게 외부에서 디렉터리에 접근할 수 있는 것이 허가되는 문제점으로 웹루트 디렉터리에서 외부의 파일까지 접근하고 실행할 수 있는 취약점	상
PL	**위치공개**	예측 가능한 디렉토리나 파일명을 사용하여 해당 위치가 쉽게 노출되어 공격자가 이를 악용하여 대상에 대한 정보와 민감한 정보가 담긴 데이터에 접근이 가능하게 되는 취약점	상
SN	**데이터 평문전송**	서버와 클라이언트 간 통신 시 암호화하여 전송을 하지 않아 중요정보 등이 평문으로 전송되는 취약점	상
CC	**쿠키변조**	적절히 보호되지 않은 쿠키를 사용하여 쿠키 인젝션 등과 같은 쿠키 값 변조를 통한 다른 사용자로의 위장 및 권한 상승 등이 가능한 취약점	상

| 표목차 |

| 그림목차 |